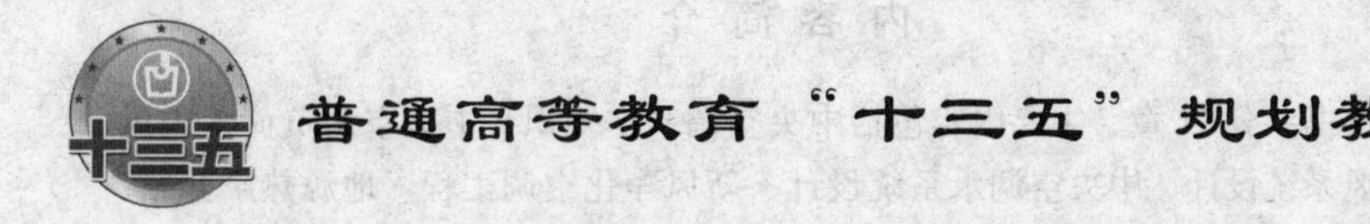

中央空调实用工程技术

主　编　孙如军　管志平
副主编　王青环　袁家普

北京
冶金工业出版社
2017

内容简介

本书共分11章，主要内容包括中央空调基本知识、中央空调负荷与送风量、风系统设计、中央空调水系统设计、新风净化空调工程、地源热泵介绍、地源热泵系统的设计及计算、多联机空调系统、设计选型方案案例、中央空调工程设计流程、通风空调工程计量与计价。

本书可作为高等院校建筑工程、暖通设计等专业的教材（配有教学课件），也可供相关企业技术人员参考。

图书在版编目(CIP)数据

中央空调实用工程技术/孙如军，管志平主编．—北京：冶金工业出版社，2017.10

普通高等教育"十三五"规划教材

ISBN 978-7-5024-7602-1

Ⅰ.①中…　Ⅱ.①孙…　②管…　Ⅲ.①集中空气调节系统—高等学校—教材　Ⅳ.①TB657.2

中国版本图书馆CIP数据核字（2017）第237516号

出 版 人　谭学余

地　　址　北京市东城区嵩祝院北巷39号　邮编　100009　电话　(010)64027926

网　　址　www.cnmip.com.cn　电子信箱　yjcbs@cnmip.com.cn

责任编辑　贾怡雯　美术编辑　吕欣童　版式设计　禹　蕊

责任校对　郭惠兰　责任印制　牛晓波

ISBN 978-7-5024-7602-1

冶金工业出版社出版发行；各地新华书店经销；三河市双峰印刷装订有限公司印刷

2017年10月第1版，2017年10月第1次印刷

787mm×1092mm　1/16；13.5印张；326千字；205页

35.00元

冶金工业出版社　投稿电话　(010)64027932　投稿信箱　tougao@cnmip.com.cn

冶金工业出版社营销中心　电话　(010)64044283　传真　(010)64027893

冶金书店　地址　北京市东四西大街46号(100010)　电话　(010)65289081(兼传真)

冶金工业出版社天猫旗舰店　yjgycbs.tmall.com

（本书如有印装质量问题，本社营销中心负责退换）

前　　言

随着我国国民经济的发展和人民生活水平的提高，空调技术已在工厂、医院、宾馆、商店、办公楼、影剧院、住宅等建筑中广泛应用，同时中央空调也越来越成为现代建筑必备的条件之一，空调设施也逐渐成为用户在选择楼座时考虑的重要因素之一。制冷空调系统的出现为人们创造了舒适的环境，但制冷空调系统是能源消耗大户节能降耗成为空调系统设计的关键环节，空调系统节能已成为能源领域中的一个重点和热点。对于暖通专业人员而言，在进行空调设计时，需要掌握更多的设计经验、设备性能，在符合规范的基础上，在初投资和年运行费用之间找到最佳平衡点，做出合理的选择。

本书参考了国内出版的同类教材和图书，从设计师的角度出发，分11章介绍了空调的相关技术，内容涵盖了风冷、水冷、地源热泵、末端等的设备及选型、设计技术，并结合造价予以说明，目的是给广大设计者提供一些设计经验、思路，减少一些设计弯路，使中央空调系统选型、设计更加合理、节能。

本书由孙如军教授、管志平高级工程师担任主编，王青环、袁家普担任副主编，参加本书编写的还有刘国涛、郑永党、刘建华、刘立志、张志坚、梁宏伟、马桂凤、陈玉良、马德杰、马风才、王涛、王海新、张连秀、左玮璐、温雪莹、王荣林、孙颖、段海娟等。

本书配套教学课件读者可在冶金工业出版社官网（www. cnmip. com. cn）搜索资源获得。

由于编者水平有限，书中不妥之处，敬请读者批评指正。

编　者

2017年5月

目　录

中央空调基本知识

1.1 空 气 调 节

空气调节就是使服务空间内的空气温度、湿度、清洁度、气流速度和空气压力梯度等参数达到给定要求的技术，简称空调。湿空气是空调的基本工质，也是构成环境的主体。空气调节的目的就是将空气前后的状态发生一定的改变，了解空气的物理性质，这是进行中央空调工程设计及应用的基础。

1.1.1 基本概念

1.1.1.1 湿空气的组成

湿空气就是平时人们常说的空气。湿空气=干空气+水蒸气。

(1) 干空气：N_2、O_2、CO_2和其他惰性气体。除了CO_2外，其他气体的含量是非常稳定的，但CO_2的含量非常小，它的含量变化对干空气的性质影响可以忽略。所以允许将干空气作为一个整体考虑。

(2) 水蒸气：来源于地球上的海洋、湖泊表面水分蒸发，随着气候地区条件而变化。压力很低，一般只有几百帕，水蒸气量很少，但它的变化却能引起干、湿度的变化，对人体的舒适感，产品质量，工艺过程、设备维护等有直接影响。

1.1.1.2 理想气体状态方程

理想气态方程是用来描述理想气体状态（P、V、T）变化规律的方程。干空气：常温常压下的气体一般均可看作理想气体。理想气体：假定该气体分子是不占有空间的质点，分子间没有相互作用力。水蒸气：分压力低，含量少，比容很大，且处于过热状态，亦可看作理想气体（水蒸气只有在特定条件下，如在压力很低、密度很小并远离饱和线的过热状态下，才接近于理想气体；而在其他大部分过热状态或饱和状态下，都不能应用理想气体的状态方程式）。

湿空气遵循理想气体状态方程：

$$PV = mRT \tag{1-1}$$

或

$$Pv = RT$$

即一定质量的理想气体的压强、体积的乘积与热力学温度的比值是常数。

$$R = \frac{R_0}{M} = \frac{8314}{M} \tag{1-2}$$

式中，R_0 为通用气体常数；M 为气体相对分子质量。

$$P_g V = m_g R_g T \text{ 或 } P_g v = R_g T \tag{1-3}$$

$$R_g = 287\text{J/(kg·K)}\ (\text{气体常数})$$

$$P_qV = m_qR_qT \text{ 或 } P_qv = R_qT \tag{1-4}$$

$$R_q = 461\text{J}/(\text{kg}\cdot\text{K})$$

1.1.1.3 道尔顿分压定律

道尔顿分压定律指的是混合气体的压力等于干空气压力与湿空气压力之和。

$$B = P_g + P_q \tag{1-5}$$

式中，P_g 为干空气压力；P_q 为水蒸气压力；标压 $B=101.325\text{kPa}$。

1.1.2 湿空气的状态参数

1.1.2.1 压力

A 大气压力或湿空气的压力 B

大气压力不同，空气的物理性质也就不同，反映空气物理性质的状态参数也要发生变化，因此空调的设计与运行中，如果不考虑当地大气压的大小，就会造成一定的误差。

标压 $B=101.325\text{kPa}$，指北纬 45°处海平面的全年平均大气压。海拔高度越高，当地大气压力 B 就越低。同一海拔，不同季节，B 也有±5%的波动。

B 水蒸气分压力

（1）水蒸气分压力 P_q。水蒸气单独占有湿空气的容积，并具有与湿空气相同的温度时，所产生的压力称为水蒸气分压力，用 P_q 表示。

（2）饱和水蒸气分压力 $P_{q,b}$。压力是由于气体分子撞击容器壁而产生的宏观效果，因此水蒸气分压力的大小直接反映了水蒸气含量的多少。水蒸气含量越大，水蒸气分压力越大，当湿空气中的水蒸气含量达到最大限度即饱和状态时，此时的水蒸气分压力称为饱和水蒸气分压力，用 $P_{q,b}$ 表示。$P_{q,b}=f(t)$ 温度越高，$P_{q,b}$ 越大。

1.1.2.2 相对湿度 φ

相对湿度是表征湿空气中含有水蒸气量的间接指标。定义为湿空气的水蒸气分压力与同温度下饱和湿空气的水蒸气压力之比。

$$\varphi = \frac{P_q}{P_{q,b}} \times 100\% \tag{1-6}$$

式中，P_q 为水蒸气分压力；$P_{q,b}$ 为饱和水蒸气分压力。

相对湿度越低，空气更加干燥，吸收水蒸气的能力就越强。

相对湿度反映了湿空气中水蒸气含量接近饱和的程度。当 $\varphi=100\%$ 时，空气达到饱和状态，即为饱和空气；当 $\varphi=0$ 时，空气完全不含水蒸气，即为干空气。显然，相对湿度越小，湿空气饱和的程度越低，它的干燥程度越高，吸收水蒸气的能力也越大；反之，相对湿度越大，空气越接近饱和，它就越潮湿，吸湿能力就越小。从人的舒适感来看，夏季空调室内的相对湿度控制在 40%~70%，冬季空调室内相对湿度控制在 30%以上。

1.1.2.3 含湿量 d（绝对含湿量）

含湿量是衡量湿空气含有水蒸气量多少的指标。定义为所含水蒸气质量与干空气质量之比，即含有 1kg 干空气的湿空气所含有的水蒸气的量。或者定义为湿空气中与 1kg 干空气同时并存的水蒸气量。

$$d = \frac{m_q}{m_g} \tag{1-7}$$

对空气进行加湿、减湿处理时，都是用含湿量来计算空气中水蒸气量的变化。

1.1.2.4 露点温度

在一定大气压力下，含湿量不变时空气中的水蒸气凝结为水（凝露）的温度，即湿空气达到饱和时的温度，称为露点温度。在 d 不变时，空气温度下降，由未饱和状态变为饱和状态，此时空气的相对湿度 $\varphi=100\%$。在空调技术中，把空气降温至露点温度，达到除湿干燥空气的目的。

空调中，还经常用到机器露点，在空气处理过程中，空气经喷水室或表冷器处理后接近饱和状态时的终状态点，即当空气相对湿度增大到 $\varphi=95\%$时，空气已很接近饱和状态，这时的温度称为机器露点。

露点温度的作用：

（1）利用露点温度来判断保温材料选择的是否合适。

1）检验冬季围护结构的内表面是否结露（冬季室外温度低）；

2）夏季送风管道和制冷设备保温材料外表面是否结露（夏季管道内温度低）。

（2）利用低于露点温度的水去喷淋热湿空气，或用表面温度低于露点温度的表冷器去冷却空气，可以达到对空气进行冷却减湿的目的。

1.1.2.5 干球温度和湿球温度

干球温度就是用普通温度计测出的暴露于空气中，但不受太阳直接辐射时的空气温度，用 t 表示。

湿球温度就是用湿纱布包着温泡的温度计测出的空气温度，用 t_s来表示。

由于水与空气之间进行传热，使湿纱布周围薄层空气达到饱和，因此湿球温度也是这一饱和空气的温度。只要空气的相对湿度 $\varphi<100\%$，空气的湿球温度就必然低于空气的干球温度。当空气的相对湿度 $\varphi=100\%$时，空气达到饱和，湿纱布上的水分不能蒸发，这时的湿球温度和干球温度是相等的，也等于空气的露点温度。

1.1.2.6 密度ρ

湿空气为干空气和水蒸气的混合气体，两者均匀混合，并占有相同的体积。湿空气密度比干空气密度小，通常标况下 $B=101325\text{Pa}$，$t=20℃$，干空气密度 $\rho_g=1.205\text{kg/m}^3$，因此常取湿空气密度 $\rho=1.2\text{kg/m}^3$。

1.1.2.7 湿空气的焓 i

在空调工程中，空气的状态经常发生变化，也经常需要确定此状态变化过程中的热交换量，例如对空气进行加热和冷却时，常需要确定空气吸收或放出多少热量。空气经过空气处理设备处理前后均可视为定压过程，空气的热量变化可用空气状态变化前后的焓值来表示，湿空气的焓都是以 1kg 干空气作为计算基础。

对于含有 1kg 干空气的湿空气（湿空气=干空气+水蒸气）的焓 i：

$$i = i_g \cdot 1 + i_q \cdot d \tag{1-8}$$

式中，i_g 为干空气的焓，kJ/kg；i_q 为水蒸气的焓，kJ/kg。

原则上，0℃时干空气的焓值与0℃水的焓值均为零，0℃时水蒸气的焓值为 2500kJ/kg。

干空气的比热容 $C_{p,g}=1.01kJ/(kg \cdot K)$，水蒸气的比热容 $C_{p,q}=1.84kJ/(kg \cdot K)$。

定压过程：

$$i_g = C_{p,g} \cdot t = 1.01t \tag{1-9}$$

$$i_q = C_{p,q} \cdot t + 2500 = 1.84t + 2500 \tag{1-10}$$

代入上式，得

$$i = i_g \cdot 1 + i_q \cdot d = 1.01t + (1.84t + 2500)d \tag{1-11}$$

或

$$i = 1.01t + (1.84t + 2500)\frac{d}{1000} \tag{1-12}$$

或表示为

$$i = (1.01 + 1.84d)t + 2500d \tag{1-13}$$

由式（1-13）可以看出，$(1.01 + 1.84d)t$ 是与温度有关的热量，称之为显热。$2500d$ 是 0℃时 $d$kg 水的汽化热，与温度无关，是与含湿量有关的热量，称为潜热。

全热等于显热与潜热之和。空调设备一般处理全热量。

当湿空气的温度与含湿量升高时，焓值增大，但空气温度升高，而含湿量减少时，则湿空气的焓值变化不一定。

已知水的质量比热为 4.19kJ/(kg · ℃)，欲求在 t℃时水蒸气的汽化潜热 r_t：

$$4.19t + r_t = 1.84t + 2500 \tag{1-14}$$

$$r_t = 1.84t + 2500 - 4.19t = 2500 - 2.35t \tag{1-15}$$

1.1.3　湿空气的焓湿图

空调的主要任务是对空气作适当的热湿处理，使之符合人的舒适要求或生产的工艺要求。对空气进行热湿处理的过程，是通过对空气加热加湿或冷却去湿，使空气的焓、含湿量分别发生变化或焓和含湿量两者一起发生变化，从而改变空气的状态，达到需要的温度和相对湿度。由此可见，若以空气的焓 i 和含湿量 d 作两坐标轴，构成湿空气的状态参数坐标图——焓湿图（i-d 图）如图 1-1 所示。将它用于确定空气的状态，表示空气的状态变化过程和作热力计算。

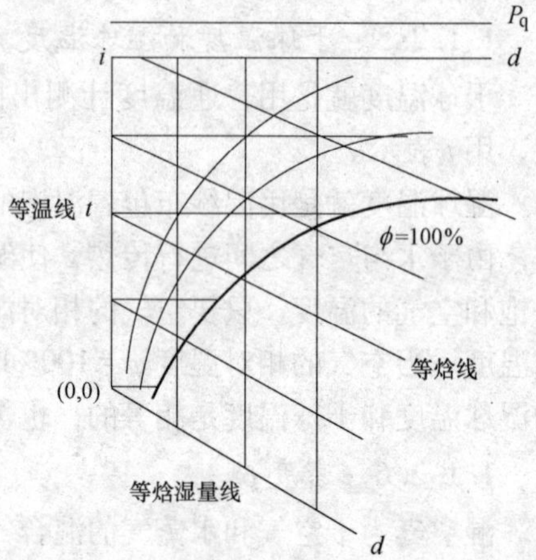

图 1-1　i-d 图

1.1.3.1　i-d 图

以 i 为纵坐标，d 为横坐标，构成的平面图，为了使图面展开，线条清晰，两坐标轴之间的夹角由常用的 90°，扩展为大于或等于 135°，两坐标轴夹角 $\alpha \geq 135°$，（坐标轴夹角大小不会影响湿空气状态参数之间的对应关系，只是改变了图形的形状和位置，目的是使图面展开、清晰）。为了避免图面过长，通常取一水平线画在图的上方，代替实际的 d 轴。在一定的大气压力下，将上述参数 t、d、φ、i、P_q 等关系反映在 i-d 图上，图中由 4 组等值线组成。B 不同，i-d 图不同。图 1-1 的 i-d 图中，B=101.325kPa。

A　等焓 i 线

平行于原 d 坐标的线为等焓线，流线上的每个点焓值相等，通过坐标原点（t=0℃，d=0）等焓线值为 i=0，向上焓值为正，向下焓值为负，整个焓值是由下向上递增。

B 等含湿量 d 线

平行于 i 坐标的线为等 d 线，过 O 点与纵坐标重合的线 $d=0$。

C 等温 t 线

当温度 t 取值一定时，焓 i 和含湿量 d 呈线性关系。因此，等 t 线为直线。在 $i=1.01t+(2500+1.84t)d$ 式中（$2500+1.84t$）是等 t 线的斜率，它随温度 t 的升高而增大。但在空调温度范围内，t 的变化很小，并且 $1.84t$ 远远小于 2500，因此，在 i-d 图上，等温线是一簇近似水平的直线。

D 水蒸气分压力 P_q 线

由式（1-16）和式（1-17）可知，每给定一个 d 值，就可以得到相应的 P_q 值，水蒸气的分压力与含湿量有一一对应的关系。根据这种对应关系，在图面 d 读数的上方直接绘出了与各 d 值对应的 P_q 读数线（水平线）。

$$d=0.622\frac{P_q}{B-P_q} \tag{1-16}$$

$$P_q=\frac{B\cdot d}{0.622+d}=f(d) \tag{1-17}$$

E 等相对湿度 φ 线

$$\varphi=\frac{P_q}{P_{q,b}}=\frac{f(d)}{f(t)} \tag{1-18}$$

由式（1-18），根据 d，t 确定 φ 值，绘出等 φ 线。等 φ 线是一组发散形曲线，自图面左下向右上延伸的下凹曲线，读数标在曲线上。当 $\varphi=0$，$d=0$，即是纵坐标，两线重合；当 $\varphi=100\%$，等 φ 线上各点与空气的饱和状态对应，是湿空气饱和状态线。某一条 d 线与饱和线交点对应的温度，就是与该含湿量 d 对应的露点温度。

F 热湿比线 ε

a ε 定义

ε 定义为湿空气的焓变化与湿量变化之比，又称角系数。i-d 图右下角给出了 ε 线。

$$\varepsilon=\frac{\Delta i}{\Delta \dot{d}} \text{ 或 } \varepsilon=\frac{\Delta i}{\frac{\Delta d}{1000}} \tag{1-19}$$

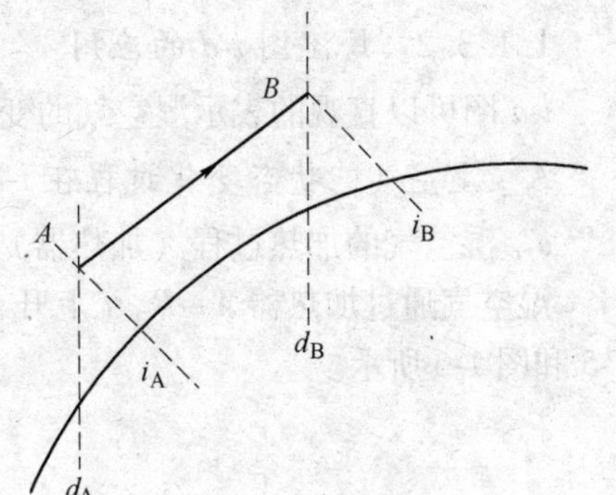

图 1-2 A、B 点状态

既然说是焓变化或湿量变化，则必有两个状态点，假定有 A、B 两个状态点（如图 1-2 所示），空气由 A 状态变化到 B 状态。

$$\varepsilon=\frac{\Delta i}{\frac{\Delta d}{1000}}=\frac{i_B-i_A}{\frac{d_B-d_A}{1000}}=\frac{m_g(i_B-i_A)}{m_g\frac{d_B-d_A}{1000}}=\frac{\Delta Q}{\Delta W} \tag{1-20}$$

ε 代表湿空气的状态变化方向，即状态 A 的空气对其加入热量 ΔQ，湿量 ΔW 之后，变成了状态 B，即对于空调工程来说，ΔQ 、ΔW 即为空气处理设备提供的热量与湿量。

热湿比 ε 反应了空气从状态 A 到状态 B 的过程斜率，即该过程线与水平线的倾斜角度，因此又称为角系数。只要热湿比值相同，他们的过程线就一定平行。

b　ε 作用

根据热湿比线求出空气的另一状态，有两种方法。

(1) 平行线法。如图 1-3 所示，平行于焓湿图给出的 ε 线标尺平行移动（作平行线），求出 B 点。

(2) 辅助点法。如图 1-4 所示。

$$\varepsilon = \frac{\Delta i}{\Delta d} = \frac{10000}{2000} = \frac{5}{1}$$

这时过 A 点做 $\Delta d = 1\text{g/kg}$，$\Delta i = 5\text{kJ/kg}$，交于 B' 点，B' 点即辅助点，连接 AB'，则要求的 B 点必在 AB' 线上。

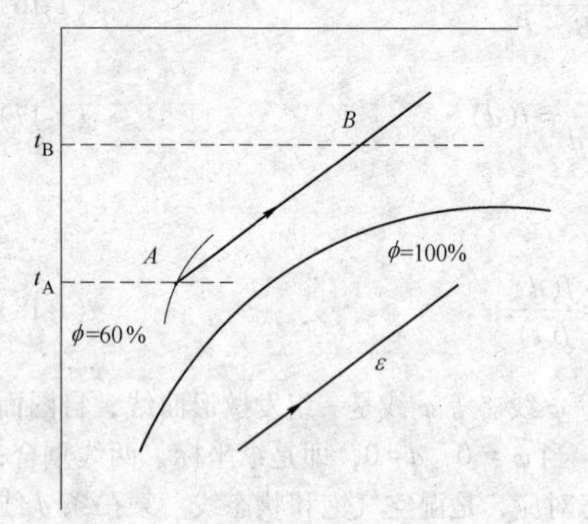

图 1-3　平行线法

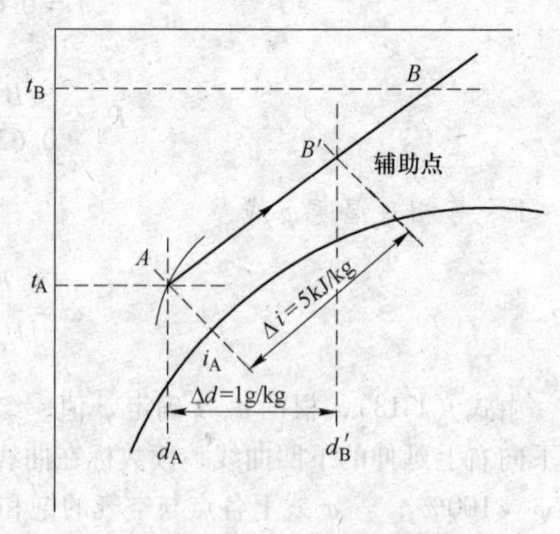

图 1-4　辅助点法

1.1.3.2　焓湿图 i-d 的应用

i-d 图可以直观的表示湿空气的变化过程。

A　湿空气的状态变化过程在 i-d 图上的表示

a　湿空气的加热过程（加热器）

湿空气通过加热器 $A \rightarrow B$。t 上升，d 不变，空气实现的是等湿增焓升温的过程。如图 1-5 和图 1-6 所示。

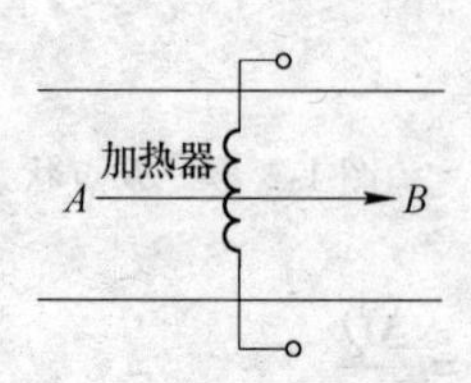

图 1-5　空气加热示意

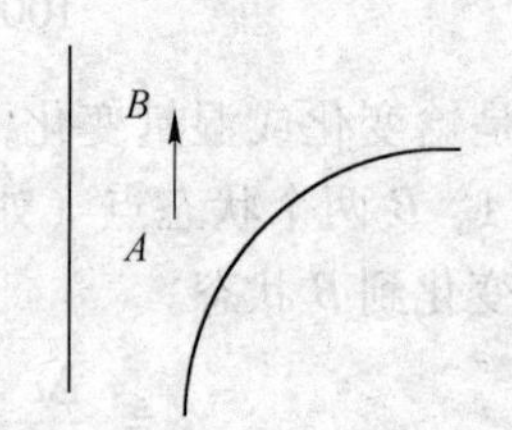

图 1-6　等湿增焓空气状态变化过程

$$\varepsilon=\frac{\Delta i}{\Delta d}=+\infty \tag{1-21}$$

b 湿空气的干冷却过程（表冷器）

湿空气通过表冷器时，若表冷器表面温度 t 大于空气温度 t_l ，则湿空气中水蒸气不会凝结，即 d 不变，但被表冷器冷却之后，t 下降，焓值下降，空气实现的是等湿减焓降温的过程。如图 1-7 和图 1-8 所示。

$$\varepsilon=\frac{\Delta i}{\Delta d}=-\infty \tag{1-22}$$

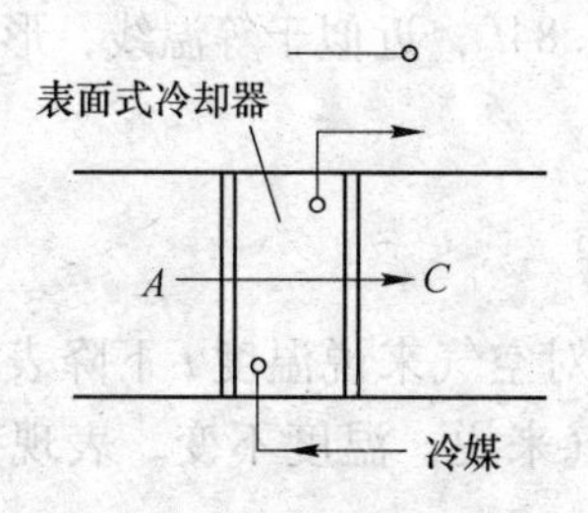

图 1-7 空气冷却示意

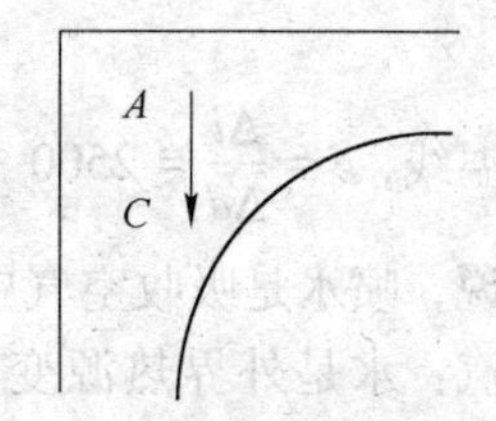

图 1-8 等湿减焓空气状态变化过程

c 等焓减湿（固体吸湿剂）

用固体吸湿剂处理空气，湿空气中的部分水蒸气被吸附，d 降低，潜热降低，但得到的水蒸气凝结在固体吸湿剂微孔表面，放出气化潜热，t 上升，显热上升，焓值基本不变。还是略微减少了凝结水带走的液体热。空气近似按等焓减湿过程变化。如图 1-9 和图 1-10 所示。

$$\varepsilon=\frac{\Delta i}{\Delta d}=0 \tag{1-23}$$

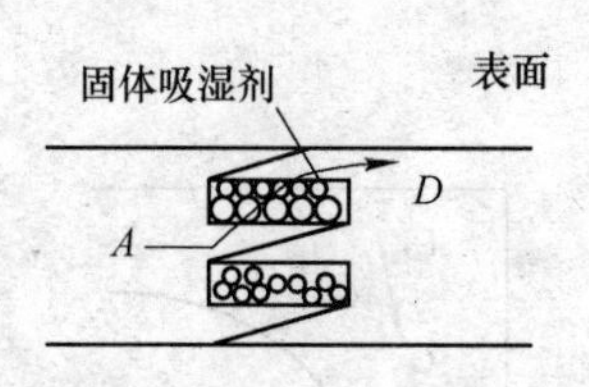

图 1-9 空气吸湿示意

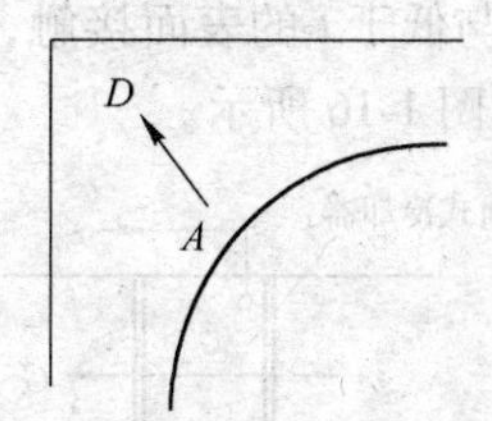

图 1-10 等焓减湿空气状态变化过程

d 等焓加湿过程（喷水室绝热加湿）

用喷水室喷循环水处理湿空气，与空气长时间直接接触，水吸收湿空气中的显热而蒸发为水蒸气，温度 t 下降，显热量下降；蒸发的水蒸气到空气中，湿空气 d 上升，潜热上升，但焓值基本不变。如图 1-11 和图 1-12 所示。

此过程又称为等焓加湿过程，由于此过程与外界没有热量交换，因此又称为绝热加湿过程。

$$\varepsilon=\frac{\Delta i}{\Delta d}=0 \tag{1-24}$$

实际该焓值略有增加，增加的是加到空气中的那部分液体热 $\Delta i=\Delta d\cdot i_{\mathrm{w}}=\Delta d\cdot 4.19t_{\mathrm{w}}$

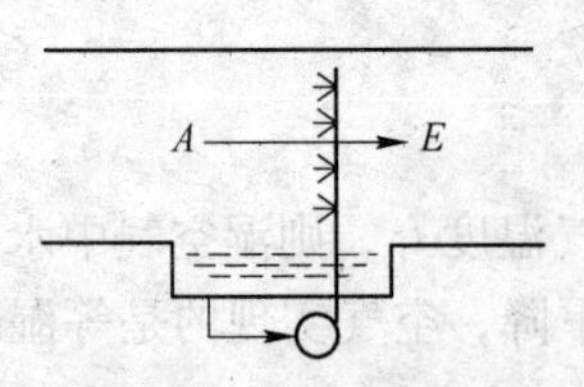

图 1-11 喷水室加湿示意

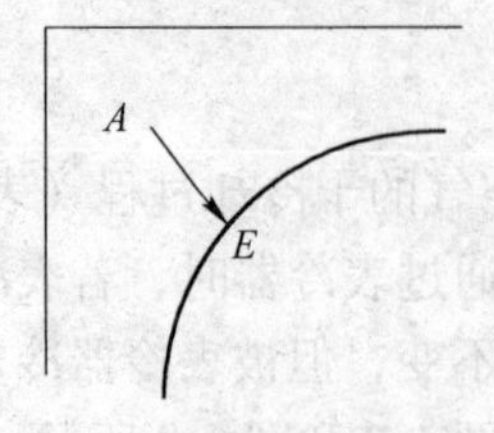

图 1-12 等焓加湿空气状态变化过程

e 向空气中喷蒸汽

喷水室喷水 $\varepsilon = i_{w}$；喷水室喷蒸汽 $\varepsilon = i_{q} = 2500 + 1.84t$，近似于等温线，形成的偏角只有 3°~4°。

对于等温线，$\varepsilon = \dfrac{\Delta i}{\Delta d} = 2500 + 1.84t$

换句话说，喷水是吸收空气中热量变成蒸汽加湿，对空气来说温度 t 下降表现为等焓过程；喷蒸汽：水是外界热源变成蒸汽再加湿，对空气来说，温度不变，表现为等温过程。如图 1-13 和图 1-14 所示。

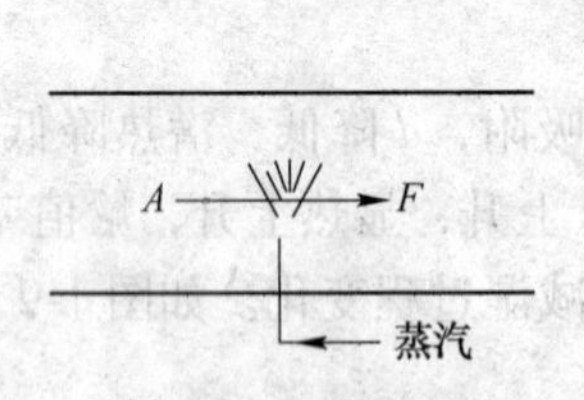

图 1-13 蒸汽加湿示意

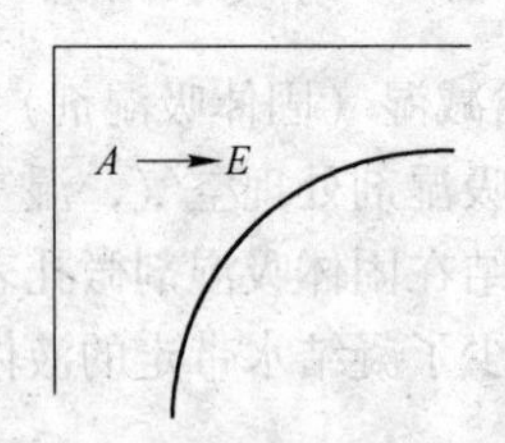

图 1-14 等温加湿空气状态变化过程

f 冷却干燥过程（湿冷）

湿空气与低于 t_{l} 的表面接触，或者喷冷水，湿空气 t 下降，d 下降（减湿冷却过程）。如图 1-15 和图 1-16 所示。

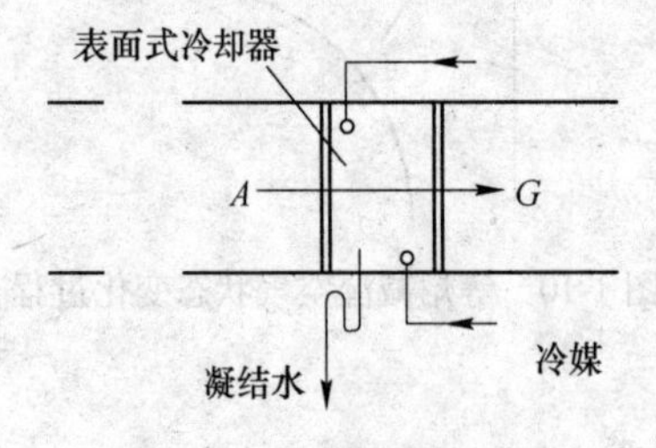

图 1-15 空气冷却示意

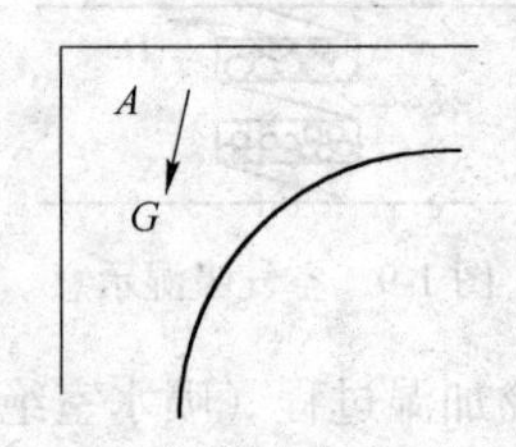

图 1-16 减湿冷却空气状态变化过程

$$\varepsilon = \frac{\Delta i}{\Delta d} = 0 \tag{1-25}$$

B 不同状态的空气的混合状态在 *i-d* 图上的确定

前面讲空气从一个状态变化为另一个状态在 *i-d* 图上表示，现在讲两个不同状态空气混合在 *i-d* 图上表示。在空调工程中，经常遇到新风与回风混合的问题。假定有两个空气状态 A（质量流量 G_{A}，i_{A}，d_{A}）和 B（质量流量 G_{B}，i_{B}，d_{B}）混合，混合后状态（质量流量 G_{C}，i_{C}，d_{C}）如图 1-17 所示。

质量平衡：
$$G_C = G_A + G_B \tag{1-26}$$

热平衡：
$$G_A i_A + G_B i_B = G_C i_C \tag{1-27}$$

湿平衡：
$$G_A d_A + G_B d_B = G_C d_C \tag{1-28}$$

得出
$$\frac{G_A}{G_B} = \frac{i_C - i_B}{i_A - i_C} = \frac{d_C - d_B}{d_A - d_C} \tag{1-29}$$

由此可以得出两个结论：

（1）$\dfrac{i_A - i_C}{d_A - d_C} = \dfrac{i_C - i_B}{d_C - d_B}$，即 $k_{AC} = k_{CB}$，在 i-d 图上 AC、CB 斜率相同，C 在 AB 线上。

（2）$\dfrac{G_A}{G_B} = \dfrac{i_C - i_B}{i_A - i_C} = \dfrac{\overrightarrow{CB}}{\overrightarrow{AC}}$，两线段长度与空气质量成反比，且混合点靠近质量大的空气状态那一端，这就是混合规律。

如图 1-18 所示，特例若 C 点落在 $\varphi = 100\%$ 之外过饱和区，则 C 点即是饱和空气+水雾状态，不稳定状态的过饱和区。这种状态只是暂时的，多余的水蒸气会立即凝结为水从空气中分离出来，空气仍恢复到饱和状态，即 D 点，但是此时由于凝结水带走了一部分液体热，因此焓值降低，则

$$i_C = i_D + 4.19 t_D \cdot \Delta d$$

这里三个未知数 i_D、t_D、Δd，D 点通过计算正好落在 $\varphi = 100\%$ 上。

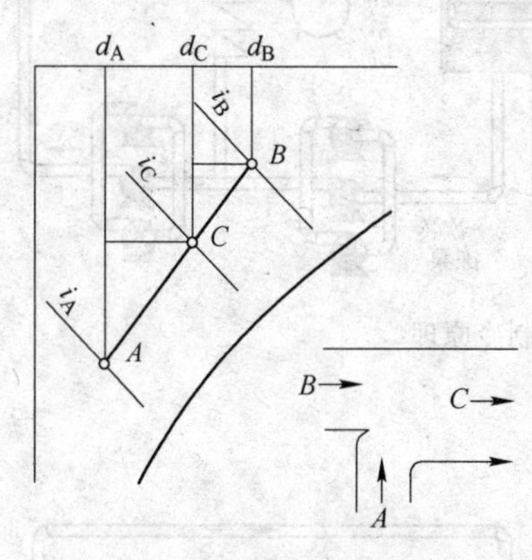

图 1-17　两种状态空气的混合

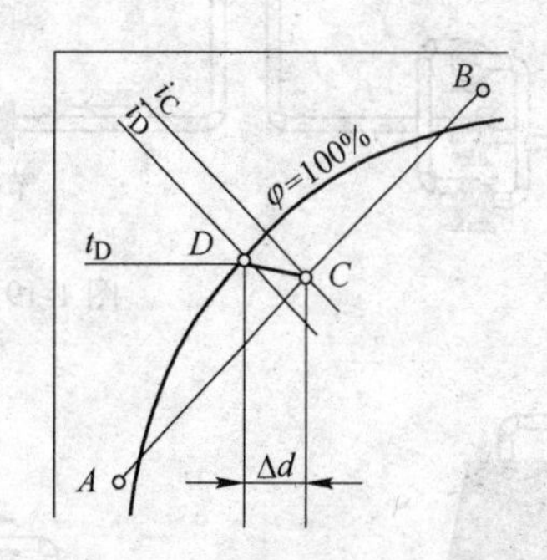

图 1-18　结雾区的空气状态

1.2　中央空调的概念

1.2.1　基本概念

中央空调指由中央空调主机提供冷源或热源给空调末端设备，由末端设备对室内的空气处理得到所需的温度、湿度、气流组织和洁净度的机械系统，是由中央空调主机和中央空调末端组成的空气调节系统。中央空调与人们所熟悉的家用空调不同，它具有更大的空气温度和空气品质调节能力。中央空调不仅大量用于住宅、酒店、写字楼、商场等场所，以提高人们生活和工作环境的舒适度，而且还广泛用于化工、医药、纺织、烟草、钢铁等工业生产领域，为其提供工艺上所需的冷水或空气温度调节。

中央空调系统是由一台主机（或一套制冷系统或供风系统）通过风道送风或冷热水源带动多个末端的方式来达到室内空气调节的目的的空调系统。

1.2.2　中央空调构成及工作原理

中央空调系统的基本组成形式可分为3大组成部分，分别是冷热源设备（主机）、输送部分（水泵系统及管道）和空调末端设备。

1.2.2.1　中央空调制冷原理

图1-19和图1-20分别是中央空调常用的两种制冷方式压缩式制冷和吸收式制冷的工作原理。

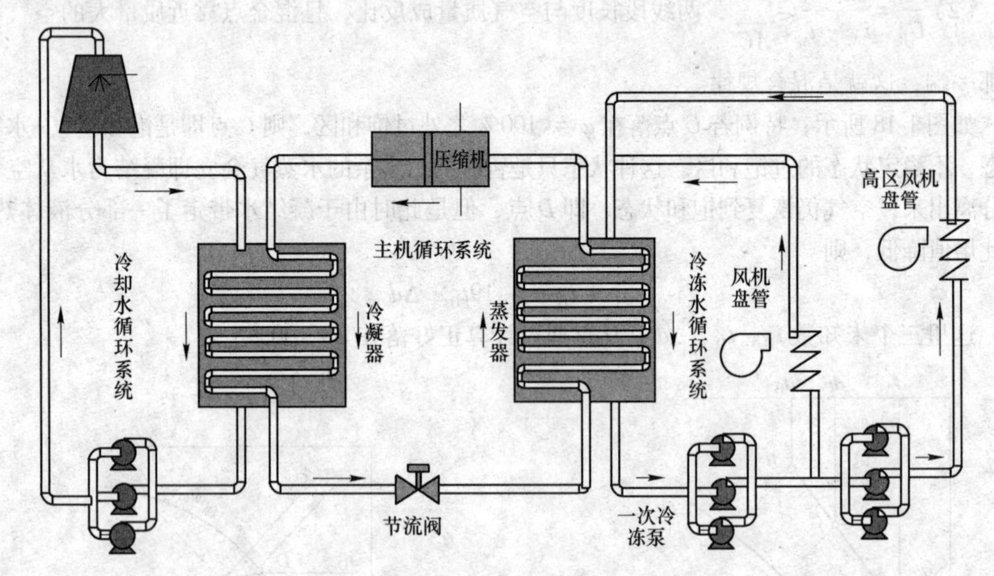

图1-19　中央空调压缩式制冷原理

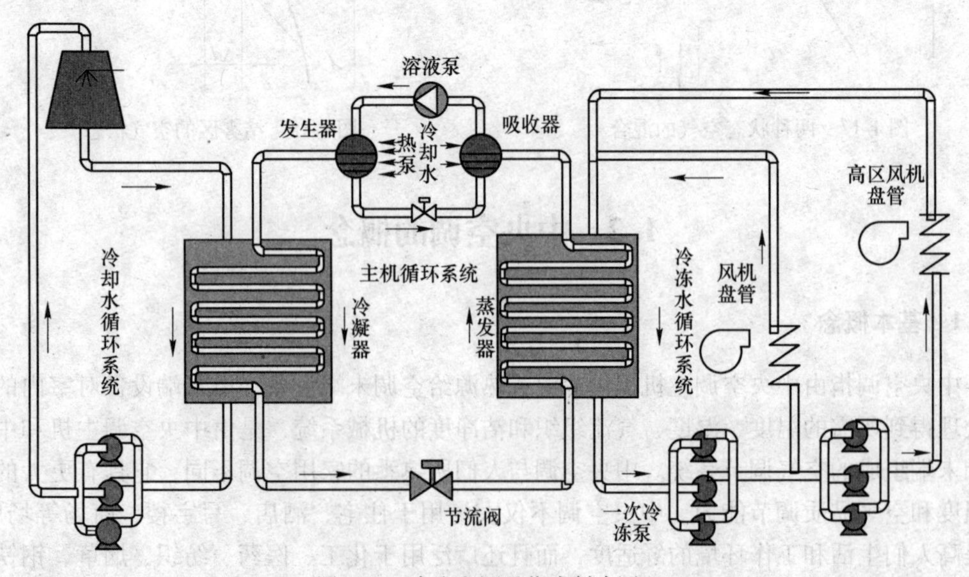

图1-20　中央空调吸收式制冷原理

中央空调的制冷工作原理可以分为以下3个循环：

（1）空调主机制冷原理。主机系统主要由制冷压缩机（吸收器-发生器）、冷凝器、蒸发器和节流部件4个基本部件组成。它们之间用管道依次连接，形成一个密闭的系统，制冷剂在系统中不断循环流动，发生状态变化与外界进行热量交换。主机系统制冷剂在冷凝器中冷凝释放出来的热量由冷却水循环带走，在蒸发器中蒸发吸收冷冻水的热量，达到制冷的目的。

（2）冷却水循环系统。冷却水循环系统主要由冷却水泵、冷却塔和管道系统组成。高温高压气体在冷凝器中放热与冷却循环水进行热交换，冷却水泵将带来热量的冷却水送到散热水塔上，由水塔风扇对其进行喷淋冷却，与大气之间进行热交换，将热量散发到大气中去。

（3）冷冻水循环系统。冷冻水循环系统主要由冷冻水泵、空调末端设备（如风机盘管）和管道系统组成。低温低压的制冷剂液体在蒸发器中吸热与冷冻循环水进行热交换，将冷冻水制冷，冷冻水泵将冷冻水送到各风机的冷却盘管中，由风机吹送冷风达到降温的目的。

1.2.2.2 中央空调制热原理

中央空调制热。风冷型和小型水（地）源热泵机组采用内部切换（见图1-21），其实就是通过四通阀，将制冷剂的流向进行转换，使得原来的蒸发器变为冷凝器，原来的冷凝器变为蒸发器。

在大型水（地）源热泵机组一般采用外切换（见图1-22），即切换水路系统，实现冬季室内接到冷凝器给室内供热，冬季蒸发器接到室外水（地）源侧进行吸热。

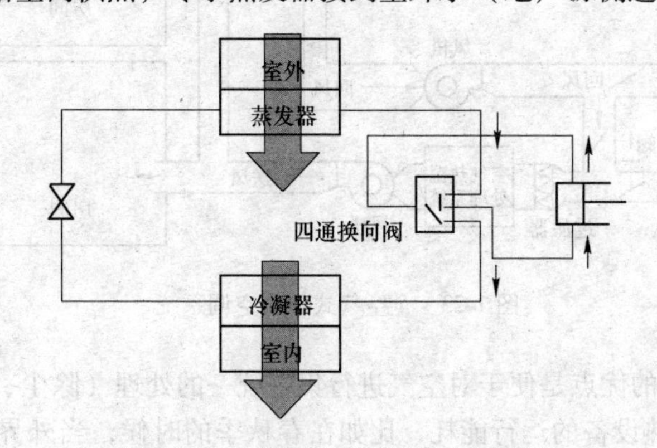

图1-21 中央空调制热原理（内切换）

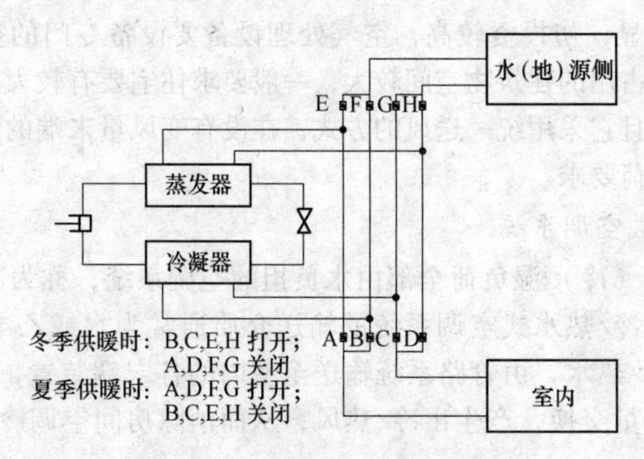

图1-22 中央空调制热原理（外切换）

1.3　中央空调的分类、组成及应用

中央空调工程设计时，根据整体规划，首先要根据各房间的功能要求选择适当的空调系统，并进行合理分区。本节主要介绍中央空调系统的分类、组成及应用，目前民用空调建筑采用最多的是一次回风集中式系统和风机盘管加独立新风系统。

1.3.1　按输送工作介质分类

1.3.1.1　全空气式空调系统

空调房间内的热湿负荷全部由经过处理的空气负担的空调系统，称为全空气式空调系统，又叫做风管式空调系统。全空气空调系统以空气为输送介质，它利用室外空气处理机组集中产生冷/热量，将从室内引回的回风（或回风和新风的混风）进行冷却/热处理后，再送入室内消除其空调冷/热负荷。如图1-23所示。

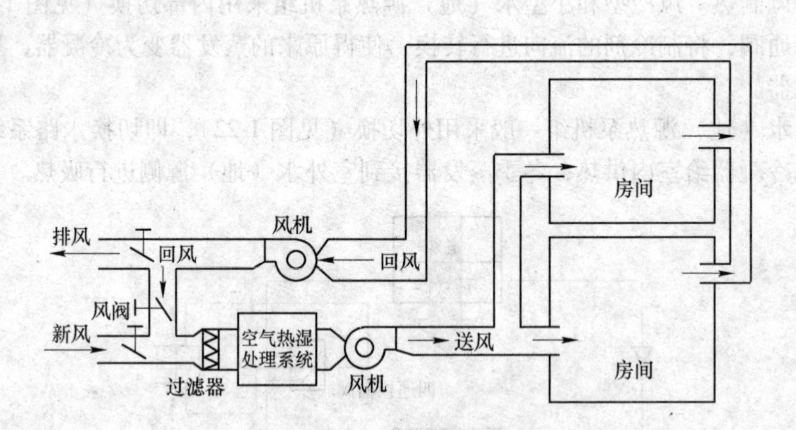

图1-23　全空气式中央空调系统

全空气空调系统的优点是便于对空气进行集中统一的处理（除尘、加湿、加热、降温等），降低降温或加热设备的运行能耗，比如在春秋季的时候，当外界温度低于室温要求时可不用开启冷冻机，把回风外排用新风替代即可。这能够提高空气质量和人体舒适度。但它的缺点也比较明显，初投资较高，空气处理设备要设备专门的空调机房，安装难度大，空气输配系统所占用的建筑物空间较大，一般要求住宅要有较大的层高，还应考虑风管穿越墙体问题。而且它采用统一送风的方式，在没有变风量末端的情况下，难以满足不同房间不同的空调负荷要求。

1.3.1.2　全水式空调系统

空调房间内的热（冷）湿负荷全部由水负担的空调系统，称为冷/热水式空调系统，即全水式空调系统。冷/热水式空调系统的输送介质通常为水或乙二醇溶液。它通过室外主机产生出空调冷/热水，由管路系统输送至室内的各末端装置，在末端装置处冷/热水与室内空气进行热量交换，产生出冷/热风，从而消除房间空调冷/热负荷。如图1-24所示。

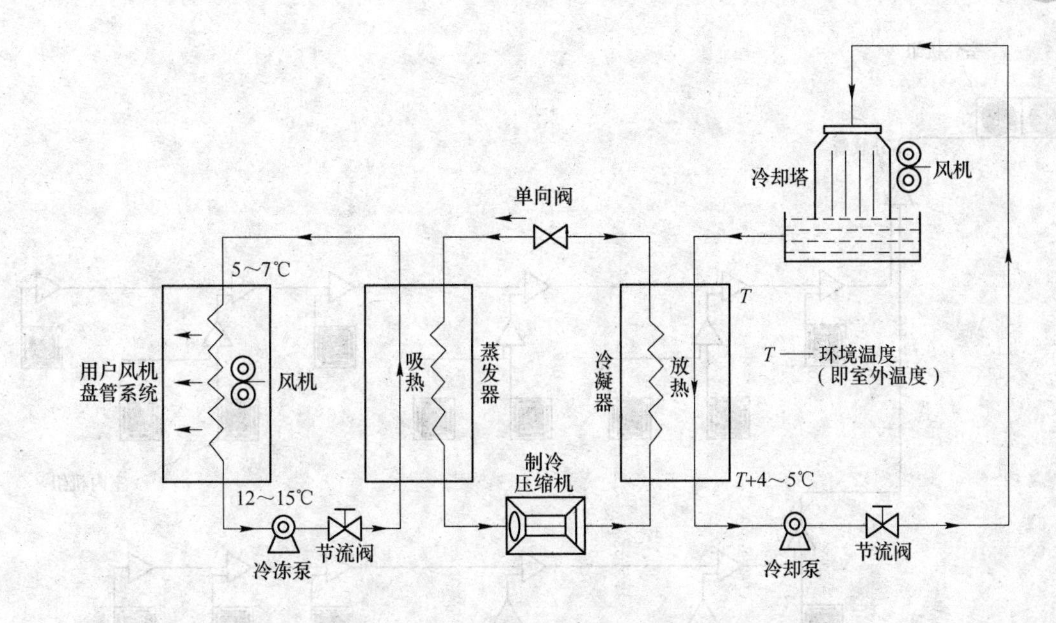

图 1-24 冷/热水机组中央空调系统

该系统的室内末端装置通常为风机盘管。目前风机盘管一般可以调节风机转速（或通过旁通阀调节经过盘管的水量），从而调节送入室内的冷/热量，因此可以满足各个房间不同需求，其节能性也较好。此外，它的输配系统所占空间很小，因此一般不受住宅层高的限制。但此种系统一般难以引进新风，因此对于通常密闭的空调房间而言，其舒适性较差。

1.3.1.3 空气-水式空调系统

空调房间内的热湿负荷由水和空气共同负担的空调系统，称为空气-水式空调系统。其典型的装置是风机盘管加新风系统。空气-水式空调系统是由风机盘管或诱导器对空调房间内的空气进行热湿处理，而空调房间所需要的新鲜空气由集中式空调系统处理后，再由送风管送入各空调房间内。

空气-水式空调系统解决了冷/热水式空调系统无法通风换气的困难，又克服了全空气系统要求风道面积比较大、占用建筑空间多的缺点。

1.3.1.4 制冷剂式空调系统

制冷剂式中央空调系统，简称 VRV（Varied Refrigerant Volume）系统，它以制冷剂为输送介质，室外主机由室外侧换热器、压缩机和其他附件组成，末端装置是由直接蒸发式换热器和风机组成的室内机，冷媒直接在风机盘管蒸发吸热进行制冷。一台室外机通过管路能够向若干个室内机输送制冷剂液体。通过控制压缩机的制冷剂循环量和进入室内各换热器的制冷剂流量，可以适时地满足室内冷/热负荷要求。如图 1-25 所示。

制冷剂式空调系统具有节能、舒适、运转平稳等诸多优点，而且各房间可独立调节，能满足不同房间不同空调负荷的需求。但该系统控制复杂，对管道材质、制造工艺、现场焊接等方面要求非常高，且其初投资比较高。

归纳起来，按负担室内负荷的介质不同，中央空调的分类见表 1-1。

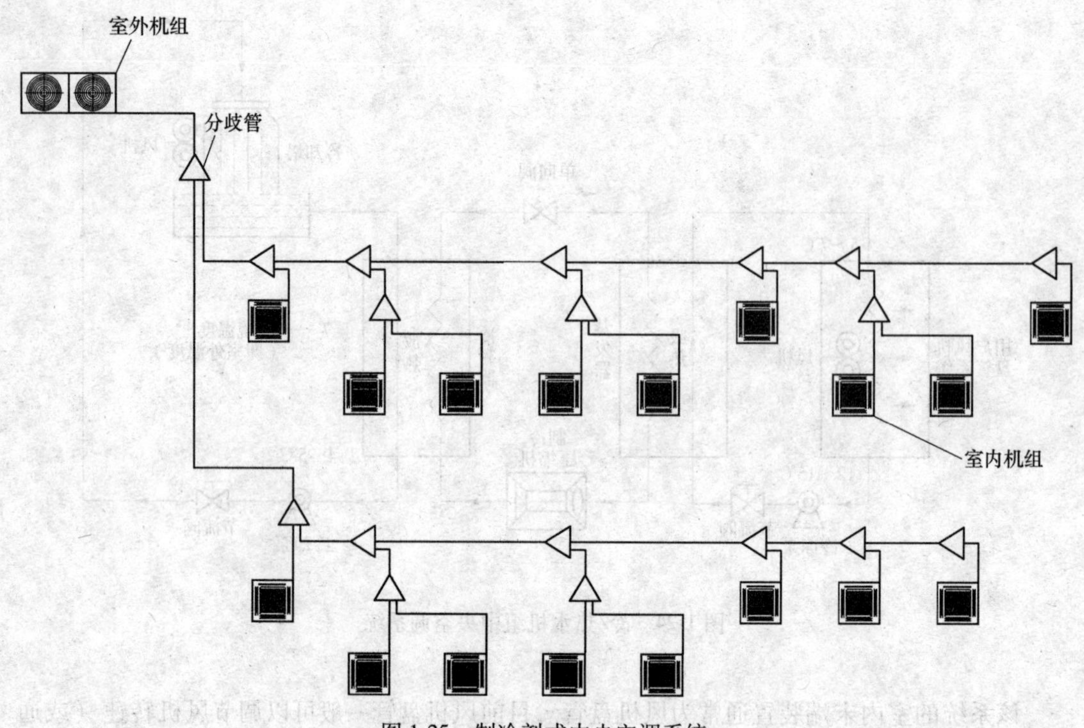

图 1-25 制冷剂式中央空调系统

表 1-1 按负担室内负荷的介质不同分类特征及应用

名称	特 征	系 统 应 用
全空气系统	室内负荷全部由处理过的空气来负担。空气比热、密度小，需空气量多，风道断面大，输送耗能大	以普通的低速单风道系统为代表，应用广泛，可分为一次回风及二次回风方式
全水系统	室内负荷由一定温度的水来负担。输送管路断面小，无通风换气的作用	风机盘管系统
空气-水系统	由处理过的空气和水共同负担，室内负荷其特征介于上述二者之间	风机盘管与新风相结合的系统、诱导空调系统
制冷剂系统	制冷系统蒸发器或冷凝器直接向房间吸收（或放出）热量。冷、热量的输送损失少	柜式空调机组（整体式或分体式）、多台室内机的分体式空调机组、闭环式水热源热泵机组系统

1.3.2 按主机类型

根据主机类型可以将空调分为压缩式和吸收式两大类。

1.3.2.1 压缩式

压缩式包括活塞式、螺杆式（分单螺杆和双螺杆两种）、离心式和涡旋式。

1.3.2.2 吸收式

A 按用途分类

(1) 冷水机组。供应空调用冷水或工艺用冷水。冷水出口温度分为 7℃、10℃、

13℃、15℃四种。

（2）冷热水机组。供应空调和生活用冷热水。冷水进、出口温度为12℃/7℃；用于采暖的热水进、出口温度为55℃/60℃。

（3）热泵机组。依靠驱动热源的能量，将低势位热量提高到高势位，供采暖或工艺过程使用。输出热的温度低于驱动热源温度，以供热为目的的热泵机组称为第一类吸收式热泵；输出热的温度高于驱动热源温度，以升温为目的的热泵机组称为第二类吸收式热泵。

B 按驱动热源分类

（1）蒸汽型。以蒸汽为驱动热源。单效机组工作蒸汽压力一般为0.1MPa；双效机组工作蒸汽压力为0.25~0.8MPa。

（2）直燃型。以燃料的燃烧热为驱动热源。根据所用燃料种类，又分为燃油型（轻油或重油）和燃气型（液化气、天然气、城市煤气）两大类。

（3）热水型。以热水的显热为驱动热源。单效机组热水温度范围为85~150℃；双效机组热水温度大于150℃ 。

C 按驱动热源的利用方式分类

（1）单效。驱动热源在机组内被直接利用一次。

（2）双效。驱动热源在机组的高压发生器内被直接利用，产生的高温冷剂水蒸气在低压发生器内被二次间接利用。

（3）多效。驱动热源在机组内被直接和间接地多次利用。

1.3.3 按服务对象不同分类

一般把用于工业生产和科学试验过程中的空调称为“工艺性空调”，而把用于保证人体舒适度的空调称为“舒适性空调”。工艺性空调在满足特殊工艺过程特殊要求的同时，往往还要满足工作人员的舒适性要求。因此二者是密切相关的。

1.3.3.1 舒适性空调

舒适性空调的任务在于创造舒适的工作环境，保证人的健康，提高工作效率，广泛应用于办公楼、会议室、展览馆、影剧院、图书馆、体育场、商场、旅馆、餐厅等。

1.3.3.2 工艺性空调

（1）夏季以降温为主的空调，以保证工人手中不出汗为主要目的，对室内温度和相对湿度没有严格的精度要求，如纺织工业、印刷工业、钟表工业、胶片工业、食品工业、卷烟工业、粮食仓库等空调系统。

（2）恒温恒湿性空调。对室内温度和相对湿度均有严格要求的空调工程，常用于精密机械工业及一些仪表计量室等。如电子工业、仪表工业、合成纤维工业及科研机构的控制室、计量室、检验室、计算机房等要求恒温恒湿的室内环境。

（3）洁净空调。要求空调房间内空气达到一定洁净程度的空调工程，不仅要求一定的温湿度，而且还对空气的含尘量、颗粒大小有严格要求，常用于电子、精密仪器实验室、半导体工业的“工业洁净室”和制药车间、无菌试验室、烧伤病房、医院手术室等“生物洁净室”。

（4）人工气候。模拟高温、高湿或低温、低湿及高空气候环境，对工业产品进行质量考核的空调工程。

1.3.4　按空气处理设备的情况分类

1.3.4.1　集中式空调系统

集中式空调系统是指在同一建筑内对空气进行净化、冷却（或加热）、加湿（或除湿）等处理，然后进行输送和分配的空调系统。

集中式空调系统的特点是空气处理设备和送、回风机等集中在空调机房内，通过送回风管道与被调节空气场所相连，对空气进行集中处理和分配。集中式中央空调系统有集中的冷源和热源，称为冷冻站和热交换站。其处理空气量大，运行安全可靠，便于维修和管理，但机房占地面积较大。

1.3.4.2　半集中式空调系统

半集中式空调系统又称为混合式空调系统，它是建立在集中式空调系统的基础上，除有集中空调系统的空气处理设备处理部分空气外，还有分散在被调节房间的空气处理设备对其室内空气进行就地处理，或对来自集中处理设备的空气再进行补充处理，如诱导器系统、风机盘管系统等。这种空调适用于空气调节房间、各房间空气参数要求单独调节的建筑物中。

集中式空调系统和半集中式空调系统通常可以称为中央空调系统。

1.3.4.3　分散式系统

分散式系统又称为局部式或独立式空调系统。它的特点是将空气处理设备分散放置在各个房间内。人们常见的窗式空调器、分体式空调器等都属于此类。

归纳起来，按分散程度，中央空调的分类见表 1-2。

表 1-2　按分散程度分类特征及应用

名　称		特　征	应　用
集中式空调系统		空气的温湿度集中在空气处理机（AHU）中进行调节后经风道输送到使用地点，对应负荷变化集中在 AHU 中不断调整，是空调最基本的方式	普通为单风道定风量（或变风量）系统，此外有双风道系统
半集中式系统		除由集中的 AHU 处理空气外，在各个空调房间还分别有处理空气的“末端装置”（如风机盘管）	新风集中处理结合诱导器送风，新风集中处理结合风机盘管送风
分散式系统	个别独立型	各房间的空气处理由独立的带冷热源的空调机组承担	整体或分体的柜机或窗式机组（单元式空调器）

1.3.5　按冷凝器冷凝方式

根据冷凝器的冷却方式可以将主机分为风冷式和水冷式，主要区别在于水冷式的有冷却循环系统，系统主要有冷却泵、冷却塔及水处理器等组成。如图 1-26 所示。

普通型水冷式冷水机组在结构上的主要特点是冷凝器和蒸发器均为壳管换热器，它有冷却水系统的设备（冷却水泵、冷却塔、水处理装置、水过滤器和冷却水系统管路等），冷却效果比较好。

风冷式的冷水机组，是以冷凝器的冷却风机取代水冷式冷水机组中的冷却水系统的设

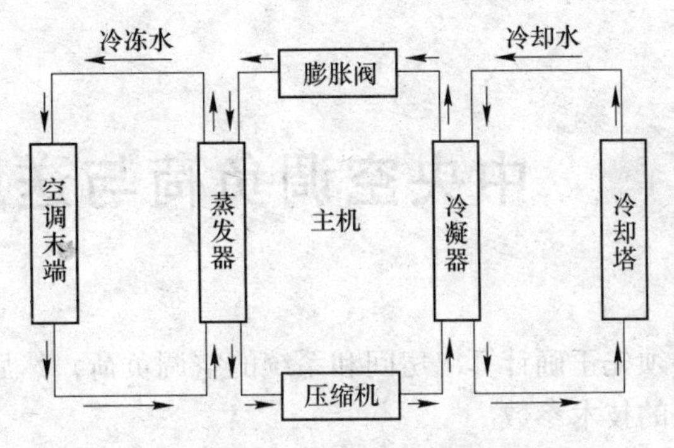

图 1-26 水冷式制冷原理

备（冷却水泵、冷却塔、水处理装置、水过滤器和冷却水系统管路等），使庞大的冷水机组变得简单且紧凑。如图 1-27 所示。

风冷机组可以安装于室外空地，也可安装在屋顶，无需建造机房。

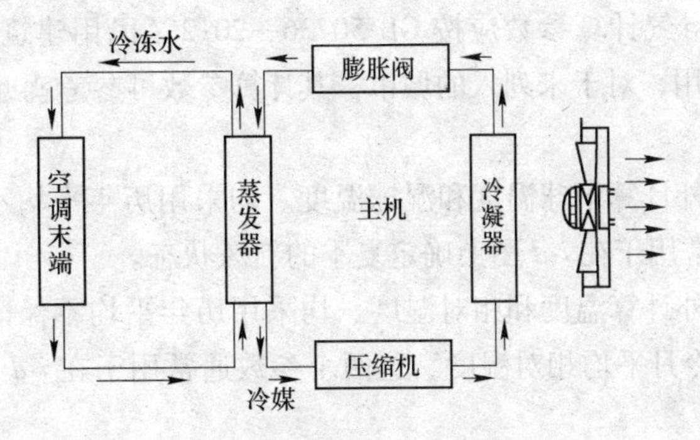

图 1-27 风冷式制冷原理

1.3.6 空调系统的应用

根据建筑物的用途、规模、使用特点、负荷变化情况、参数要求、所在地区气象条件和能源状况等选用适宜的空调系统。一般空间较大、人员较多、温湿度允许波动范围小、噪声或洁净度标准高的场所采用全空气定风量空调系统。空调区较多、建筑层高较低且各区温度要求独立控制时，宜采用风机盘管加新风空调系统。

宾馆式建筑和多功能综合大楼的中央空调系统，一般都设有中央机房，集中放置冷、热源及附属设备；楼中空调末端系统如商场、餐厅、舞厅、展览厅、大会议室等多采用全空气系统；客房、办公室、中小型会议室、物业用房等常采用风机盘管加新风系统，新风系统一般采用节能型全热新风换气机。

复习思考题

1-1 已知大气压力 $B = 101325\text{Pa}$，$t = 35℃$，$t_s = 28℃$，试在焓湿图 $i-d$ 上确定湿空气的状态参数 i，d，ψ。

1-2 中央空调系统采用地源热泵主机，其制冷原理和制热原理如何？

1-3 各种形式的中央空调应用系统各有什么特点，比如制冷剂系统？

中央空调负荷与送风量

设计空调工程，必须先正确计算出房间和系统的空调负荷，然后才能确定空调系统的送风量及选择空调设备的技术参数。

2.1 空气设计参数

2.1.1 室外空气计算参数

主要城市的室外空气计算参数应按 GB 50736—2012《民用建筑供暖通风与空气调节设计规范》附录 A 采用，对于未列入的城市，其计算参数可参考就近或地理环境相近的城市确定。

（1）夏季空调室外计算干球温度和湿球温度。均采用历年平均不保证 50 小时的实测温度。这两个温度通常用于在 *i-d* 图上确定夏季的新风状态。

（2）冬季空调室外计算温度和相对湿度。均采用历年平均不保证 1 天的日平均温度。相对湿度采用累年最冷月平均相对湿度。这两个参数通常用于在 *i-d* 图上确定冬季的新风状态。

（3）夏季和冬季的室外大气压力。用于选择合适的 *i-d* 图。

2.1.2 室内空气设计参数

我国制定的 GB 50736—2012《民用建筑供暖通风与空气调节设计规范》（以下简称“设计规范”），对舒适性空调的室内设计参数的规定见表 2-1。

表 2-1 人员长期逗留区域空调室内设计参数

类　别	热舒适度等级	温度/℃	相对湿度/%	风速/m·s^{-1}
供热工况	Ⅰ级	22~24	≥30	≤0.2
	Ⅱ级	18~22	—	≤0.2
供冷工况	Ⅰ级	24~26	40~60	≤0.25
	Ⅱ级	26~28	≤70	≤0.3

注：Ⅰ级热舒适度较高，Ⅱ级热舒适度一般。

人员短期逗留区域供冷温度宜提高 1~2℃，供热工况宜降低 1~2℃，人员活动区供冷风速不宜大于 0.5m/s，供热风速不宜大于 0.3m/s。

对民用建筑中不同用途及功能房间的舒适性空调参数，可参考各行业标准，现汇总常用民用建筑室内参数设计标准（见表 2-2）。

表 2-2 民用建筑室内暖通空调参数设计标准

房间名称和房间等级		室内设计参数				最小新风/$m^3 \cdot h^{-1} \cdot 人^{-1}$	噪声/dB (A)	备 注
		夏季		冬季				
		温度/℃	相对湿度/%	温度/℃	相对湿度/%			
办公建筑	一类	24	≤55%	20	≥45%	30	≤45	JGJ 67—2006
	二类	26	≤60%	18	≥30%	30	≤45	
	三类	27	≤65%	18	—	30	≤45	
客房	一级	26~28	—	18~20	—	—	≤45	JGJ 62—2014
	二级	26~28	≤65%	19~21	—	≥30	≤45	
	三级	25~27	≤60%	20~22	≥35%	≥30	≤40	
	四级	24~26	≤60%	21~23	≥40%	≥40	≤40	
	五级	24~26	≤60%	22~24	≥40%	≥50	≤35	
餐厅、宴会厅、多功能厅	一级	26~28	—	18~20	—	—	≤55	JGJ 62—2014
	二级	26~28	—	18~20	—	≥15	≤55	
	三级	25~27	≤65%	19~21	≥30%	≥20	≤50	
	四级	24~26	≤60%	20~22	≥35%	≥25	≤50	
	五级	23~25	≤60%	21~23	≥40%	≥30	≤45	
商业、服务	一级	26~28	—	18~20	—	—	≤45	JGJ 62—2014
	二级	25~27	—	18~20	—	≥15	≤45	
	三级	25~27	≤60%	19~21	≥30%	≥20	≤45	
	四级	24~26	≤60%	20~22	≥35%	≥25	≤45	
	五级	24~26	≤60%	21~23	≥40%	≥30	≤40	
大堂、中庭、门厅	一级	26~28	—	16~18	—	—	≤50	JGJ 62—2014
	二级	26~28	—	17~19	—	—	≤50	
	三级	26~28	≤65%	18~20	—	—	≤45	
	四级	25~27	≤65%	19~21	≥30%	≥10	≤45	
	五级	25~27	≤65%	20~22	≥30%	≥10	≤40	
美容理发室		24~26	≤60%	20~22	≥50%	≥30	≤45	JGJ 62—2014
健身、娱乐		24~26	≤60%	18~20	≥40%	≥30	≤45	
营业厅		25~28	≤65%	18~24	≥30%	≥15	≤50~55	JGJ 48—2014
住宅	卧室、起居室	26	—	18	—	1 次	≤40	GB 50096—2011
医院	病房	25~27	40%~65%	20~22	≥30%	2 次	≤45	特殊病房有空气净化要求，防静电要求 GB 51039—2014 GB 50333—2013
	产房	25~27	40%~65%	22~26	≥30%	2 次	≤45	
	检查室、诊室	25~26	40%~65%	22	≥30%	2 次	≤45	
	手术室	21~26	30%~60%	21~25	30%~60%	按规范	≤50	

续表 2-2

房间名称和房间等级		室内设计参数				最小新风 /$m^3 \cdot h^{-1} \cdot 人^{-1}$	噪声 /dB（A）	备 注
		夏季		冬季				
		温度/℃	相对湿度/%	温度/℃	相对湿度/%			
影剧院	剧场	24~26	50%~70%	16~20	≥30%	10~15	≤50	JGJ 57—2000
	观众厅	24~28	55%~70%	16~20	≥30%	15~25	≤50	JGJ 58—2008
学校	教室	26~28	≤65%	16~18	—	19	≤45	GB 50099—2011
	礼堂	26~28	≤65%	16~18	—	10~15	≤45	
	实验室	25~27	≤65%	16~20	—	20	≤45	
幼儿园	活动室、寝室	25	40%~60%	20	30%~60%	20	≤45	JGJ 39—2016
图书馆	阅览室	25~27	40%~65%	18~20	30%~60%	30	≤45	JGJ 38—2015
博物馆	展览厅	25~27	45%~60%	18~20	35%~50%	20	≤45	JGJ 66—2015
档案馆	纸质档案库	14~24	45%~60%	全年，每昼夜温度波动不大于±2℃；相对湿度波动不大于±5%				JGJ 25—2010
	音像磁带库	14~24	40%~60%					
	胶片母片库	13~15	35%~45%					

2.2 空调负荷

空调负荷包括夏季冷负荷、冬季热负荷及湿负荷。依据设计规范，空调区的冬季热负荷宜按供暖热负荷的计算方法计算，但室外计算温度应按冬季空调室外温度计算，并扣除室内设备等形成的稳定散热量。本书主要介绍空调负荷包括内容及估算方法。

2.2.1 得热量与冷负荷

夏季空调区的得热量与冷负荷是两个既有联系又有区别的不同概念。

2.2.1.1 空调区的夏季得热量

以空调房间为例，通过围护结构传入房间的以及房间内部散出的各种热量，称为房间得热量。空调区的夏季计算得热量，应根据下列各项确定：

（1）通过围护结构传入的热量；

（2）通过透明围护结构进入的太阳辐射热量；

（3）人体散热量；

（4）照明散热量；

（5）设备、器具、管道及其他内部热源的散热量；

（6）食品或物料的散热量；

（7）渗透空气带入的热量；

（8）伴随各种散湿过程产生的潜热量。

得热有两种分类方法。一种按是否随时间变化分为稳定得热和瞬变得热。照明灯具、人体及耗电量不变的室内用电设备的散热量可视为稳定得热；而透过玻璃窗进入室内的日射得热及由室外气温波动、日射强度变化等引起的围护结构的不稳定传热则属瞬变得热。另一种可分为显热得热和潜热得热。借助对流和辐射方式由温差引起的得热是显热得热；而随人体、设备、工艺过程等的散湿以及新风或渗透风带入室内的湿量引起的得热则是潜热得热。

2.2.1.2　空调区的夏季冷负荷

房间冷负荷是指为了保持所要求的室内温度必须由空调系统从房间带走的热量。冷负荷自然与得热量相关，却不一定相等，这取决于得热量是否含有时变的辐射成分。当得热量中含有时变的辐射成分时或者虽然时变得热曲线相同但所含的辐射百分比不同时，由于进入房间的辐射成分不能被空调系统的送风消除，只能被房间内表面及室内各种陈设所吸收、反射、放热、再吸收、再反射、再放热……在多次换热过程中，通过房间及陈设的蓄热、放热作用，使得热量的辐射成分逐渐转化为对流成分，即转化为冷负荷。显然，此时得热曲线与负荷曲线不再一致，比起前者，后者线型将产生峰值上的衰减和时间上的延迟。

2.2.2　冬季热负荷

冬季热负荷宜按供暖热负荷的计算方法计算，但室外计算温度应按冬季空调室外温度计算，并扣除室内设备等形成的稳定散热量。

冬季供暖通风系统的热负荷应根据建筑物下列散失和获得的热量确定：

（1）围护结构的耗热量；

（2）加热由外门、窗缝隙渗入室内的冷空气耗热量；

（3）加热由外门开启时经外门进入室内的冷空气耗热量；

（4）通风耗热量；

（5）通过其他途径散失或获得的热量。

目前，暖通空调负荷计算软件以鸿业暖通空调负荷计算软件最为常用。该软件采用谐波反应法计算空调冷负荷，能够满足任意地点、任意朝向、不同围护结构类型和不同房间类型的空调逐项逐时冷负荷计算要求。冷热工程数据共享，同一计算工程，既可以查看逐时冷负荷的计算结果也可以查看热负荷计算结果。

设计规范指出施工图设计阶段应对空调区的冬季热负荷和夏季逐时冷负荷进行计算，在方案设计或初步设计阶段可使用热、冷负荷指标进行必要的估算。因此，本书重点介绍各类建筑冷、热负荷估算指标。

2.2.3　空调冷热负荷计算指标

空调区夏季负荷估算法一般有两种：

（1）人员估算法，见表2-3。

$$Q = (Q_w + 116.3n) \times 1.5 \tag{2-1}$$

式中，Q 为空调系统的总负荷，W；Q_w 为围护结构引起的总冷负荷，W，$Q_w = KA\Delta t$；n 为室内人员数量，可按人员密度确定；116.3 为人均散热量，W；K 为围护结构的传热系数，W/(m^2·℃)；A 为围护结构的传热面积，m^2；Δt 为室内外侧空气温差，℃。

表 2-3　室内人员占有面积概算

序号	房间类型	人均占有面积/m^2	人员密度指标/人·m^{-2}
1	普通办公室	5~10	0.1~0.23
2	客房	8~10	0.1~0.15
3	餐厅、宴会厅、多功能厅	0.8~3	0.5~1.2
4	商业、营业厅	0.8~2	1~1.2（首层）/0.5~0.8（其他）
5	健身、娱乐	1~2.5	0.4~1.0
6	会议室	2~2.5	0.4~0.5

（2）单位面积估算法，见表 2-4。单位面积估算法就是根据单位面积冷负荷指标乘以房间的地面面积，考虑一定的修正系数选择末端空气处理设备。

表 2-4　单位面积冷热负荷估算指标

建筑类型	冷负荷/W·m^{-2}	热负荷/W·m^{-2}
住宅、公寓、标准客房	114~138	45~70
西餐厅	200~286	115~140
中餐厅	257~438	115~140
火锅城、烧烤	465~698	115~140
小商店	175~267	60~70
大商场、百货大楼	250~400	65~75
理发、美容	150~225	60~70
会议室	210~300	60~80
办公室	128~170	60~80
中庭、接待	112~150	60~80
图书馆	90~125	45~75
展厅、陈列室	130~200	60~80
剧场	180~350	90~115
计算机房、网吧	230~410	60~80
有洁净要求的厂房、手术室等	300~500	80~100

总负荷=单位面积冷负荷指标×房间地面面积×修正系数

在实际工程中，各房间功能不同，所处区域不同，均有不同的单位面积冷负荷指标。下面仅列出华北地区冷热负荷指标，其他地区可根据经验参考使用。

选用单位面积冷热负荷估算指标时，需注意：

1）建筑物吊顶后室内层高超过 4m；

2）房间外墙夕晒较严重或处于周围建筑阴影区域内；

3）房间位于建筑物顶层且无较良好的隔热措施；

4）建筑空间是否存在内外区的分区；

5）新风带来的额外冷负荷。

当出现上述情况或者其他一些恶劣条件时，估算单位负荷指标增加10%~15%，顶层房间宜加大（20%~25%）。一般房间以冷负荷为主，冷负荷满足设计要求，热负荷一定能达到。

建筑面积估算指标是按全部空调建筑面积折算出的每平方米建筑面积所需的冷负荷，用于粗略估算空调系统冷源设备的安装容量。下面列出华北、东北、西北地区负荷估算指标，表2-5摘自CJJ 34—2010《城镇供热管网设计规范》仅供参考。

表2-5　空调热指标、冷指标　（W/m^2）

建筑物类型	冷指标	热指标
办公	80~110	80~100
医院	70~100	90~120
旅馆、宾馆	80~110	90~120
商店、展览馆	125~180	100~120
影剧院	150~200	115~140
体育馆	140~200	130~190

寒冷地区热指标取较小值，冷指标取较大值；严寒地区热指标取较大值，冷指标取较小值。

按建筑面积热指标进行估算见表2-6。

表2-6　建筑面积热指标　（W/m^2）

建筑类型	$q_{n,m}$	建筑类型	$q_{n,m}$
住宅	45~70	商店	65~75
节能住宅	30~45	单层住宅	80~105
办公室	60~80	一、二层别墅	100~125
医院、幼儿园	65~80	食堂、餐厅	115~140
旅馆	60~70	影剧院	90~115
图书馆	45~75	大礼堂、体育馆	115~160

注：总建筑面积大、外围结构热工性能好、窗户面积小，采用较小的指标；反之采用较大的指标。

2.2.4　空调湿负荷

空调房间内的散湿量有人体散湿量、敞开水面蒸发散湿量等，餐厅需计入食物的散湿量。

2.2.4.1　人体散湿量

$$D = 0.001mng \tag{2-2}$$

式中，D为室内人员散湿引起的湿负荷，kg/h；m为群集系数；n为室内人数，g为我国按成年男子列出不同室温和劳动强度下的散湿量，g/h，可查表2-7。

表 2-7 成年男子的散热量和散湿量

名称		室温/℃								
		20	21	22	23	24	25	26	27	28
静坐：影剧院，会堂，阅览室	显热 q_1/W	79	76	72	69	64	60	57	52	48
	潜热 q_2/W	30	33	36	39	44	48	51	56	60
	散湿 $g/\text{g}\cdot\text{h}^{-1}$	38	41	45	50	56	61	68	75	82
极轻劳动：办公室，旅馆，体育馆，手表装配，电子元件制造	显热 q_1/W	90	85	79	74	70	65	61	57	51
	潜热 q_2/W	47	51	56	60	64	69	73	77	83
	散湿 $g/\text{g}\cdot\text{h}^{-1}$	69	76	83	89	96	102	109	115	123
轻劳动：商店，化学实验室，电子计算机房，工厂轻台面工作	显热 q_1/W	104	97	88	83	77	72	66	61	56
	潜热 q_2/W	69	74	83	88	94	99	105	110	115
	散湿 $g/\text{g}\cdot\text{h}^{-1}$	134	140	150	158	167	175	184	193	203
中等劳动：纺织车间、印刷车间、机加工车间	显热 q_1/W	118	112	104	97	88	83	74	67	60
	潜热 q_2/W	118	123	131	138	147	152	161	168	175
	散湿 $g/\text{g}\cdot\text{h}^{-1}$	175	184	196	207	219	227	240	250	260
重劳动：炼钢，铸造车间，排练厅，室内运动场	显热 q_1/W	169	163	157	151	145	140	134	128	122
	潜热 q_2/W	238	244	250	256	262	267	273	279	285
	散湿 $g/\text{g}\cdot\text{h}^{-1}$	356	365	373	382	391	400	408	417	425

2.2.4.2 敞口水表面散湿量

$$D = \omega F \tag{2-3}$$

式中，ω 为单位水面蒸发量，kg/(m^2·h)，见表 2-8；F 为蒸发表面积，m^2。

表 2-8 敞开水表面单位蒸发量 [kg/(m^2·h)]

室温/℃	室内相对湿度/%	水温/℃								
		20	30	40	50	60	70	80	90	100
20	40	0.286	0.676	1.610	3.270	6.020	10.48	17.80	29.20	49.10
	45	0.262	0.654	1.570	3.240	5.970	10.42	17.80	29.10	49.00
	50	0.238	0.627	1.550	3.200	5.940	10.40	17.70	29.00	49.00
	55	0.214	0.603	1.520	3.170	5.900	10.35	17.70	29.00	48.90
	60	0.190	0.580	1.490	3.140	5.860	10.30	17.70	29.00	48.80
	65	0.167	0.556	1.460	3.100	5.820	10.27	17.60	28.90	48.70
24	40	0.232	0.622	1.540	3.200	5.930	10.40	17.70	29.20	49.00
	45	0.203	0.581	1.500	3.150	5.890	10.32	17.70	29.00	48.90
	50	0.172	0.561	1.460	3.110	5.860	10.30	17.60	28.90	48.80
	55	0.142	0.532	1.430	3.070	5.780	10.22	17.60	28.80	48.70
	60	0.112	0.501	1.390	3.020	5.730	10.22	17.50	28.80	48.60
	65	0.083	0.472	1.360	3.020	5.680	10.12	17.40	28.80	48.50

续表 2-8

室温/℃	室内相对湿度/%	水温/℃								
		20	30	40	50	60	70	80	90	100
28	40	0.168	0.557	1.460	3.110	5.840	10.30	17.60	28.90	48.90
	45	0.130	0.518	1.410	3.050	5.770	10.21	17.60	28.80	48.80
	50	0.091	0.480	1.370	2.990	5.710	10.12	17.50	28.75	48.70
	55	0.053	0.442	1.320	2.940	5.650	10.00	17.40	28.70	48.60
	60	0.015	0.404	1.270	2.890	5.600	10.00	17.30	28.60	48.50
	65	-0.033	0.364	1.230	2.830	5.540	9.950	17.30	28.50	48.40
汽化潜热/$kJ \cdot kg^{-1}$		2458	2435	2414	2394	2380	2363	2336	2303	2265

注：制表条件为水面风速 v=0.3m/s，大气压力 B=101325Pa；当所在地点大气压力为 b 时，表中所列数据应乘以修正系数 B/b。

2.2.4.3 餐厅食物散湿引起的湿负荷

餐厅食物散湿量按人均 11.5g/h 计算，若餐厅额定人数为 n，则餐厅食物散湿引起的湿负荷为：

$$D = 0.0115n \tag{2-4}$$

2.3 空调房间送风量

2.3.1 夏季送风状态和送风量

空调系统送风状态（见图 2-1）和送风量的确定，可以在 i-d 图上进行。具体计算步骤如下：

（1）在 i-d 图上找出室内空气状态点 N。

（2）根据计算出的室内冷负荷 Q 和湿负荷 D 计算热湿比 $\varepsilon=Q/D$，再通过 N 点画出过程线 ε。

（3）选取合理的送风温差（见表 2-9），根据室温允许波动范围查取送风温差，并求出送风温度 t_0，画出 t_0等温线与过程线 ε 的交点 O 即为送风状态点。

（4）按式（2-4）计算送风量。

$$G = Q/3600(i_n - i_0) = 1000D/3600(d_N - d_0) \tag{2-5}$$

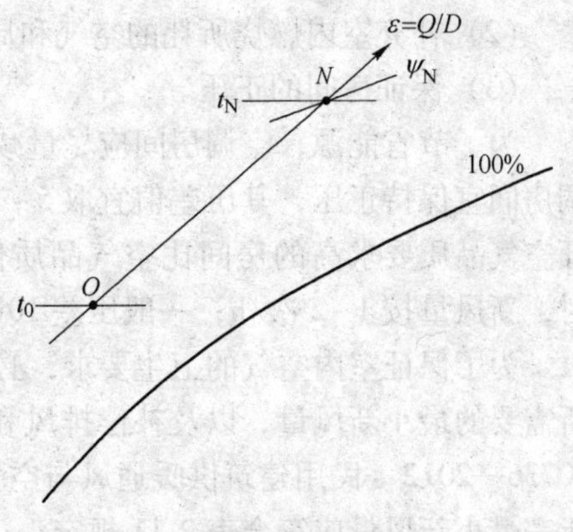

图 2-1 夏季送风状态

计算出送风量折合换气次数，即房间送风量与房间体积的比值，换气次数大于规范则符合要求（见表 2-10）。

表 2-9 舒适性空调的送风温差

送风口高度/m	送风温差/℃
≤5.0	5~10
>5.0	10~15

表 2-10　工艺性空调送风温差和换气次数/次 · h^{-1}

室温允许波动范围/℃	送风温差/℃	换气次数	备注
>±1.0	≤15		
±1.0	6~9	5	高大空间除外
±0.5	3~6	8	—
±0.1~0.2	2~3	12	工作时间不送风的除外

舒适性空调换气次数不宜小于5次，工艺性空调不宜小于上表数值。

换气次数是空调工程中常用的衡量送风量的指标。可采用换气次数法粗略估算空调房间所需的送风量，一般舒适性空调为6~8次/h，工艺性空调及高大空间按设计计算确定。

2.3.2　冬季送风状态和送风量

冬季送风量一般和夏季送风量相同，也可以小于夏季送风量，但必须满足最小换气次数的要求，送风温度也不宜高于45℃。

全年空调的全空气空调系统，一般采用组合式空调机组，按夏季设计送风量，选择适当的变频风机，冬季适当减小送风量，增大送风温差，减少冬季能耗。但必须保证室内换气次数不小于规范要求。

2.3.3　新风量的确定

为了保证室内空气的品质，室内引入新风是必不可少的，一般最小新风量要保证以下3方面：

（1）不小于按卫生标准或文献规定的人员所需的最小新风量；

（2）补充室内燃烧所耗的空气和局部排风量；

（3）保证房间的正压。

为了节省能源，空调房间应尽量减少室外未经处理的空气渗入到空调房间内，所以空调房间宜保持正压，其压差值宜取5~10Pa，不应大于50Pa（5mmH_2O）。在设计中，应保证空气品质要求高的房间比空气品质低的房间正压高。根据换气次数法，一般压差5Pa时，新风量按1~2次/h；一般压差10Pa时，新风量按2~4次/h。

为了保证室内空气的卫生要求，必须不断向室内补充新风，而新风必须满足室内人员所需要的最小新风量，以及补偿排风和保持室内正压所需风量两项中的较大值。依据GB 50736—2012《民用建筑供暖通风与空气调节设计规范》的规定，公共建筑主要房间每人所需最小新风量应符合表2-11规定。

表 2-11　公共建筑主要房间每人所需最小新风量

建筑房间类型	新风量/$m^3 \cdot h^{-1} \cdot 人^{-1}$
办公室	30
客房	30
大堂、四季厅	10

一般居住建筑和医院可按换气次数法确定，符合表2-12最小换气次数。

表 2-12　居住建筑设计最小换气次数

人均居住面积 F_P	每小时换气次数
$F_P \leqslant 10m^2$	0.7
$10m^2 < F_P \leqslant 20m^2$	0.6
$20m^2 < F_P \leqslant 50m^2$	0.5
$F_P > 50m^2$	0.45

医院建筑设计最小新风量除配药室按每小时 5 次外，一般门诊室、急诊室、放射室、病房均按每小时 2 次。

复习思考题

2-1　室内空气状态参数的设计，夏季每升高 1℃，空调负荷设计降低多少？

2-2　随着建筑节能标准的提高，围护结构对空调负荷有何影响？

2-3　大空间送风，送风量如何确定，新风量如何确定？

3 风系统设计

3.1 常用送风、排风系统设计原则

3.1.1 常用空调系统的比较和适用性

分别以定风量全空气系统、风机盘管（加新风）系统和单元式空调，作为集中式空调、半集中式空调和分散式空调为代表比较其特征和适用性。见表 3-1。

表 3-1 典型空调系统的比较

		集 中 式	半 集 中 式
风道、设备与布置	风管系统	（1）空调送回风管系统负责，布置困难； （2）支风管和风口较多时不易均衡调节风量； （3）风道要求保温，影响造价	（1）放室内时，不接送、回风管； （2）当和新风系统联合使用时，新风管较小
	设备布置与机房	（1）主机与空气处理设备可集中布置在机房； （2）机房面积较大，层高较高； （3）有时可以布置在屋顶上或安设在吊顶内	（1）只需要新风空调机房，机房面积小； （2）风机盘管可以安设在空调房间内； （3）分散布置，敷设各种管线较麻烦
	风管互相串通	空调房间之间有风管连通，使各房间互相污染。当发生火灾时会通过风管迅速蔓延	各空调房间之间不会互相污染
空调控制品质	温湿度控制	可以严格地控制室内温度和室内相对湿度	对室内温湿度要求较严时，难于满足
	空气过滤与净化	可以采用初效、中效和高效过滤器，满足室内空气清洁度的不同要求，采用喷水室时，水与空气直接接触，易受污染，须常换水	过滤性能差，室内清洁度要求较高时难于满足
	空气分布	可以进行理想的气流分布	气流分布受一定的制约
安装与维护	安装	设备与风管的安装工作量大，周期长	风机盘管吊装及水管安装的工作量大
	消声与隔振	可以有效地采取消声和隔振措施	必须采用低噪音风机，才能保证室内噪声要求
	维护运行	空调与制冷设备集中安设在机房，便于管理与维修	布置分散，维护管理不方便。水系统承担，易漏水

续表 3-1

		集中式	半集中式
经济性	节能与经济性	(1) 根据室外气象参数的变化和室内负荷变化实现全年多工况节能运行调节，充分利用室外新风，减少与避免冷热抵消； (2) 对于热湿负荷变化不一致或室内参数不同的多房间，不经济； (3) 部分房间停止工作不需空调时，整个空调系统仍须运行，不经济	(1) 灵活性大，节能效果好，可根据各室负荷情况自行调整； (2) 盘管冬夏兼用，内壁容易结垢，降低传热效率； (3) 较难实现全年多工况节能运行调节
	造价	除主机外，空气处理器和风管造价均较高	除主机外，风机盘管、电动两通阀及水管的安装保温造价较高
适用性		(1) 建筑空间大，可布置风道； (2) 室内温湿度、洁净度控制要求严格的生产车间； (3) 空调容量很大的大空间公共建筑，如商场、影剧院	(1) 室内温湿度控制要求一般的场合； (2) 多层或高层建筑而层高较低的场合，如旅馆和一般标准的办公楼

3.1.2 风系统设计原则

空调风系统原则上分为空调送风系统和排风系统。

3.1.2.1 送风系统设计原则

A 送风系统分类

空调送风分为两类：

(1) 低风速全空气送风方式。

(2) 风机盘管加新风系统送风方式。

较大面积的公用场所，如商场、交易大厅、宴会厅、影剧院和体育馆等多采用第一种送风方式，而写字楼和宾馆饭店中的客房等较小面积空调房间，多采用第二种送风方式。

B 采用全空气空调方式送风系统的划分

公用场所各厅室，如采用全空气空调方式时，送风系统应按场所使用时间的不同而划分区域。

C 采用风机盘管加新风空调方式新风系统的划分

无论是写字间、客房新风系统还是公用各厅室新风系统，应以楼层和房间使用功能按中小规模划分区域。最大系统的新风量不宜超过 $4000m^3/h$。一般采用吊顶式新风机组或全热新风换气机组。

D 风系统划分区域不宜过大

无论全空气送风系统还是新风系统均不宜将区域划分过大，以防止由于风系统区域过大使系统风量过大，输配距离过长而带来以下三种弊端：

(1) 主干风管断面过大，既费材料，又需占用较大的建筑空间。

(2) 沿途风阻大，压降大，使空气输配用电过大，同时噪音也大。

（3）系统风量的沿途漏损增大。

E 送风系统应设置风量调节装置

（1）风管分支处应设风量调节阀。在三通分支处可设三通调节阀，或在分支处设调节阀。

（2）明显不利的环路可以不设调节阀，以减少阻力损失。

（3）在需防火阀处可用防火调节阀替代调节阀。

（4）送风口处的百叶风口宜用带调节阀的送风口，要求不高的可采用双层百叶风口，用调节风口角度调节风量。

（5）新风进口处宜装设可严密开关的风阀，严寒地区应装设保温风阀，有自动控制时，应采用电动风阀。

F 送风方式和送风口形式

中央空调的空调房间送风方式和送风口形式的选择，可参考以下原则：

（1）室内对温湿度的区域偏差无严格要求时，宜采用百叶风口或条缝形风口进行侧送。

（2）当有设备对侧送气流有一定阻挡或单位面积送风量过大，致使工作区的风速超过要求范围时，不应采用侧送。

（3）当建筑层高较低、单位面积送风量较大，且有平吊可供利用时，宜采用圆形、方形或条缝型散流器进行下送，或采用孔板下送。

（4）当单位面积送风量很大，而工作区又需保持较低风速或对区域温差有严格要求时，应采用孔板送风。

（5）室温允许波动范围较大（不小于1℃）的高大厂房或层高很高的公共建筑，宜采用喷口送风。喷口送风时的送风温差取8~12℃，送风口高度宜保持6~10m。

（6）设计贴附侧送流型时，应采用水平与垂直两个方向均能调节的双层百叶送风口，双层百叶风口仅供调节气流流型之用，不能用以调节送风量。因此，在风口之前应装置对开式风量调节阀（人字阀）。

G 回风口的吸风速度

回风口的吸风速度（见表3-2）主要考虑3个方面：一是避免靠近回风口处的风速过大，防止对回风口附近经常停留人员造成不舒适的感觉；二是不要因为风速过大而扬起灰尘及增加噪声；三是尽可能缩小风口断面，以节约投资。

表3-2 回风口的吸风速度

回风口的位置		最大吸风速度/m·s^{-1}
房间上部		≤4.0
房间下部	不靠近人经常停留的地点时	≤3.0
	靠近人经常停留的地点时	≤1.5

3.1.2.2 排风系统设计原则

A 公共场所的排风

设置较大排风量的排风机或数个小风量排风机。

B 宾馆饭店中客房的排风

一般客房卫生间均由土建或装修单位装设排风机排除污浊空气，高级豪华套间的会客室需单设排风装置。

C KTV 间的排风

KTV 间一般分隔为较小的单间，并要做好隔音防止产生共鸣，避免宾客演唱时互相干扰。因此，KTV 间的排风设施一般须安装消声排风管道外排，并设有防止倒风装置以防排风互窜。

D 桑拿浴、蒸汽浴室和游泳馆的排风

桑拿浴、蒸汽浴室和游泳馆内空气潮湿且温度高，必须设置排风装置定期以较大的风量排放室内空气，或长期以较小风量排放室内空气。排风装置选用防潮防爆电机驱动的低噪音排风机。

E 厨房与公用卫生间的排风

宜采用机械排风并通过垂直管道向上排风。排风装置应具备防止回流作用。

3.1.2.3 风系统的防火设计

(1) 风管及其保温材料、消声材料及其黏结剂，应采用非燃烧材料或难燃材料。

(2) 风系统的送风管和回风管在下列部位应设 70℃防火阀。

1) 穿越防火分区处；

2) 穿越通风、空气调节机房的房间隔墙和楼板处；

3) 穿越重要或火灾危险性大的场所的房间隔墙和楼板处；

4) 穿越防火分隔处的变形缝两侧；

5) 竖向风管与每层水平风管交接处的水平管道上。

3.2 送、回风口形式及布置

3.2.1 气流组织方式及送回风口布置

气流组织是室内空调的一个重要环节，它直接影响着空调系统的使用效果。空调房间内要有送风、回风和排风。气流组织应保证房间内没有送风死角，舒适性空调应使人员处于回流区或混流区，避免冷风直接吹向人体。

一般民用建筑舒适空调，主要是要求在室内人体活动区域内保持比较均匀而稳定的温湿度，常用的送风方式按其特点主要可以分为侧面送风、散流器送风、孔板下送风、条缝口下送风以及喷口或旋流风口送风 5 种形式。

(1) 百叶或条缝形风口等侧送是空调房间中最常用的气流组织方式之一，一般以贴附射流形式出现，工作区通常是回流，常用在层高较低，顶棚呈阶梯状装修的公共场合，侧送风口可有单层和双层百叶供选择。

(2) 散流器平送和侧送一样，工作区总是处于回流，只是送风射程和回流的流程都比侧送短，常用在吊顶的空调房间内，散流器有方形和圆形，出风口方向可有 1~4 个方向供选择。散流器布置结合空间特征，按对称均匀或梅花形布置，以有利于送风气流对周围空气的引导，避免气流交叉和气流死角。风口中心与侧墙的距离不宜小于1.0m，兼作热风供暖，且风口安装高度较高时，为避免热气流上浮，保证热空气能到达人员活动区，宜具有改变射流出口角度的功能。

(3) 孔板送风的特点是射流的扩散和混合较好，射流的混合过程短，温差和风速衰减快，因而工作区的温度和速度分布较均匀，当单位面积送风量较大且人员活动区内要求风速较小或区域温差要求严格时，应采用孔板送风。如影剧院的楼座下方，净化空调末端送风，孔板送风造价较高，多用于装修标准较高的场合。

孔板上部稳压层的高度不应小于0.2m，向稳压层内送风的速度宜采用3~5m/s，当稳压层高度较低时，向稳压层送风的送风口，一般需要设置导流板或挡板以免送风气流直接吹向孔板。

(4) 条缝风口下送，属扁平射流，常用在周边，如顶棚造景的周边，共享空间的周边等，配合装饰装修美观大方。水平安装时，条缝叶片多垂直于地面，气流垂直下送，对人体易造成吹风感。

(5) 喷口送风，工作区处在回流区，送风射流射程长，可增加送风温差，减少送风量，对于空间较大的公共建筑和室温允许波动范围大于或等于±1℃的高大厂房，宜采用喷口送风、旋流风口送风或地板式送风，如大型的体育馆，电影院。

(6) 回风口的布置。一般情况下，回风口不应设在送风射流区内和人员长期停留的地点；采用侧送时，宜设在送风口的同侧下方；兼做热风供暖、房间净高较高时，宜设在房间的下部；对室内气流组织影响不大，加之回风气流无诱导性和方向性问题，因此类型不多，安装数量也比送风口少，民用建筑中多采用集中回风，回风口有金属网格，百叶以及各种形状的格栅。

3.2.1.1 送风口布置间距

送风口布置间距见表3-3。

表3-3 送风口布置间距

建筑名称	间距/m
办 公 室	2.5~3.5
商场、娱乐	4~6

回风口应根据具体情况布置。一般原则：人不经常停留的地方；房间的边和角；有利于气流的组织。

3.2.1.2 标准型号风盘所接散流器的尺寸（办公室）

标准型号风盘所接散流器的尺寸（办公室）见表3-4。

表3-4 标准型号风盘所接散流器的尺寸（办公室）

风盘型号	风量/$m^3 \cdot h^{-1}$	1个方散尺寸/mm	2个方散尺寸/mm
FP-34	340	200×200	—
FP-51	510	200×200	—

续表 3-4

风盘型号	风量/$m^3 \cdot h^{-1}$	1 个方散尺寸/mm	2 个方散尺寸/mm
FP-68	680	250×250	200×200
FP-85	850	250×250	200×200
FP-102	1020	300×300	250×250
FP-136	1360	360×360	300×300
FP-170	1700	400×400	300×300
FP-204	2040	450×450	360×360
FP-238	2380	450×450	360×360

注：办公室推荐送风口流速为 2.5~4.0m/s。

风机盘管接风管的风速通常在 1.5~2.0m/s 之间，不能大于 2.5m/s，否则会将冷凝水带出来。

3.2.1.3　散流器布置

散流器平送时，宜按对称方式布置或者梅花形布置，散流器中心与侧墙的距离不宜小于 1000mm；圆形或方形散流器布置时，其相应送风范围（面积）的长宽比不宜大于 1∶1.5，送风水平射程与垂直射程（平顶至工作区上边界的距离）的比值，宜保持在 0.5~1.5 之间。实际上这要看装饰要求而定，如 250mm×250mm 的散流器，间距一般在 3.5m 左右；320mm×320mm 的散流器，间距在 4.2m 左右。

3.2.2　送回风口设计风速

（1）送风口风速见表 3-5。

表 3-5　送风口风速

房间功能	风速/$m \cdot s^{-1}$
卧　　室	1.5~2（风口在上部时）
起　　居	2~3（风口在上部时）
办 公 室	≤3（风口距地≤2.5m）
	≤4（风口距地≤4.5m）
商场、娱乐	3~5

（2）以噪声标准控制的允许送风流速见表 3-6。

表 3-6　噪声标准控制的允许送风流速

应用场所	流速/$m \cdot s^{-1}$
图书馆、广播室	1.75~2.5
住宅、公寓、私人办公室、医院房间	2.5~4.0
银行、戏院、教室、一般办公室、商店、餐厅	4.0~5.0
工厂、百货公司、厨房	5.0~7.5

（3）推荐的送风口流速见表 3-7。

表 3-7 推荐的送风口流速

应用场所	流速/m·s^{-1}
播音室	1.5~2.5
戏院	2.5~3.5
住宅、公寓、饭店房间、教室	2.5~3.8
一般办公室	2.5~4.0
电影院	5.0~6.0
百货店、上层	5.0
百货店、地下	7.5

（4）送风口最大允许流速见表 3-8。

表 3-8 送风口最大允许流速 （m·s^{-1}）

应用场所	盘形送风口	顶棚送风口	侧送风口
广播室	3.0~3.5	4.0~4.5	2.5
医院病房	4.0~4.5	4.5~5.0	2.5~3.0
饭店房间、会客室	4.0~4.5	5.0~6.0	2.5~4.0
百货公司、剧场	6.0~7.5	6.2~7.5	5.0~7.0
教室、图书馆、办公室	5.0~6.0	6.0~7.5	3.5~4.5

（5）回风口风速见表 3-9。

表 3-9 回风口风速

房间净高/m	风口位置	风速/m·s^{-1}
3.5~4	上部	3~4
3~3.5	上部	2~3
2.5~3	上部	1.5~2
人不常停留处	下部	3
人常停留处	下部	1.5~2
走廊回风	下部	1~1.5

（6）回风格栅的推荐流速见表 3-10。

表 3-10 回风格栅的推荐流速

位置	近座位	逗留区以上	门下部	门上部	工业用
流速/m·s^{-1}	2~3	3~4	4	3	≥4

（7）百叶窗的推荐流速见表 3-11。

表 3-11 百叶窗的推荐流速

位置	新风	回风	减温器正面	减温器旁通	加热器旁通
流速/m·s^{-1}	2.5~4	4~6	2~4	7.5~12	5~7.5

（8）逗留区流速与人体感觉的关系见表 3-12。

表 3-12 逗留区流速与人体感觉的关系

流速/$m \cdot s^{-1}$	人体感觉
0~0.08	不舒适，停滞空气的感觉
0.127	理想，舒适
0.127~0.25	基本舒适
0.38	不舒适，可以吹动薄纸
0.38	对站立者为舒适感之上限
0.38~1.52	用于工厂和局部空间

（9）孔板、条缝和喷口送风的最大速度见表 3-13。

表 3-13 孔板、条缝和喷口送风的最大速度

风口	最大送风速度/$m \cdot s^{-1}$	备注
孔板	3~5	送风均匀性要求高或送热风时，宜取上限值；风口安装位置高或人员活动区允许有较大风速时，宜取上限值
条缝口	2~4	
喷口	4~10	

（10）顶棚散流器送风量见表 3-14 和表 3-15。

表 3-14 顶棚散流器送风量

尺寸/mm×mm	送风量/$m^3 \cdot h^{-1}$					
	1.0	1.5	2.0	2.5	3.75	5.0
250×250	170	225	340	425	640	850
300×300	245	365	490	610	920	1225
350×350	335	500	665	835	1250	1660
400×400	435	655	870	1090	1630	2175
500×500	680	1020	1360	1700	2250	3400
600×600	980	1470	1960	2450	3670	4900

表 3-15 侧送风的送风量

送风口尺寸/mm×mm	送风口流速/$m^3 \cdot h^{-1}$				
	1.5	2.0	2.5	3.75	5.0
250×100	100	135	170	255	340
300×100	125	165	205	305	410
400×100	165	220	270	410	545
500×100	205	270	340	510	680
600×100	245	325	410	610	820
750×100	305	410	510	765	1020
900×100	370	490	610	920	1225

续表 3-15

送风口尺寸/mm×mm	送风口流速/$m^3 \cdot h^{-1}$				
	1.5	2.0	2.5	3.75	5.0
250×150	155	205	255	380	510
300×150	185	245	305	460	610
400×150	245	325	410	610	820
500×150	305	410	510	765	1020
600×150	370	490	610	920	1225
750×150	460	610	765	1150	1530
900×150	550	735	920	1380	1840
400×200	325	435	545	820	1090
500×200	410	545	680	1020	1360
600×200	490	625	815	1225	1630
750×200	620	820	1020	1530	2040
900×200	735	980	1225	1835	2450
400×250	410	545	680	1020	1360
500×250	510	680	850	1275	1700
400×250	610	820	1020	1530	2040
750×250	765	1020	1275	7910	2550
900×250	920	1225	1530	2295	3060
500×300	610	820	1020	1530	2040
600×300	735	980	1225	1835	2450
750×300	920	1225	1530	2295	3060
900×300	1100	1470	1835	2755	3670
1000×50	205	270	340	510	680
1000×75	310	405	510	765	1020
1000×100	410	540	680	1020	1360
1000×125	515	675	850	1275	1700
1000×150	615	810	1020	1530	2040
1000×175	720	945	1190	1785	2380
1000×200	820	1080	1360	2040	2720

3.3 风管设计风速及压力损失估算

风管的设计、安装与风口的安装位置对空间制冷效果和噪声的产生会造成较大的影响，设计安装时务必保持良好的气流组织，送风的气流与回风的气流不允许有障碍物的阻挡，送风气流与回风气流不允许有气流短路，风管的制作必须密封，不允有许漏风现象，并且必须严密保温，不许有风管与外气直接接触，预防冷凝水的产生。

3.3.1 风管设计原则

(1) 风管的设计宜采用圆形，扁圆形或长、短边之比不宜大于 4 的矩形截面。矩形风管尽量设计成正方形，长、短边之比最大不能超过 8。

（2）风管材料、配件及柔性接头等应符合现行国家标准。

（3）风管设计一般采用假定流速法计算风管截面积，确定风管尺寸。风管内空气的流速宜按表3-16取值。当风管风速超过8m/s时，需安装消声器，消声器与风管之间的管路风速可采用8~10m/s。

表3-16 通风空调风管内空气流速 （m·s⁻¹）

名称	住宅		公共建筑		工厂	
	推荐值	最大值	推荐值	最大值	推荐值	最大值
干管	3.5~4.5	6.0	5.0~6.5	8.0	6.0~9.0	11.0
支管	3.0	5.0	3.0~4.5	6.5	4.0~5.0	5.0~9.0
从支管上接出的风管	2.5	4.0	3.0~3.5	6.0	4.0	8.0
风机入口	3.5	4.5	4.0	5.0	5.0	7.0
风机出口	5.0~8.0	8.5	6.5~10.0	11.0	8.0~12.0	14.0

（4）有消声要求的通风空调系统，风管内的空气流速，宜按表3-17取值。

表3-17 有消声要求的通风空调系统，风管内的空气流速

室内允许噪声级/dB（A）	主管风速/m·s⁻¹	支管风速/m·s⁻¹
25~35	3~4	≤2
35~50	4~7	2~3
50~65	6~9	3~5
65~85	8~12	5~8

（5）自然通风的进排风口风速宜按表3-18取值。

表3-18 自然通风的进排风口风速

部位	进风百叶	排风口	地面出风口	顶棚出风口
风速/m·s⁻¹	0.5~1.0	0.5~1.0	0.2~0.5	0.5~1.0

（6）自然进排风系统的风道空气流速见表3-19。

表3-19 自然进排风系统的风道空气流速

部位	进风竖井	水平干管	通风竖井	排风道
风速/m·s⁻¹	1.0~1.2	0.5~1.0	0.5~1.0	1.0~1.5

（7）机械通风的进排风口风速见表3-20。

表3-20 机械通风的进排风口风速 （m·s⁻¹）

部位		新风入口	风机出口
空气流速	住宅和公共建筑	3.5~4.5	5.0~10.5
	机房、库房	4.5~5.0	8.0~14

（8）常用矩形风管推荐参数见表3-21。

表 3-21 常用矩形风管推荐参数

边长 A×B/mm×mm	钢板制风管		塑料制风管	
	边长允许偏差/mm	壁厚/mm	边长允许偏差/mm	壁厚/mm
120×120	−2	0.5	−2	3.0
160×120	−2	0.5	−2	3.0
160×120	−2	0.5	−2	3.0
220×120	−2	0.5	−2	3.0
200×160	−2	0.5	−2	3.0
200×200	−2	0.5	−2	3.0
250×120	−2	0.75	−2	3.0
250×160	−2	0.75	−2	3.0
250×200	−2	0.75	−2	3.0
250×250	−2	0.75	−2	3.0
320×160	−2	0.75	−2	3.0
320×200	−2	0.75	−2	3.0
320×250	−2	0.75	−2	3.0
320×320	−2	0.75	−2	3.0
400×200	−2	0.75	−2	4.0
400×250	−2	0.75	−2	4.0
400×320	−2	0.75	−2	4.0
400×400	−2	0.75	−2	4.0
500×200	−2	0.75	−2	4.0
500×250	−2	0.75	−2	4.0
500×320	−2	0.75	−2	4.0
500×400	−2	0.75	−2	4.0
500×500	−2	0.75	−2	4.0
630×250	−2	1.0	−3	5.0
630×320	−2	1.0	−3	5.0
630×400	−2	1.0	−3	5.0
630×500	−2	1.0	−3	5.0
630×630	−2	1.0	−3	5.0
800×320	−2	1.0	−3	5.0
800×400	−2	1.0	−3	5.0
800×500	−2	1.0	−3	5.0
800×630	−2	1.0	−3	5.0
800×800	−2	1.0	−3	5.0

续表 3-21

<table>
<tr><th rowspan="2">边长 A×B/mm×mm</th><th colspan="2">钢板制风管</th><th colspan="2">塑料制风管</th></tr>
<tr><th>边长允许偏差/mm</th><th>壁厚/mm</th><th>边长允许偏差/mm</th><th>壁厚/mm</th></tr>
<tr><td>1000×320</td><td rowspan="18">−2</td><td rowspan="6">1.0</td><td rowspan="18">−3</td><td rowspan="11">6.0</td></tr>
<tr><td>1000×400</td></tr>
<tr><td>1000×500</td></tr>
<tr><td>1000×630</td></tr>
<tr><td>1000×800</td></tr>
<tr><td>1000×1000</td></tr>
<tr><td>1250×400</td><td rowspan="12">1.2</td></tr>
<tr><td>1250×500</td></tr>
<tr><td>1250×630</td></tr>
<tr><td>1250×800</td></tr>
<tr><td>1250×1000</td></tr>
<tr><td>1600×500</td><td rowspan="7">8.0</td></tr>
<tr><td>1600×630</td></tr>
<tr><td>1600×800</td></tr>
<tr><td>1600×1000</td></tr>
<tr><td>1600×1250</td></tr>
<tr><td>2000×800</td></tr>
<tr><td>2000×1000</td></tr>
<tr><td>2000×1250</td></tr>
</table>

3.3.2 风管系统压力损失估算

一般空气在风管内流动的阻力包括摩擦阻力和局部阻力。风管系统的总阻力为摩擦阻力和局部阻力之和。在工程上一般按每延米风管的损失进行估算。

$$\Delta H = R_m \cdot l \tag{3-1}$$

式中，R_m为每延米风管损失大约 4~7Pa 计算，如弯头、三通、变径等较少的情况下每米损失 4Pa 左右，如弯头、三通、变径等较多的情况下每米损失 6~7Pa 左右；l 为最长风管总长度，m。

3.4 消声器、静压箱

3.4.1 消声器

(1) 阻式消声器：通过吸声材料来吸收声能降低噪声，按气流通道几何形状不同，可分为直管式、片式、折板式、迷宫式、蜂窝式、声流式、弯头式等。一般的微穿孔板消声器就属于这个类型，一般是用来消除高、中频噪声。但是由于结构的原因，在高温、高湿、高速的情况下不适用。

（2）抗式消声器：通过改变截面来消声。按其作用原理不同，可分为扩张式、共振腔式和干涉式等多种形式。常用的消声静压箱都是这个原理。一般降低中、低频噪声。适用范围广。

（3）阻抗复合式：有共振腔、扩张室、穿孔屏等声学滤波器件，综合了阻式消声器良好的中高频消声特性和抗式消声器较好的低频消声特性，因此其消声频带宽，它是最常用的标准消声器系列之一。

（4）对于一般的民用空调通风系统，选用阻抗复合消声器较好，对各频段噪声都能起到作用。适宜风速为 6~8m/s，最高可达到 8~12m/s，可单独使用，也可串联使用。消声效果为低频 10~15dB/m，中频 15~25dB/m，高频 25~30dB/m，平均阻力系数为 0.4。

3.4.2 消声器的作用

消声器是一种既能允许气流通过，又能有效地阻止或减弱声能向外传播的装置。

通风空调工程中应用消声器要注意的事项：

（1）选用消声器时，除考虑消声量之外，还要考虑系统允许的阻力损失、安装位置和空间大小，比如折板式阻抗消声器外形尺寸同管径相同；以及消声器的防火、防尘、防霉性能等。

（2）消声器应设于风管系统中气流平稳的管段上。消声器布置在机房内时，消声器后至机房隔墙的那段风管必须有良好的隔声措施；当消声器布置在机房外时，其位置应尽量临近机房隔墙，消声器前至隔墙的那段风管（包括拐弯静压箱或弯头）也应有良好的隔声措施，以免机房内的噪声通过消声设备本体、检查门及风管的不严密处再次传入系统中，使消声设备输出端的噪声增高。

3.4.3 静压箱

静压箱是送风系统减少动压、增加静压、稳定气流和减少气流振动的一种必要的配件，它可使送风效果更加理想。消声静压箱一般安装在风机出口处，内壁粘贴有吸声材料，厚度一般为 50mm，内壁采用微孔板制作。

3.4.4 静压箱的作用

（1）可以把部分动压变为静压使风吹得更远。

（2）可以降低噪声。

（3）风量均匀分配。

（4）静压箱还有万能接头的作用。

3.4.5 静压箱的设置

（1）在设计静压箱时，如果按规定的风速进行设计，箱体将会很大。一般的静压箱长边要宽出风管边 400mm，高度要宽出风管高度 400mm，长度一般大于 1m。

（2）高度×深度=静压箱截面面积，静压箱截面面积×(1.5-4) = 风机风量，至于高度最好大于 600mm，具体数值要根据现场安装高度确定。

复习思考题

3-1　高大空间送回风口的布置，可否采用下送上回方式，有何优缺点？

3-2　一般商场采用吊顶式空气处理机组送风，回风口安装消声静压箱的作用是什么？

中央空调水系统设计

4.1 空调水系统设计原则

4.1.1 空调水管路系统的设计原则

空调水管路系统设计主要原则如下：

（1）空调管路系统应具备足够的输送能力，例如在中央空调系统中通过水系统来确保经过每台空调机组或风机盘管空调器的循环水量达到设计流量，以确保机组的正常运行。

（2）合理布置管道：管道的布置要尽可能地选用同程式系统，虽然初投资略有增加，但易于保持环路的水力稳定性；若采用异程系统时，设计中应注意各支管间的水力平衡问题，一般经验，供水半径在50m以内可采用异程式，50m以上最好采用同程式。

（3）确定系统的管径时，应保证能输送设计流量，并使阻力损失和水流噪声尽可能的小，以获得经济合理的效果。众所周知，管径大则投资多，但流动阻力小，循环水泵的耗电量就小，使运行费用降低，因此，应当确定一种能使投资和运行费用之和为最低的管径。同时，设计中要杜绝大流量、小温差问题，这是管路系统设计的经济原则。

（4）在设计中，应进行严格的水力计算，以确保各个环路之间符合水力平衡要求，使空调水系统在实际运行中有良好的水力工况和热力工况。

（5）空调水管路系统应满足中央空调部分负荷运行时的调节要求。

（6）空调水管路系统设计中要尽可能多地采用节能技术。

（7）水管路系统选用的管材、配件要符合有关规范要求。

（8）水管路系统设计中要注意便于维修管理，操作、调节方便。

（9）风机盘管系统的水系统设计原则。风机盘管的水系统有三种管制，具体见表4-1。

表4-1 风机盘管水系统

水管体制及接法	特　点	使用范围
两管制如图4-1（a）~（c）所示	供回水管各一根，夏季供冷水，冬季供热水。简便、省投资、冷热水量相差较大	全年运行的空调系统，仅要求按季节进行冷却或加热转换；目前用得最多
三管制如图4-1（d）所示	盘管进口处设有三通阀，由室内温度控制装置控制，按需要供应冷水或热水；使用同一根回水管，存在冷热量混合损失；初期投资较高	要求全年空调且建筑物内负荷差别很大的场合；过渡季节有些房间要求供冷有些房间要求供热；目前较少使用

续表 4-1

水管体制及接法	特 点	使 用 范 围
四管制如图 4-1（e）所示	占空间大；比三管制运行费低；在三管制基础上加一回水管或采用冷却、加热两组盘管，供水系统完全独立；初期投资高	全年运行空调系统，建筑物内负荷差别很大的场合；过渡季节有些房间要求供冷有些房间要求供热，或冷却和加热工况交替频繁时为简化系统和减少投资亦有把机房总系统设计成四管制，把所有立管设计成二管制，以便按朝向分别供冷或供热

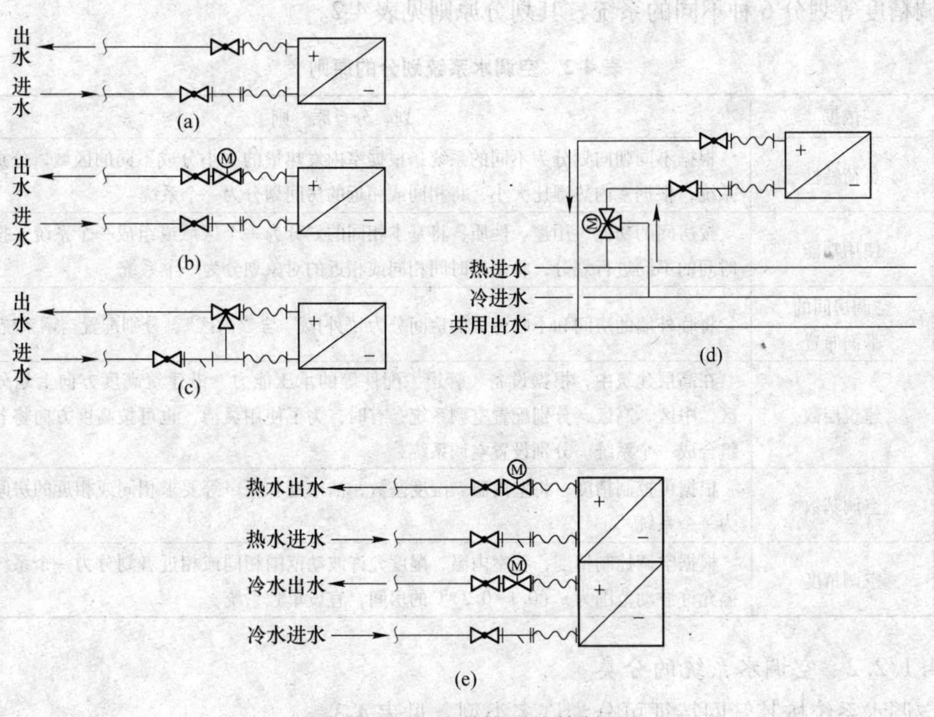

图 4-1 风机盘管水系统管制图
（a）~（c）两管制；（d）三管制；（e）四管制

风机盘管水系统的设计应注意以下问题：

1）水系统在高层建筑中，应按承受能力进行竖向分区（每区可高达 100m），两管制还应按朝向作分区布置，以便调节。当管路阻力和风机盘管之比在 1∶3 左右时，可用直接回水方式（异程式），否则宜采用同程回水方式（同程式）。对于水环路压差悬殊的场合也可用平衡阀进行调节。

2）风机盘管用于高层建筑时，水系统应采用闭式循环，膨胀水箱的膨胀管应接在回水管上，管路应有坡度，并考虑排气和排污装置。

（10）中央空调的水系统及管网。中央空调系统可分为三部分：制冷站（冬季为供热站）、空调末端装置（风机盘管、空气处理机、新风机组等）、水系统管网。

制冷站一般设于高层建筑的地下室或另辟地面专建一制冷站。空调末端装置是安装于楼内或单层建筑内每一空调房间或空调区域的各种空调设备，而将制冷（热）站产生的冷

（热）源和空调末端装置连接起来的则是空调水系统的管网。水系统管网的功能是将制冷（热）站的冷（热）源按照不同的供水管路，源源不断地分别输送给各个部位或不同用途的空调房间的末端装置，实现夏季供冷、冬季供热的空调作用后，再将其由末端装置分别通过回水管路回收至制冷（热）站，以使再次制出空调所需的冷（热）源。

4.1.2　空调水系统的划分与分类

4.1.2.1　空调水系统的划分原则

空调水系统可依据负荷特性、使用功能、空调房间的平面布置、建筑层数、空调基数和空调精度等划分6种不同的系统，其划分原则见表4-2。

表4-2　空调水系统划分的原则

序号	依据	划分原则
1	负荷特性	根据不同朝向划分为不同的系统；根据室内发热量的大小分成不同的区域，分别设置系统；根据室内热湿比大小，将相同或相近的房间划分为一个系统
2	使用功能	按房间的功能、用途、性质，将基本相同的划分为一个区域或组成一个系统；按使用时间的不同进行划分，将使用时间相同或相近的对象划分为一个系统
3	空调房间的平面布置	将临外墙的房间和不临外墙的房间分为“外区”与“内区”，分别配置空调系统
4	建筑层数	在高层建筑中，根据设备、管道、配件等的承压能力，沿建筑高度方向上划分为低区、中区、高区，分别配置空调系统；有时，为了使用灵活，也可按高度方向将若干层组合成一个系统。分别设置空调系统
5	空调基数	根据可控制精度，将室内温、湿度基数，洁净度和噪声等要求相同或相近的房间划分为一个系统
6	空调精度	根据空调控制精度，将室内温、湿度允许波动范围相同或相近者划分为一个系统；室温允许波动范围为±（0.1~0.2）℃的房间，宜设单独系统

4.1.2.2　空调水系统的分类

空调水系统按其管网特征可分为许多类型，见表4-3。

表4-3　空调水系统的类型

序号	类型	特征	优点	缺点
1	闭式	管路系统不与大气相接触（仅在系统最高点设置膨胀水箱）	管道与设备的腐蚀少；不需克服静水压力、水泵压力，功率低；系统简单	如需与蓄热水池连接，则比较复杂
	开式	管路系统与大气相通（设有水池）	与水池连接比较简单	水中含氧量高；管路与设备的腐蚀多；需要增加克服静水压的额外能量；输送能耗大
2	同程式	供、回水管路中的水流方向相同，经过每一环路的管路长度相等	水量分配和调节较方便；水力平衡性能好	需设回程管，管道长度增加；初期投资稍高
	异程式	供、回水管路中的水流方向相反，每一环路的管路长度不等	不需回程管，管道长度较短，管路简单；初期投资稍低	水量分配和调节较难；水力平衡较麻烦

续表 4-3

序号	类型	特　征	优　点	缺　点
3	两管制	供冷、供热合用同一管路系统	管路系统简单；初期投资省	无法同时满足供冷、供热的要求
	三管制	分别设置供冷、供热管路与换热器，但冷、热回水的管路共用	能满足同时供冷、供热的要求，管路系统较四管制简单	有冷、热混合损失；投资高于两管制；管路布置复杂
	四管制	供冷、供热的供、回水管路均分开设置，具有冷、热回水的两套独立的系统	能灵活实现同时供冷和供热；没有冷、热混合损失	管路系统复杂；初期投资高；占用建筑空间较多
4	定流量	系统中的循环水量保持定值（负荷变化时，通过改变供水或回水温度来匹配）	系统简单，操作方便；不需要复杂的自控设备	配管设计时，不能考虑同时使用系统；输送能耗始终处于设计的最大值
	变流量	系统中的供、回水温度保持定值（负荷改变时以供水量的变化来适应空调需要）	输送能耗随负荷的减少而降低；配管设计时，可以考虑同时使系数、管径相应减少；水泵容量、电耗也相应减少	系统较复杂；必须配备自控设备
5	单式泵	冷、热侧与负荷侧合用一组循环水泵	系统简单；初期投资省	不能调节水泵流量；难以节省输送能耗；不能适用供水分区压降较悬殊的情况
	复式泵	冷、热源侧与负荷侧分别配备循环水泵	可以实现水泵变流量；能节省输送能耗；能反映供水分区不同压降；系统总压力低	系统较复杂；初投资稍高

4.1.3 空调水系统的设计原则

空调水系统设计应坚持的设计原则：

（1）水系统设计应力求各环路的水力平衡。空调供冷、供暖水系统的设计，应符合各个环路之间的水力平衡要求。对压差相差悬殊的高阻力环路，应设置二次循环泵。各环路应设置平衡阀或分流三通等平衡装置。如管道竖井面积允许时，应尽量采用管道竖向同程式。

（2）防止大流量、小温差。

1）造成大流量、小温差的原因。设计水流量一般是根据最大的设计冷负荷（或热负荷）再按5℃（或10℃）供、回水温差确定的，而实际上出现最大设计冷负荷（或热负荷）的时间，即按满负荷运行的时间很短，绝大部分时间是在部分负荷下运行。

水泵扬程一般是根据最远环路、最大阻力，再乘以一定的安全系数后确定，然后结合上述的设计流量，查找与其一致的水泵铭牌参数而确定水泵型号，而不是根据水泵特性曲线确定水泵型号。因此，在实际水泵运行中，水泵实际工作点是在铭牌工作点的右下侧，故实际水流量要比设计水流量大20%~50%。

在较大的水系统设计中，设计计算时常常没有对每个环路进行水力平衡校核，对于压差悬殊的环路，多数也不设置平衡阀等平衡装置，施工安装完毕之后又不进行任何调试，环路之间的阻力不平衡所引起的水力工况、热力工况失调现象只好靠大流量来掩盖。

2）避免大流量小温差的方法。考虑到设计时难以做到各环路之间的严格水力平衡，以及施工安装过程中存在的种种不确定因素，在各环路中应设置平衡阀等平衡装置，以确保在实际运行中，各环路之间达到较好的水力平衡。

当遇见某个或几个支环路比其他环路压差悬殊（如阻力差 10kPa），就应在这些环路设置二次循环泵。

（3）水输送系数符合规范要求。

（4）变流量系统宜采用变频调节。

（5）要处理好水系统的膨胀、补水、排水与排气。

1）水系统的膨胀。空调冷冻水系统是封闭系统，故要解决好因水温变化而引起的水膨胀问题。应在高于回水管路最高点 1~2m 处设膨胀水箱，膨胀水箱的容积按系统大小而定，一般可选标准水箱，其容积范围为 0.2~4.0m^3，如水系统庞大，也可加大膨胀水箱容积，膨胀水箱设有膨胀管、补水管、溢水管和泄水管，并应设有水位控制仪表或浮球阀。

2）水系统的补水与排水。水系统的注水与补水均应通过膨胀水箱来实现。因此，应将膨胀管单独与制冷站中的回水总管（或集水器）相接，这样在系统安装调试时的新注水或在平时运转中的补充水，均可通过膨胀水箱注水，使整个水系统的注水从位置较低的回水总管（或集水器）由低向高进行。从而将管路系统中的空气由上而下通过排气阀和膨胀水箱排除。许多工程安装为图省工省料，将膨胀水箱的膨胀管就近与较高处的回水管相接，致使系统中的空气难以排除而招致供水压力长时间不稳定。

水系统的排水阀设在系统的最低点（集水器或制冷机水管路最低点），以便检修时能将管路系统中的水全部排除。

3）水系统的自动排气。安装在每层建筑物的风机盘管、新风机组回水管路末端最高点，均应装设自动排气阀。如支环路较长而使管路转弯较多时，或某些水管为躲避消防管、新风管和装设在吊顶内的较大断面电缆而有上下转弯时，均应在转弯的最高点设置自动排气阀。水系统常见弊病之一就是水中带气，而气又难以排除，究其原因就是自动排气阀设置过少或设置不当所造成。

（6）要解决好水系统的水处理与水过滤。民用建筑空调水系统的水质处理，尚未引起一些设置人员的重视，长时间循环使用的冷冻水和冷却水往往由于重碳酸盐、细菌和藻类杂物等因素，使冷水机组中的蒸发器和冷凝器等热交换设备结垢或腐蚀，从而增大设备热阻、降低制冷量和机组寿命。

水处理：效果较好的有药物水处理法和电子水处理法，药物水处理多用于冷却水系统的水质处理，不同规格的电子水处理仪可安装在管径为 DN20-DN300 的管路上，水处理效果非常明显，目前在一些工程上已广泛应用。

水过滤：在水系统中设置水过滤器除循环水中的粉尘纤维、砂石砖块、植物性碎屑等极为重要。常用的水过滤装置有金属网、尼龙网状过滤器、Y型管道过滤器等。在水系统运转期间过滤器要定期清洁，以保证水路畅通无阻。

（7）要注意管网的保冷与保温效果。制冷空调管网往往由于保冷（保温）材质和厚度设计或施工不当，而造成冷（热）量损失，并在夏季可能产生大量冷凝水而影响环境。

1）空调供冷水管的经济保冷厚度。冷水管道的经济保冷厚度按国标（GB 50189—2015）的规定，不应小于表 4-4 所列数据。

表 4-4 室内空调冷水管道最小绝热层厚度（介质温度不小于 5℃） （mm）

地区	柔性泡沫橡塑		玻璃棉管壳	
	管径	厚度	管径	厚度
较干燥地区	≤DN40	19	≤DN32	25
	DN50~DN150	22	DN40~DN100	30
	≥DN200	25	DN125~DN900	35
较潮湿地区	≤DN25	25	≤DN25	25
	DN32~DN50	28	DN32~DN80	30
	DN70~DN150	32	DN100~DN400	35
	≥DN200	36	≥DN450	40

2）管路系统的管材。管路系统的管材的选择可参照表 4-5 选用。

表 4-5 管路系统的选材

公称直径 DN/mm	介质参数		可选用管材
	温度/℃	压力/MPa	
≤150	<200 >200	<1.0 或>1.0	普通水煤气钢管（YB 234-63）或无缝钢管（YB 231-70）；无缝钢管（YB 231-70）
200~500	≤450 >450	<1.6 或>1.6	螺旋缝电焊钢管（YB 或无缝钢管（YB 231-70））；无缝钢管（YB 231-70）
500~700			螺旋缝电焊钢管或钢板卷焊管
>700			钢板卷焊管

4.1.4 供、回水总管上的旁通阀与压差旁通阀的选择

在变水量水系统中，为了保证流经冷水机组中蒸发器的冷冻水流量恒定，在多台冷水机组的供、回水总管上设一条旁通管。旁通管上安有压差控制的旁通调节阀。旁通管的最大设计流量按一台冷水机组的冷冻水水量确定，旁通管管径直接按冷冻水管最大允许流速选择，不应未经计算就选择与旁通阀相同规格的管径。当空调水系统采用国产 ZAPB、ZAPC 型电动调节阀作为旁通阀，末端设备管段的阻力为 0.2MPa 时，对应不同冷量冷水机组旁通阀的通径，可按表 4-6 选用。

表 4-6 不同冷量冷水机组旁通阀的通径

一台冷水机组的制冷量/kW	140	180	352	530	700	880	1100	1230	1400	1580	1760
旁通阀的通径/mm	40	50	65	80	100	100	100	125	125	125	150
旁通管公称直径/mm	70	80	100	125	150	200	200	200	250	250	250

在冷冻水循环系统设计中，为方便控制，节约能量，常使用变流量控制。因为冷水机

组运行稳定，防止结冻，一般要求冷冻水流量不变，为了协调这一对矛盾，工程上常使用冷冻水压差旁通系统以保证在末端变流量的情况下，冷水机组侧流量不变。系统图如图4-2所示。在这种系统设计中，压差旁通系统的作用是通过控制压差通旁通阀的开度来控制冷冻水的旁通流量，从而使供、回水管路两端的压差恒定。根据水泵特性可得知，泵送压力恒定时，流量亦保持恒定。显然旁通阀3的口径要满足最大旁通水量的要求。

如图4-2所示，当末端负荷减小时，电动二通阀5关小，供水量减小，而旁通水量增加。当旁通水量持续增加，直到系统负荷减小到设计负荷的一半，则冷水机组1关闭一台，冷冻水泵2同样关闭一台，供、回水压差减小，旁通阀3再度关上。因此旁通阀的最大旁通水量就是系统负荷减小到1台冷水机组停机时所需的旁通水量。表面上看，最大旁通水量就是1台冷水机组的额定流量，其实不然，因为冷冻水量并不一定会与负荷同比例匹配，而应考虑末端设备的热特性与控制方式，如下：

（1）采用比例或比例积分控制的空调器。控制器精确控制二通阀的开度以调节盘管出力。根据盘管热特性（如图4-3所示），当负荷减小时，所需流量减小速率更快，当负荷为50%时，水流量仅需13%左右，即旁通水量需87%。

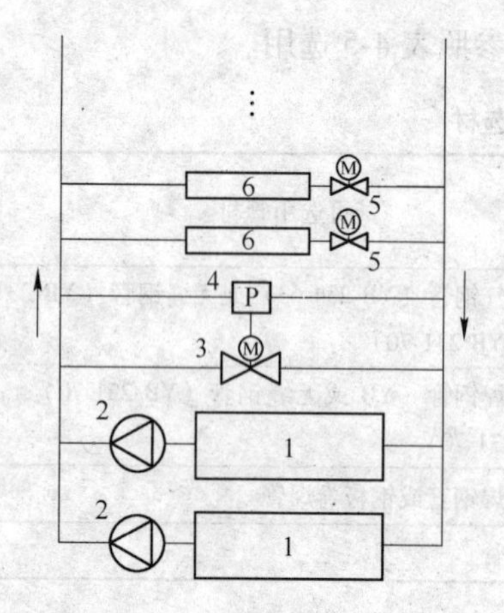

图4-2　变水量冷冻水系统

1—冷水机组；2—冷冻水泵；3—压差旁通阀；
4—压差控制器；5—电动二通阀；6—末端设备

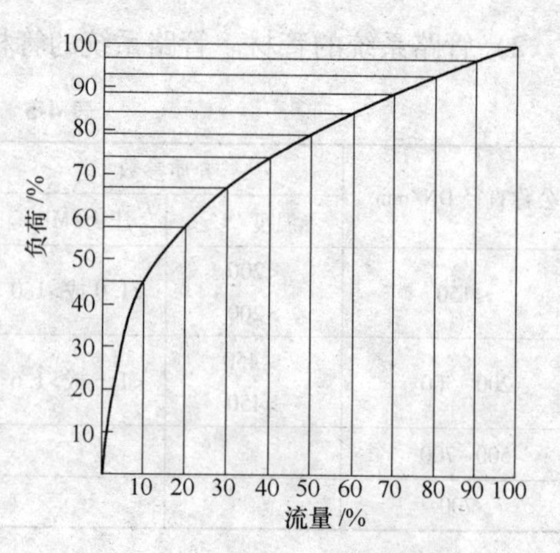

图4-3　盘管负荷随水流量变化

（2）风机盘管一般均采用二位控制，二通阀全开或全闭，即水流量在设计工况下换热。当负荷减小时，水流量同比率减小。在小负荷时，风机盘管可能转至小档运行，风量减小，水温差减小，水流量增大，而旁通水量减小。在一般系统中，这两种情况均会出现，此时就需综合考虑空调器与风机盘管水量的比例，部分负荷时间，来选择旁通阀旁通水量。

在一些典型的场合如商场，旁通水量甚至会超过一台冷水机组（共三台机组时）额定水量的两倍。

旁通阀口径的选择计算，在许多文章均有论及，此处简述如下：

$$G = K_v \times \Delta P \tag{4-1}$$

式中，G为流量，m^3/h；K_v为流通能力，与所选择的阀门有关；ΔP为阻力损失，Bar。

例：1 台制冷量 500RT 的冷水机组，额定冷冻水量 $302m^3/h$，接管口径 250mm。旁通水量取 $350m^3/h$，供回水计算压差为 2bar（约 2×10^5Pa）。

DN125 旁通阀流通能力为 $250m^3/h$，计算如下：

$$G = 250\times2 = 353 > 350\ (m^3/h)$$

所以采用 DN125 旁通阀即可满足要求。旁通阀都具有高流通能力，所以一般其口径可比冷水机组接管口径小两个规格。压差控制系统的控制方式有比例控制，输出比例变化的电阻信号；有三位控制，输出进、停、退信号。比例控制的精度较高，价格也高，需根据不同的精度要求选配。两种方式所配套的执行器也不同。旁通阀执行器与阀门需根据不同的系统压差，配套不同系列的阀门，例如某品牌 VBG 阀门+VAT 执行器适用的最大工作压差为 2bar，而 DSGA 阀门+MVL 执行器的最大工作压差则为 8bar。若订货时未指明，厂商一般均会按较高压差配套。

总之，在压差旁通系统的选型中，要认真考虑各种因素，如阀门特性、压差、流通能力、执行器。在有的工程中，只是简单地按冷水机组口径选择旁通阀径，往往会造成浪费。

4.2 水系统管路计算

4.2.1 空调水系统管径的确定

水管管径 D 由式（4-2）确定：

$$D = 595\sqrt{G/(V\cdot\rho)} \tag{4-2}$$

式中，D 为管道内径，mm；G 为水流量，m^3/h；V 为水流速，m/s；ρ 为工作温度下水的密度，一般可按 $1000kg/m^3$。

水系统中管内水流速按表 4-7 中的推荐值选用，通过式（4-2）来确定其管径，或按表 4-8 根据流量确定管径。

表 4-7 管内水流速推荐值 (m/s)

管径/mm	15	20	25	32	40	50	65	80
闭式系统	0.4~0.5	0.5~0.6	0.6~0.7	0.7~0.9	0.8~1.0	0.9~1.2	1.1~1.4	1.2~1.6
开式系统	0.3~0.4	0.4~0.5	0.5~0.6	0.6~0.8	0.7~0.9	0.8~1.0	0.9~1.2	1.1~1.4

管径/mm	100	125	150	200	250	300	350	400
闭式系统	1.3~1.8	1.5~2.0	1.6~2.2	1.8~2.5	1.8~2.6	1.9~2.9	1.6~2.5	1.8~2.6
开式系统	1.2~1.6	1.4~1.8	1.5~2.0	1.6~2.3	1.7~2.4	1.7~2.4	1.6~2.1	1.8~2.3

注：低值，比摩阻控制在 100~150Pa/m；高值，DN150 管道以下控制在 350~400Pa/m；DN150 以上大管比摩阻控制在 200~300Pa/m，主要以流速控制。

表 4-8 水系统的管径和单位长度阻力损失

钢管管径/mm	闭式水系统		开式水系统	
	流量/$m^3\cdot h^{-1}$	每 100m 的阻力损失/kPa	流量/$m^3\cdot h^{-1}$	每 100m 的阻力损失/kPa
15	0~0.5	0~60	—	—
20	0.5~1.0	10~60	—	—

续表 4-8

钢管管径/mm	闭式水系统		开式水系统	
	流量/$m^3 \cdot h^{-1}$	每 100m 的阻力损失/kPa	流量/$m^3 \cdot h^{-1}$	每 100m 的阻力损失/kPa
25	1~2	10~60	0~1.3	0~43
32	2~4	10~60	1.3~2.0	11~40
40	4~6	10~60	2~4	10~40
50	6~11	10~60	4~8	—
65	11~18	10~60	8~14	—
80	18~32	10~60	14~22	—
100	32~65	10~60	22~45	—
125	65~115	10~60	45~82	10~40
150	115~185	10~47	82~130	10~43
200	185~380	10~37	130~200	10~24
250	380~560	9~26	200~340	10~18
300	560~820	8~23	340~470	8~15
350	820~950	8~18	470~610	8~13
400	950~1250	8~17	610~750	7~12
450	1250~1590	8~15	750~1000	7~12
500	1590~2000	8~13	1000~1230	7~11

4.2.2 冷凝水管管径的确定

一般情况下，每 1kW 冷负荷每 1h 约产生 0.4kg 左右冷凝水；在潜热负荷较高的场合，每 1kW 冷负荷每 1h 约产生 0.8kg 冷凝水。此范围内的冷凝水管径可按表 4-9 进行估算。

表 4-9 冷凝水管管径选择

管道最小坡度	冷 负 荷/kW								
0.001	≤7	7.1~17.6	17.7~100	101~176	177~598	599~1055	1056~1512	1513~12462	>12462
0.003	≤17	17~42	43~230	231~400	401~1100	1101~2000	2001~3500	3501~15000	>15000
管道公称直径/mm	DN20	DN25	DN32	DN40	DN50	DN80	DN100	DN125	DN150

冷凝水管路设计时，需注意的问题：

（1）风机盘管冷凝水支管安装坡度，不宜小于 0.01，其他水平支干管，沿水流方向，应保持不宜小于 0.005，不应小于 0.003 的坡度，且不允许有积水的部位。

（2）当冷凝水盘位于机组正压区段时，凝水盘的出水口宜设置水封，位于负压段时，应设置水封，且水封的高度应比凝水盘处的正压或负压值大。水封的出口，应与大气相通。

（3）冷凝水管道宜采用塑料管或热镀锌钢管，通常应采取防结露措施，一般采用 10~15mm B1 级橡塑保温层。

(4) 冷凝水排入污水系统时，应有空气隔断措施；冷凝水管不得与室内雨水系统直接连接。

(5) 设计和布置冷凝水管路时，必须认真考虑定期冲洗的可能性，并应设计安排必要的设施。水平管路始端应设置扫除口。

4.2.3 水管道阻力计算

水在管道内流动的阻力包括沿程阻力和局部阻力。空调水系统设计时一般控制比摩阻宜控制在100~300Pa/m范围内，管径较大时，取值可小些。

一般采用比摩阻控制设计流速及管径，见表4-10。

表4-10 流速

部位	流速/$m \cdot s^{-1}$	部位	流速/$m \cdot s^{-1}$
水泵压出口	2.4~3.5	向上立管	1.0~3.0
水泵吸入口	1.2~2.1	一般管道	1.5~3.0
主干管	1.2~4.0	冷却水	1.0~2.4
排水管	1.2~2.1		

4.3 主要输送设备及辅助设备选型

4.3.1 冷冻水泵扬程估算方法

这里所谈的是闭式空调冷水系统的阻力组成，因为这种系统是常用的系统。

4.3.1.1 估算方法一

水泵的流量应为冷水机组额定流量的1.1~1.2倍（单台取1.1，两台并联取1.2）。按估算可大致取每100m管长的沿程损失为3~5mH_2O，水泵扬程（mH_2O）（$1mH_2O \approx 10kPa$）：

$$H_{max} = \Delta P_1 + \Delta P_2 + 0.05L(1 + K) \tag{4-3}$$

式中，ΔP_1为冷水机组蒸发器的水压降；ΔP_2为该环中并联的各占空调末端装置的水压损失最大的一台的水压降；L为该最不利环路的管长；K为最不利环路中局部阻力当量长度总和与直管总长的比值，当最不利环路较长时K值取0.2~0.3，最不利环路较短时K值取0.4~0.6。

4.3.1.2 估算方法二

(1) 冷水机组阻力：由机组制造厂提供，一般为60~100kPa。

(2) 管路阻力：包括摩擦阻力、局部阻力，其中单位长度的摩擦阻力即比摩阻取决于技术经济比较。若取值大则管径小，初期投资省，但水泵运行能耗大；若取值小则反之。目前设计中冷水管路的比摩阻宜控制在150~200Pa/m范围内，管径较大时，取值可小些。

(3) 空调末端装置阻力：末端装置的类型有风机盘管机组，组合式空调器等。它们的阻力是根据设计提出的空气进、出空调盘管的参数、冷量、水温差等由制造厂经过盘管配置计算后提供的，许多额定工况值在产品样本上能查到。此项阻力一般在20~50kPa范围内。

（4）调节阀的阻力：空调房间总是要求控制室温的，通过在空调末端装置的水路上设置电动二通调节阀是实现室温控制的一种手段。二通阀的规格由阀门全开时的流通能力与允许压力降来选择。如果此允许压力降取值大，则阀门的控制性能好；若取值小，则控制性能差。阀门全开时的压力降占该支路总压力降的百分数被称为阀权度。水系统设计时要求阀权度 S 大于 30%。于是，二通调节阀的允许压力降一般不小于 40kPa。

根据以上所述，可以粗略估计出一幢约 100m 高的高层建筑空调水系统的压力损失，也即循环水泵所需的扬程：

（1）冷水机组阻力取 80kPa（8m 水柱）。

（2）管路阻力：取冷冻机房内的除污器、集水器、分水器及管路等的阻力为 50kPa；取输配侧管路长度 300m 与比摩阻 200Pa/m，则摩擦阻力为 300×200＝60000 Pa＝60kPa；如考虑输配侧的局部阻力为摩擦阻力的 50%，则局部阻力为 60kPa×0.5＝30kPa；系统管路的总阻力为 50+60+30＝140kPa（14m 水柱）。

（3）空调末端装置阻力：组合式空调器的阻力一般比风机盘管阻力大，故取前者的阻力为 45kPa（4.5m 水柱）。

（4）二通调节阀的阻力取 40kPa（4m 水柱）。

（5）于是，水系统的各部分阻力之和为 80+140+45+40＝305kPa（30.5m 水柱）

（6）水泵扬程：取 10%的安全系数，则扬程 H＝30.5×1.1＝33.55m。

根据以上估算结果，可以基本掌握同类规模建筑物的空调水系统的压力损失值范围，尤其应防止因未经过计算，而将系统压力损失估计过大，水泵扬程选得过大，导致能量浪费。（静水压力应该是水泵停止状态下，冷却塔静止液面到水泵或设备末端的高差）。

4.3.2 冷却水系统的设计

目前最常用的冷却水系统设计方式是冷却塔设在建筑物的屋顶上，空调冷冻站设在建筑物的底层或地下室。水从冷却塔的集水槽出来后，直接进入冷水机组而不设水箱。当空调冷却水系统仅在夏季使用时，该系统是合理的，它运行管理方便，可以减小循环水泵的扬程，节省运行费用。为了使系统安全可靠的运行，实际设计时应注意以下几点：

（1）冷却塔上的自动补水管应稍大一点，有的自动补水管按补水能力大于 2 倍的正常补水量设计。

（2）在冷却水循环泵的吸入口段再设一个补水管，这样可缩短补水时间，有利于系统中空气的排出。

（3）冷却塔选用蓄水型冷却塔或订货时要求适当加大冷却塔的集水槽的贮水能力。

（4）应设置循环泵的旁通止逆阀，以避免停泵时出现从冷却塔内大量溢水问题，并在突然停电时，防止系统发生水击现象。

（5）设计时要注意各冷却塔之间管道阻力平衡问题；接管时，注意各塔至总干管上的水力平衡；供水支管上应加电动阀，以便在停某台冷却塔时用来关闭。

（6）并联冷却塔集水槽之间设置平衡管。管径一般取与进水干管相同的管径，以防冷却塔集水槽内水位高低不同，避免出现有的冷却塔溢水、还有冷却塔在补水的现象。

（7）电动冷水机组的冷凝器进、出水温差一般为 5℃，双效溴化锂吸收式冷水机组冷却水进、出口温差一般为6~6.5℃。因此，在选用冷却塔时，电动冷水机组宜选普通型冷却塔（$\Delta t=5℃$）；而双效溴化锂吸收式冷水机组宜选中温型冷却塔（$\Delta t=8℃$）；

（8）选用冷却塔时应遵循GB/T 50087—2013《工业企业噪音控制设计规范》的规定，其噪声不得超过表4-11所列的噪声限制值。

表4-11 各类工作场所噪声限值

工作场所	噪声限值/dB（A）
生产车间	85
车间内值班室、观察室、休息室、办公室、实验室、设计室室内背景噪声级	70
正常工作状态下精密装配线、精密加工车间、计算机房	70
主控室、集中控制室、通信室、电话总机室、消防值班室、一般办公室、会议室、设计室、实验室室内背景噪声级	60
医务室、教室、值班宿舍室内背景噪声级	55

注：1. 生产车间噪声限值为每周工作5d，每天工作8h的等效声级；对于每周工作5d，每天工作时间不是8h，需计算8h等效声级；对于每周工作日不是5d，需计算40h等效声级；
2. 室内背景噪声级指室外传入室内的噪声级。

（9）空调冷却水系统中宜选用逆流式冷却塔。当处理水量在300m³/h以上时，宜选用多风机方形冷却塔，以便实现多风机控制。

（10）由于冷却水进水温度过低将会引起溴化锂吸收式冷水机组结晶等故障。因此，设计溴化锂吸收式冷水机组的冷却水系统时，应在冷却塔供、回水管间设置一旁通管，可以使部分冷却水不经冷却塔，以保证冷却水进水温度不会过低。

冷却水泵的参数估算：

冷却水泵流量应为冷水机组冷却水量的1.1~1.2倍。

$$H=\Delta P_1+Z+5+0.05L \tag{4-4}$$

式中，H为冷却水泵扬程；ΔP_1为冷凝器压降；Z为冷却塔塔体扬程；L为管道沿程阻力。

水塔扬程确定为冷凝器60~100kPa，沿程阻力一般按每100m，3~5mH_2O估算，即冷却水来回管长总和。

4.3.3 冷却水系统的补水量

现在的资料给出的冷却水系统的补水量数据判别较大，见表4-12。

表4-12 补水量

补 水 量
电动制冷时补水量为循环量的1.53%，吸收式制冷时为循环水量的2.08%；粗略估算取2%~3%
取循环水量的1%~1.5%
取循环水量的1%~3%
吸收制冷时取循环水量的2%~3%
取循环水量的0.3%~1%
平均补水量为循环水量的2.5%，当机组运行时间长且运行时需换水1~2次时，补水量可达3%~5%
电动冷水机组，补水量约为循环量的1.4%~1.6%；吸收式冷水机组时，补水量为循环水量的2%~3%
电动制冷取循环水量的1.2%~1.6%；吸收式制冷为1.4%~1.8%

经对表中资料的分析，从理论上说，如把水冷却5℃，蒸发的水量不到被冷却水量的1%。但是，实际上还应考虑排污量和由于空气夹水滴的飘溢损失；同时，还应综合考虑各种因素（如冷却塔的结构、冷却水水泵的扬程、空调系统的大部分时间里是在部分负荷下运行等）的影响。建议电动制冷时，冷却塔的补水量取为冷却水流量的1%~2%；溴化锂吸收式冷水机组的补水量取为冷却水流量的2%~2.5%。

4.3.4 膨胀水箱选型

4.3.4.1 水箱容积计算

当95~70℃，供暖系统 $V=0.031V_c$ (4-5)

当110~70℃，供暖系统 $V=0.038V_c$ (4-6)

当130~70℃，供暖系统 $V=0.043V_c$ (4-7)

式中，V为膨胀水箱的有效容积（即相当于检查管到溢流管之间高度的容积），L；V_c为系统内的水容量，L。

膨胀水箱选用开式高位膨胀水箱，适用于中小型低温水供暖系统，膨胀水箱规格见表4-13。

表4-13 膨胀水箱规格

型号	方形					圆形			
	公称面积/m³	有效容积/m³	外形尺寸/mm			公称容积/m³	有效容积/m³	筒体/mm	
			长	宽	高			内径	高度
1	0.5	0.61	900	900	900	0.3	0.35	900	700
2	0.5	0.63	1200	700	900	0.3	0.33	800	800
3	1.0	1.15	1100	1100	1100	0.5	0.54	900	1000
4	1.0	1.20	1400	900	1100	0.5	0.59	1000	900
5	2.0	2.27	1800	1200	1200	0.8	0.83	1000	1200
6	2.0	2.06	1400	1400	1200	0.8	0.81	1100	1000
7	3.0	3.05	2000	1400	1400	1.0	1.1	1100	1300
8	3.0	3.20	1600	1600	1400	1.0	1.2	1200	1200
9	4.0	4.32	2000	1600	1500	2.0	2.1	1400	1500
10	4.0	4.37	1800	1800	1500	2.0	2.0	1500	1300
11	5.0	5.18	2400	1600	1500	3.0	3.3	1600	1800
12	5.0	5.35	2200	1800	1500	3.0	3.4	1800	1500
13						4.0	4.2	1800	1800
14						4.0	4.6	2000	1600
15						5.0	5.2	1800	2200
16						5.0	5.2	2000	1800

4.3.4.2 膨胀水箱设计安装要点

膨胀水箱安装位置，应防止水箱内水的冻结；若水箱安装在非供暖房间内时，应考虑保温。膨胀管安装在重力循环系统上应接在供水总立管的顶端；安装在机械循环系统上应接至系统定压点，一般接至水泵入口前，循环管接至系统定压点前的水平回水干管上，该点与定压点之间，应保持不小于1.5~3m的距离。膨胀管、溢水管和循环管上严禁安装阀门，而排水管和信号管上应设置阀门。设在非供暖房间内的膨胀管、循环管、信号管均应保温。一般开式膨胀水箱内的水温不应超过95℃。

4.3.5　定压补水装置选型

定压补水装置（见图4-4）采用系统静压作为膨胀水箱内的设计初始压力水头，采用保证系统内热水不汽化的压力作为膨胀水箱内运行终端压力水头。初始运行时首先启动补水泵向系统及气压罐内的水室中充水，系统充满后多余的水被挤进胶囊内。因为水的不可压缩性，随着水量的不断增加，水室的体积也不断地扩大而压缩气室，罐内的压力也不断的升高。当压力达到设计压力时，通过压力控制器使补水泵关闭；当系统内的水受热膨胀使系统压力升高超过设计压力时，多余的水通过安全阀排至补水箱循环使用；当系统中的水由于泄露或温度下降而体积缩小，系统压力降低时，胶囊中的水被不断压入管网补充系统的压降损失；当系统压力至设计允许的最低压力时，通过压力控制器使补水泵重新启动向管网及气压罐内补水，如此周而复始。

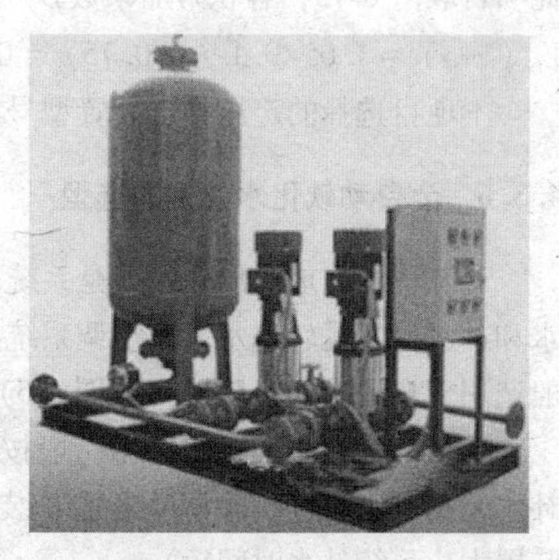

图4-4　定压补水装置

（1）空调水系统的单位水容量见表4-14。

表4-14　空调水系统单位水容量　（L/m²）

空调方式	全空气系统	水/空气系统
供冷和采用换热器供热	0.40~0.55	0.70~1.30

例如项目建筑面积10000m²，水容量按水/空气系统选取值，取值1.2，系统水容量为：10000×1.2÷1000=12m³。

（2）系统膨胀水量计算见表4-15。

表4-15　系统膨胀水量

系统类型	空调冷水	空调热水	采暖水	
供回水温度/℃	7/12	60/50	85/60	95/70
起始水温/℃	35	5	5	5
膨胀量 V_p/V_c	0.0053	0.01451	0.02422	0.03066

本项目按空调热水取值0.01451，系统最大膨胀量为12×0.01451=0.17m³。

（3）系统补水泵选型。补水泵流量按系统水容量的5%~10%计算，则补水泵流量为12×0.1=1.2m³。补水泵的扬程应保证补水压力比系统静止时补水点的压力高30~50kPa，补水点设在循环水泵吸入口。系统定压点最低压力为 40+5+1.5=46.5m（465kPa），补水泵扬程应不小于 515kPa。

选用 2 台流量为 1.2m^3/h，扬程为 550kPa 的水泵。平时使用 1 台，初期上水或事故补水时 2 台泵同时运行。

（4）定压罐选型。定压罐调节容积取 5 分钟补水泵流量，测定压罐的调节容积 V_t 为 $1.2\times5/60=0.1\text{m}^3$。补水泵启动压力和停泵压力的设计压力比 α 取值一般为 0.65~0.85，此项目取值 0.75，容积附加系数 β，囊式定压罐取 1.05。测定压罐的最小容积为 $V_{min}=\beta\times V_t/(1-\alpha)=1.05\times0.1/(1-0.75)=0.42\text{m}^3$。

本项目选择的定压补水装置型号为 NZG0.8×1-50×2×4，定压罐型号 RXBP800。

4.3.6 全自动软化水装置的选型

当工程所在地水质较硬或是系统较大的时候，系统的循环水和补水最好是软化水，该空调系统必须配置水软化装置，一般选用全自动软化水装置（见图 4-5）。

全自动软化水装置的选用一般按照系统补水量进行选择。补水装置可以根据实际情况来选（装置小，系统补水时间长；装置大，系统补水时间短）。

一般软水器处理水流量与补水泵流量相当或偏大即可。

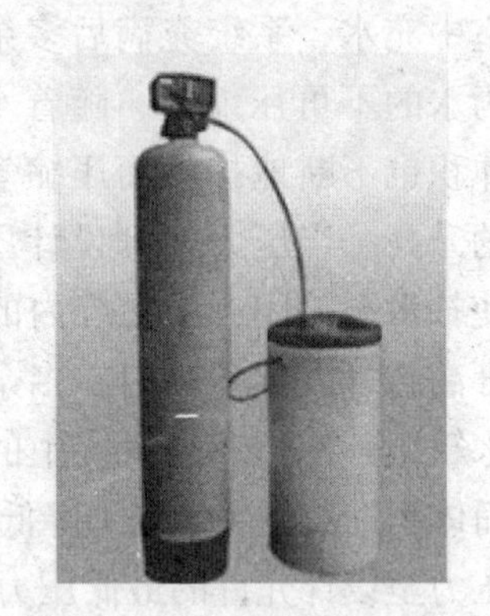

图 4-5 全自动软化水装置

4.3.7 软水箱的选型

根据《民用建筑供暖通风与空气调节设计规范》软水箱储备正常补水量 30~60min 的水量。

选择的软水箱为 SMC 水箱如图 4-6 所示，根据 02S101 矩形给水箱图集，规格选定按补水量确定。

4.3.8 集分水器的选型

集分水器（见图 4-7）用来实现系统内水的流量分配和循环。在选择集分水器的型号时，通常考虑的标准是集分水器的筒体直径和长度，那么选型也应按照这两方面考虑。

图 4-6 SMC 软水箱

图 4-7 集分水器

集分水器直径 D 的详细确定方法：

（1）按断面流速确定直径 D，分水器和集水器按断面流速 0.5~0.8m/s 计算。

（2）按经验公式估算来确定直径 D：$D=(1.5\sim3)D_{max}$（D_{max}是支管最大直径）。

集分水器的主筒体长度应根据系统分集水管的数量来制订且每两个支管之间间距应为 120mm（外径间距）。

4.3.9　水系统的典型形式及工程实例

（1）冷（热）设备的布置及设备技术层。

（2）冷（热）源设备的布置方式及其水系统。中央空调中冷（热）源布置方式均与其水系统的构成密切相关，而冷（热）源设备的布置方式则是多种多样的，但不管哪种布置方式，都要优先考虑冷水机组、水泵等设备和水系统管路以及管件等的承压，特别是各种压力集中部位的承压能力。常见的冷（热）源设备的布置方式有以下五种：

1）冷（热）源设备布置在塔楼顶层；

2）冷（热）源设备布置在塔楼外裙楼顶层；

3）冷（热）源布置在塔楼中部的设备技术层；

4）冷（热）源设备布置在地下室或另设制冷（热）站；

5）塔楼顶层和和地下室的冷（热）源设备布置。

塔楼顶层和地下室应分别布置冷（热）源设备。如高层建筑的高区最上面的数层房间采用塔楼顶层风冷冷（热）水机组供水，而高区其他各层由安装在设备层的水-水换热器供水，低区各层和裙楼各层均由制冷（热）站直接供水，这样可降低水系统管网和设备的承压，使系统更合理，基建投资也有所降低。

（3）设备集中层的设置原则。

1）低于 8 层的建筑物，不应设置设备技术层；

2）8~20 层的高层建筑，一般不设置设备层（或只设一个设备层）；

3）20~30 层的高层建筑，一般只设一个设备层（也可不设技术层）；

4）30~50 层的高层建筑宜设两个设备层；

5）大于 50 层的高层建筑宜设上、中、下三个设备层。

（4）管道内水流速的选择。水的流速对水系统的阻力损失影响较大，应合理选择管网系统的流速，防止因流速过大而增大压力损失和阻力损失，进而加大水泵扬程和功率。但也应防止因选取流速过低而加大管径，从而加大管材和管件的费用。国标 GB 50013—2006《室外给水设计规范》确定的流速（m/s）值，见表 4-16。美国开利公司（Carrier）设计手册推荐的流速值，见表 4-17。

表 4-16　国标规定的流速　　（m/s）

管道种类	管道公称直径/mm		
	<250	250~1600	>1600
水泵吸入管	1.0~1.2	1.2~1.6	1.5~2.0
水泵出水管	1.5~2.0	2.0~2.5	2.0~3.0

表 4-17 开利设计手册推荐的流速值 (m/s)

管道种类	推荐流速	管道种类	推荐流速
水泵吸入管	1.2~2.1	集管	1.2~4.5
水泵出水管	2.4~3.6	排水管	1.2~2.0
一般供水干管	1.5~3.0	接自城市供水管	0.9~2.0
室内供水立管	0.9~3.0	自然送水	0.6~1.5

复习思考题

4-1 中央空调水系统同程式和异程式有何区别，各有何优势？
4-2 中央空调水系统最高点安装自动排气阀，最低点安装泄水阀，各有什么作用？
4-3 循环水泵进出口一般配什么阀门，各有什么作用？

5 新风净化空调工程

5.1 雾霾的成因及危害

在日常生活中，人们通常用雾、霭、灰霾等词来形容空气湿度较大并且能见度较低时的天气状况。然而雾、霭和霾这三个表示天气现象的词其实具有不同的含义，雾霾则是雾与霾的统称，是一种灾害性天气预警预报。空气质量的不断恶化，通常都伴随雾霾天的出现。

5.1.1 雾与霾的区别

雾霾是雾与霾的组合词，它们都是灾害性天气。

雾是由大量悬浮在近地面空气中的微小水滴或冰晶组成的气溶胶系统，是近地面层空气中水汽凝结的产物。雾的存在会降低空气透明度，使能见度恶化，如果目标物的水平能见度降低到1000m以内，就将悬浮在近地面空气中的水汽凝结物的天气现象称为雾；而将目标物的水平能见度在1000~10000m的这种现象称为轻雾或霭。形成雾时大气湿度应该是饱和的（如有大量凝结核存在时，相对湿度不一定达到100%就可能出现饱和）。由于液态水或冰晶组成的雾散射的光与波长关系不大，因而雾看起来呈乳白色或青白色。

霾也称灰霾（烟霞）。空气中的灰尘、硫酸、硝酸、有机碳氢化合物等粒子也能使大气混浊，视野模糊并导致能见度恶化，如果水平能见度小于10000m时，将这种非水成物组成的气溶胶系统造成的视程障碍称为霾或灰霾，香港天文台称烟霞。

5.1.2 雾霾的成因

5.1.2.1 雾霾主要成分

二氧化硫、氮氧化物和可吸入颗粒物这三项是雾霾主要组成，前两者为气态污染物，而可吸入颗粒物就是空气污染的重要组成物，即人们常用的关键词PM2.5（空气中空气动力学当量直径小于等于2.5μm的颗粒物，也称细颗粒物）。

5.1.2.2 形成原因

由于空气质量的不断恶化，雾霾天气出现频率越来越高，我国多地城市空气污染严重爆表，上海空气质量指数也一度达到600，在雾霾天气下空气中可吸入颗粒物不断增多，它的形成主要与人类的发展和自然环境因素有关，如大量的工厂排放、汽车尾气排放，这些污染源在温度饱和和静稳天气的助推下得到了有利的发展空间。

（1）二次污染源。当前国内许多省市监测的大气细颗粒物（PM2.5）均是经过十分复杂的物理和化学过程而形成的“二次源”，造成空气污染的主要物质也多数来源于二次污染。监测数据显示，苏、浙、沪等南方省市空气中的PM2.5浓度整体处于下降趋势，但

PM1 却在逐年上升，一个重要原因就是二次污染长期没有得到重视和改善。如果按照目前的发展模式运行下去，雾霾的增量和影响范围扩大将在所难免。

（2）大气颗粒物传送。大气颗粒物污染不仅仅是一个城市局部的问题，更是区域性和全球性的问题，涉及颗粒物在大气当中的长途传输，是一种全球地区的化学循环。在传输的过程当中，天然和人为的气溶胶都会起化学变化。比如从中东传到新疆再传到上海，形成雾霾直接影响局部地区空气质量。它还能传到整个太平洋上空、美洲上空，在它传输的过程当中，人为排放又添加了很多东西，继续在大气里产生化学反应。

（3）静稳天气与空气湿度。在相对湿度饱和的条件下，大气颗粒物会吸水膨胀产生凝固，导致空气污染持续累积。当相对湿度达到 90%~92%，细颗粒物的体积会膨胀到 8 倍以上，大气当中还有大量人为排放的硫酸盐、铵盐、硝酸铵、有机酸盐等物质，更容易使大气颗粒物膨胀，这就是为什么在人口密集和工业、交通排放量大的城市，更容易形成雾霾天气。长时间的“静稳天气”和“辐射逆温”，也不利于大气污染物的快速扩散。目前整个大气循环系统已无法自然消除人为产生的颗粒物污染，而污染还在不断排放和累积。

（4）大气环流助推污染。大范围雾霾天气主要出现在冷空气较弱和水汽条件较好的大尺度大气环流形势下，近地面低空为静风或微风。由于雾霾天气的湿度较高，水汽较大，雾滴提供了吸附和反应场所加速反应性气态污染物向液态颗粒物成分的转化，同时颗粒物也容易作为凝结核加速雾霾的生成，两者相互作用，迅速形成污染。

5.1.3 雾霾的危害

雾霾有“冬季杀手”之称，加上工业废气、汽车尾气、空气中的灰尘、空气中的细菌和病毒等污染物，附着于这些水滴上，人们在日常生活和出行中，这些物质会对人体的呼吸道产生影响，可能会引发急性上呼吸道感染（感冒）、急性气管支气管炎及肺炎、哮喘发作，诱发或加重慢性支气管炎等。特别是小孩呼吸道鼻、气管、支气管黏膜柔嫩，且肺泡数量较少，弹力纤维发育较差，间质发育旺盛，更易受到呼吸道病毒的感染。人长时间处于雾天中，可引起气管炎、喉炎、肺炎、哮 喘、鼻炎、眼结膜炎及过敏性疾病的发生，对幼儿、青少年的生长发育和体质均有一定的影响。此外，大雾天气空气质量差，抵抗力较差的糖尿病患者极有可能出现肺部及气管感染而加重病情。

（1）对呼吸系统的影响。霾的组成成分非常复杂，包括数百种大气化学颗粒物质。其中有害健康的主要是直径小于 10μm 的气溶胶粒子，如矿物颗粒物、海盐、硫酸盐、硝酸盐、有机气溶胶粒子、燃料和汽车废气等，它能直接进入并黏附在人体呼吸道和肺泡中。尤其是亚微米粒子会分别沉积于上下呼吸道和肺泡中，引起急性鼻炎和急性支气管炎等病症。对于支气管哮喘、慢性支气管炎、阻塞性肺气肿和慢性阻塞性肺疾病等慢性呼吸系统疾病患者，雾霾天气可使病情急性发作或急性加重。如果长期处于这种环境还会诱发肺癌。

（2）对心血管系统的影响。雾霾天对人体心脑血管疾病的影响也很严重，会阻碍正常的血液循环，导致心血管病、高血压、冠心病、脑出血，可能诱发心绞痛、心肌梗死、心力衰竭等。另外，浓雾天气压比较低，人会产生一种烦躁的感觉，血压自然会有所增高；再一方面雾天往往气温较低，一些高血压、冠心病患者从温暖的室内突然走到寒冷的室外，血管热胀冷缩，也可使血压升高，导致中风、心肌梗死的发生。

（3）雾霾天气还可导致近地层紫外线的减弱，由于雾天日照减少，儿童紫外线照射不足，体内维生素 D 生成不足，对钙的吸收大大减少，严重的会引起婴儿佝偻病、儿童生长减慢。有条件的情况下可以使用负离子维 C 并且在有雾霾天气时少开窗。

（4）影响心理健康。持续大雾天对人的心理和身体都有影响。从心理上说，大雾天会给人造成沉闷、压抑的感受，会刺激或者加剧心理抑郁的状态。此外，由于雾天光线较弱及导致的低气压，有些人在雾天会产生精神懒散、情绪低落的现象。

（5）影响交通安全。出现霾天气时，视野能见度低、空气质量差，容易引起交通阻塞，发生交通事故。

5.2 新风净化技术

舒适性空调工程中新风的引入及净化处理越来越受到人们的重视，本节主要介绍新风净化采取的不同技术措施。

5.2.1 HEPA 高效过滤技术——滤净效能好

HEPA 是一种国际公认最好的高效滤材，HEPA 过滤器由一叠连续前后折叠的亚玻璃纤维膜构成（空气净化机中常用 PP，聚丙烯材质），形成波浪状垫片用来放置和支撑过滤介质。HEPA 高效率微粒滤网的滤净效能与其表面积成正比。目前，HEPA 空气净化装置的 HEPA 高效率微粒滤网均是多层折叠，展开后面积比折叠时增加十几倍到几十倍，滤净效能十分出众。

净化原理：微粒惯性原理和扩散原理。

HEPA 净化技术优点：过滤颗粒物的效果非常明显，对微粒的捕捉能力较强、孔径微小、吸附容量大、净化效率高，并具备吸水性，针对 0.3μm 的粒子净化率为 99.97%。如果用它过滤香烟烟雾，那么过滤的效果几乎可以达到 100%。2.5μm 以上的颗粒，仅需 F8 级过滤效果就可以达到 99%以上了。

HEPA 净化技术缺点：

（1）我国尘土比较严重，HEPA 的使用寿命可能相对缩短，也就意味着 HEPA 过滤器需要经常更换，使用成本高。

（2）目前，空气净化行业中的风速普遍不是在 HEPA 的合适风速下工作。洁净室这类要求高的场所要保证 HEPA 的净化效率，风速在 0.3~0.5m/s 范围内，而实际使用中的风速都是远高于这个值。

5.2.2 静电集尘技术——无耗材除尘

静电集尘技术是利用高压静电吸附的原理，将空气中的污染物过滤，同样作为基础净化技术，被广泛应用于室内空气净化器上。

净化原理：高压强电场的作用，颗粒物吸附在负极板或者正极板，异种电荷相互吸引。

静电集尘技术优点：

（1）高效去除空气中的微粒污染物，如灰尘、煤烟、花粉、香烟味和厨房油烟等。

（2）同时还可有效吸附空气中的气态污染物及滤除空气中的致病微生物。

（3）无耗材，清洗可重复使用。

静电集尘技术缺点：

（1）容易产生臭氧，而且只对颗粒物等大粒子气体有效果，主要用于除尘，而对于去除甲醛、苯系物、TVOC 等装饰装修造成的化学污染几乎没有效果。

（2）属于物理净化，有害物质并没有被化学分解。

（3）静电集尘收集极，没有清洗提示，能增加容尘清洗提示比较好。

5.2.3 活性炭吸附技术——吸附能力很强

活性炭分为椰壳类、果壳类和煤炭类三种，吸附能力以椰壳类活性炭最强。

椰维炭是以椰壳为原料，经高温活化、碳化处理，同时负载光触媒、碳纤维而成的一种新型活性炭。其对有机气体吸附能力比普通活性炭高 5 倍以上，吸附速率更快。椰维炭具有发达的比表面积，丰富的微孔径。比表面积可达 1000~1600m^2/g，微孔体积占 90%左右，其微孔孔径为 10~40A，具有比表面积大、孔径适中、分布均匀、吸附速度快、杂质少等优点。

净化原理：活性炭多孔结构，比表面积大，能吸附小颗粒物质。

活性炭优点：对所有的空气污染物都具有净化作用，吸附能力很强，能够有效吸附室内空气中的有害物质（诸如粉尘、微粒、游离分子、细菌等）。

活性炭缺点：活性炭属于物理过滤，污染物并没有被消除，只能暂时被吸附，并且随温度、风速升高，所吸附的污染物就有可能游离出来，所以要经常更换过滤材料，避免吸附饱和。

5.2.4 负离子技术——烟雾沉降、补充“空气维生素”

通过负离子发生器，产生大量的负离子，也叫负氧离子，具有镇静、催眠、镇痛、增食欲、降血压等功能。雷雨过后，人们感到心情舒畅，就是空气的负离子增多的缘故。空气负离子能还原来自大气的污染物质、氮氧化物、香烟等产生的活性氧（氧自由基），减少过多活性氧对人体的危害；中和带正电的空气飘尘，无电荷后沉降，使空气得到净化。

净化原理：正负电荷中和，以及负离子的还原作用。

负离子优点：

（1）对二手烟等颗粒物沉降作用明显，因此一程度上能除烟味。除烟味主要是因为空气中的烟雾颗粒物减少，烟味的颗粒物沉降到地面，更多的是属于物理净化。

（2）对人体有抗氧化、抗衰老、增强人体免疫力、增强自愈能力的作用，能有效增强血液携氧能力 20%左右，并有效促进人体新陈代谢改善睡眠，对杀菌有一定的作用。

负离子缺点：

（1）负氧离子起净化作用过程中主要是物理净化，空气中的污染物被转移到地面。

（2）负氧离子在空气中寿命很短，所以需要持续释放。

（3）对因装饰装修造成的甲醛苯系物等污染净化效果则很一般。

5.2.5 臭氧——杀菌除味迅速彻底

活性氧技术是基于臭氧发生器的应用，也是一种基础净化技术，凡是离子发生器基本都能释放出一定浓度的臭氧，也被广泛应用于绝大多数的空气净化器中。

在使用臭氧杀菌的净化器时，务必要严格注意臭氧的产生率是否符合国家标准（国家卫生部规定的臭氧安全浓度为0.1ppm，工业卫生标准为0.15ppm）。同时，使用臭氧发生器净化室内空气时，人员必须离开，消毒完毕后开窗通风半小时以上。

净化原理：臭氧的强氧化性，可以氧化有机物、臭味分子，氧化微生物的功能结构使失活。

臭氧净化的优点：臭氧对细菌灭活迅速，杀菌彻底。合理使用时是国际公认的最环保、最彻底有效的净化方式。当其浓度达到一定值后，杀菌消毒甚至可以瞬间完成。

臭氧净化的缺点：超标的臭氧对人体健康有严重危害。高浓度的臭氧，会造成咽喉肿痛、胸闷咳嗽，引发支气管炎和肺气肿，造成神经中毒，破坏人体的免疫机能等。由于臭氧有强烈刺激性，人们在感到不适时早已避开，因此在使用过程中一般不会出现中毒现象。

5.2.6 光触媒催化分解技术——有紫外线才能发挥作用

光催化技术是一种利用新型的复合纳米高科技功能材料的技术，就是指光催化反应。

光催化净化原理：在光源照射下，光触媒能够利用特定波长光源的能量产生催化作用（氧化还原反应），使周围的氧气及水分子激发成具高活性的自由基，这些自由基，也有说法叫“光等离子体”，几乎可分解所有对人体或环境有害的有机物质及部分无机物质。光触媒 photocatalyst 也称为光催化剂 light catalyst，是一类以二氧化钛（TiO_2）为代表的，在光的照射下自身不起变化，却可以促进化学反应，具有催化功能的半导体材料的总称。

光催化优点：光催化技术具有广谱性的实用性效果，净化效率较高。

光催化缺点：光触媒必须在紫外线的照射下才能发挥作用。这意味着一是必须另外加上紫外线灯发射紫外线（波长在254nm或者365nm），但是过多的紫外线对人体有伤害，所以要避免紫外线灯裸露；二是光触媒必须能和紫外线接触，所以颗粒物多的环境，光触媒是会“冬眠”的。

5.2.7 分子络合技术——治理室内装修污染效果明显

分子络合技术是目前能够真正有效彻底去除室内装修污染尤其是化学污染的技术。该技术首先对室内装修污染甲醛、苯、氨等污染物进行收集、捕捉，再通过甲醛捕捉剂和水组成的络合分解体系，分别将甲醛和氨等气态短分子链物质，迅速络合转化为不可逆的长分子链固态物质，并分解生成氨盐，结聚、沉淀于水中清除分离，排放出清洁空气。

净化原理：这种技术利用甲醛和氨的溶水特性，将室内空气引入净化器中，将其中的有毒气体通入分子络合剂（甲醛捕捉剂）与水组成的络合分解体系，最终将室内空气中的污染物转化为不可逆的中性的大分子链固态物质，再排除相对洁净的空气，最终达到净化的作用。

分子络合技术优点：属于化学净化，该技术对室内装饰装修所造成的甲醛、苯系物、TVOC 等污染作用效果比较明显。

分子络合技术缺点：

（1）含有络离子的溶液或者类似组件需要定时更换，尤其在新居污染程度高时更换频率较高。

（2）产生的新溶液直接排放对环境有二次污染。

5.2.8 低温非对称等离子体空气净化技术

低温非对称等离子体空气净化技术目前主要通过介质阻挡放电实现，即 DBD 低温等离子，现在主要存在两种，一种是正高负低的 DBD 低温等离子，净化能力强，主要用于工业净化和无人环境净化；另一种是负高正低的 DBD 低温等离子，简称 NBD 等离子（negative ion high DBD），主要应用在人居环境、人机共存环境。

净化原理：低温非对称等离子体空气净化技术能使空气中大量等离子体之间逐级撞击，产生电化学反应，对有毒有害气体及活体病毒、细菌等进行快速降解，从而高效杀毒、灭菌、去异味、消烟、除尘且无毒害物质产生。

低温等离子优点：该技术在净化室内空气时，可人机共存，同比可以节约 80%的电能又终身免拆洗。具有快速消灭病毒、超强净化能力、高效祛除异味、消除静电、增加氧气含量等特点。

低温等离子缺点：作为尚未普及的一项新技术，目前技术成熟的厂家并不多，基于该技术的产品不多，并且存在价格上的不透明。低温等离子净化作用主要对象并不是“颗粒物”，建议前段加上 HEPA 或者相似的滤层。

简要总结见表 5-1。

表 5-1 总结

	颗粒物	VOC 等有机物	细菌等微生物	臭味异味	理疗	净化类别
HEPA 过滤网	★	▲	▲	▲	●	物理净化
静电集尘	▲	●	▲	▲	●	物理净化
活性炭	▲	★	▲	★	●	物理净化
负离子	▲	●	●	●	★	物理为主
臭氧（O_3）	●	★	★	★	●	化学净化
光催化氧化	●	▲	▲	▲	●	化学净化
分子络合	●	★	▲	★	●	化学净化
低温等离子	▲	★	★	★	▲	化学净化

注：★表示有明显作用，▲表示有作用，●表示没作用或者几乎没作用。

通过一种空气净化技术就可以完美地解决所有空气污染的问题，目前是不存在的，面对不同的污染源我们需要选择多种技术组合的空气净化技术产品，同时也要结合项目的实际情况选择合适的产品。目前市场上采用三级过滤及活性炭吸附等技术，能有效去除 PM2.5 及室内异味。

5.3 新风设计方案

5.3.1 常用的新风方案

目前中央空调系统及家居空调新风系统常用的新风形式：(1) 全空气系统采用组合式空调机组新风与回风混合处理后送入室内；(2) 新风处理机组，新风经处理后送入室内；(3) 采用能量回收型新风换气机组（一般采用全热回收型）；(4) 风机箱直接送风或排风（新风不处理）。

(1) 组合式空气处理机组（见图 5-1)。新风可经过滤、预热、预冷等处理后与回风混合，或直接与回风混合后送入室内。该系统集中处理，可避免空调房间二次污染，室内静音，送风温度均匀、舒适。

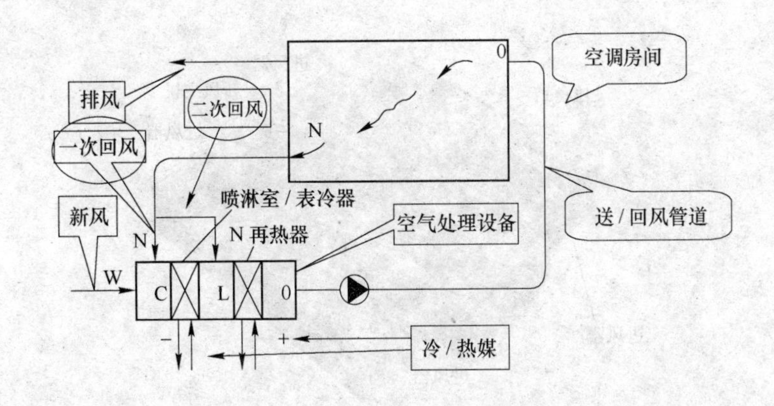

图 5-1 组合式空气处理系统

(2) 新风处理机组。在中央空调及 VRV 多联机空调系统中单独作为新风处理的机组，VRV 多联机空调设备中一般称为一拖一风管机或新风机。此机组可实现初级过滤、制冷（或制热)，使送到室内的新风满足室温要求。

(3) 能量回收型板翅式全热交换器（新风换气机)。如图 5-2 所示，板翅式全热交换器的热交换单元是采用不燃性矿物纤维作为基材，经专门加工制成吸湿、透湿性能良好的纸状波形折摺态，能够实现湿度（水分子）的交换，这样温度和湿度不同的两股气流相间通过各自流道时，一方面通过传导进行显热的交换，另一方面，也在水蒸气分压力差的作用下，透过薄的纸状层进行温-湿的交换。

(4) 风机箱直接送风或排风（新风不处理)。采用风机箱直接送风或排风，引导室内气流的流通，其实即为通风系统。风机箱与空调系统配合使用，便使室内新风量满足要求。如图 5-3 所示。

5.3.2 几种新风处理方案对比

几种新风处理方案对比见表 5-2。

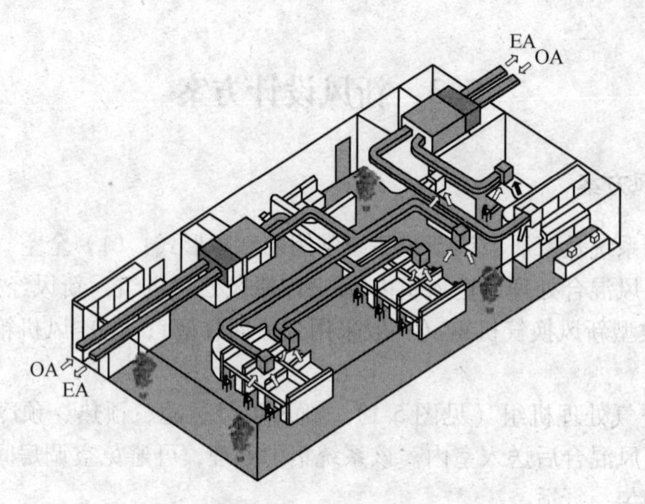

图 5-2 新风换气系统

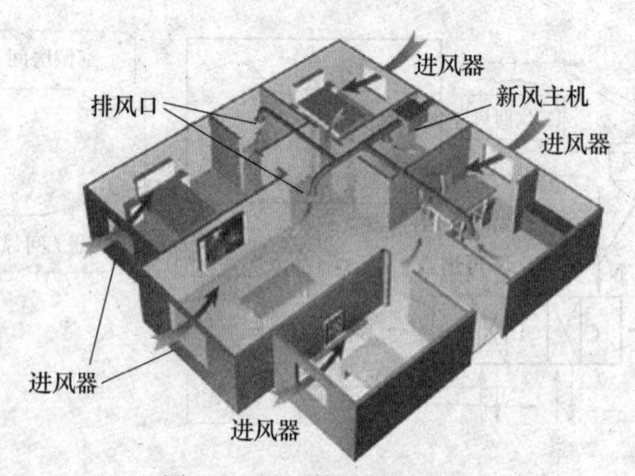

图 5-3 风机箱送排风系统

表 5-2 几种新风处理方案对比

序号	比较项目	组合式空调机组	新风处理机	新风换气机	风机箱直接送排风
1	新风处理效果	将室外新风集中处理到室内设计状态，处理效果好	将室外新风处理到室内设计状态，处理效果好	室外新风处理不到室内设计状态，处理效果一般	新风不处理
2	是否负担新风负荷	基本负担全部新风负荷	基本负担全部新风负荷	根据焓效率不同，负担部分新风负荷，其余新风负荷由室内空调机组负担	新风不处理，由室内机负担全部新风负荷
3	冷、热量能否回收	可采用能量回收段进行能量回收	室内空气由门窗缝隙渗出或设机械排风系统无回收	根据焓效率不同，回收部分能量，节能性好	室内空气由门窗缝隙渗出或设机械排风系统无回收
4	风管设置情况	与送风管一起送入室内，餐厅、会议室等新风量较大的场合需设排风管	一般情况下如办公室、住宅等只设新风管，管路较简单，餐厅、会议室等新风量较大的场合需设排风管	设新风管、排风管，管路较复杂；要求不高时，也可采用走廊回风	一般情况下如办公室、住宅等只设新风管，管路较简单，餐厅、会议室等新风量较大的场合需设排风管

续表 5-2

序号	比较项目	组合式空调机组	新风处理机	新风换气机	风机箱直接送排风
5	使用寿命	集中处理，专用组合式空调机组设于空调机房内，机组检修保养方便，寿命长达20年以上	零部件及整机进行全面的检测，寿命长达20年	热交换元件是以多孔纤维性材料加工的纸作为基材制成的，寿命较短	寿命较长
6	造价及运行费用	造价及运行费用均较高，但可实现过渡季节全新风运行	需设置室外机，新风系统的造价较高，但空调系统（不包括新风系统）的造价较低，运行费用稍高	新风系统的造价比前两种较低，但空调系统的造价比前一种高，运行费用低	新风系统的造价最低，但空调系统的造价最高，运行费用稍低
7	使用范围	只要采用全空气处理的场所均可采用新风或全新风机组	VRV系统：制冷20～43℃，低于20℃自动转换为通风；制热-5～15℃，高于15℃自动转换为通风；低于-5℃，系统停机。 水机：新风机组冬季注意采取防冻措施，系统运行无影响	在空气焓湿图上，室内、室外两个状态点的连线与饱和曲线相交时，冷凝水会形成在热交换元件上。此时，不宜使用，因此，当室外温度低于0～-15℃时，有可能会出现凝水、结霜，设计时必须仔细校核，必要时应在新风进风管上设空气预热器；当室内空气的相对湿度较大（如浴室）且室外温度较低时，有可能会出现凝水，此时，不宜使用	当室内空调不使用时，直接送新风易造成室内温度过高或过低，特别在冬季，由于室内温度过低，室内空调机组不易开启，室内达到空调设定温度的时间加长，影响空调效果

5.3.3 新风设计注意问题

（1）新风量的确定。根据前述章节确定系统所需的新风量，在满足室内空气品质的条件下，尽量选取合适的新风量，以降低新风负荷，降低初期投资及运行费用。

（2）新风机位置。考虑到噪声、日常维护、吊顶高度等问题，集中空调新风机组一般设有专门的机房，或安装于走廊的吊顶内，风量最大不要超过6000m^3/h；家用新风机建议设在卫生间、厨房等远离卧室、客厅并且不易影响吊顶高度的区域。

（3）风管的布置。

1）要尽量减少局部阻力，即减少弯管、三通、变径的数量；

2）弯管的中心曲率半径不要小于其风管直径或边长，一般可用1.25倍直径或边长。

（4）选用合适的风阀。从原则上讲，系统风压平衡的误差在10%～15%以内，可以不设调节阀，但实际上仅靠调风管尺寸来调风压是很困难的，所以要设风量调节阀进行调节。

1）风管分支处应设风量调节阀，在三通分支处可设三通调节阀，或在分支处设调节阀；

2）明显不利的环路可以不设调节阀，以减少阻力损失；

3）在需防火阀处可用防火调节阀替代调节阀；

4）送风口处的百叶风口宜用带调节阀的送风口，要求不高的可采用双层百叶风口，用调节风口角度调节风量；

5）新风进口处宜装设可严密开关的风阀，严寒地区应装设保温风阀，有自动控制时，应采用电动风阀。

（5）新风进口位置。

1）进风口宜设在室外空气比较洁净的地方，保证空气质量；

2）宜设在北墙上，避免设在屋顶和西墙上并宜设在建筑物的背阴处这样可以使夏季吸入的室外空气温度低一些；

3）进风口底部距室外地面不宜小于 2m，当进风口布置在绿化地带时，则不宜小于 1m；

4）应尽量布置在排风口的上风侧且低于排风口，并尽量保持不小于 10m 的间距，新风换气机系统新风口与排风口尽量保持 3m 以上的间距。

（6）新风口的要求。

1）宜采用固定百叶窗；

2）多雨地区宜采用防水百叶窗以防雨水进入；

3）为防止鸟类进入，百叶窗内宜设金属网。

（7）风口与边墙的距离不小于 1m。

（8）风口的选用。

1）新风口、送风口用双层百叶风口；

2）回风口用格栅风口；

3）排风口用双层百叶。

4）氟系统由于风量一般比较小，如要求冬季采暖需要，宜采用双层百叶，不能用散流器；

5）风机盘管带两个风口时宜选用带调节阀的双层百叶。

（9）风阻与风量控制。从进风口到主机之间，1m 以内不可转弯或开新风口，否则容易影响风速。管道不宜过长，控制转角数量，避免影响末端风量。为避免出现偏差，应预先进行细致的风量计算。

复习思考题

5-1 简述霾的成因及危害。

5-2 新风净化技术有哪些，对 PM2. 5 去除率能达到多少？

5-3 新风系统设计方案中，采用组合式空调机组与采用新风换气机各有何优劣？

6 地源热泵介绍

6.1 工作原理

6.1.1 地源热泵简介

地源热泵是以地下土壤层为冷（热）源对建筑物进行供暖、供热水和空调供应的技术。众所周知，地层之下一年四季均保持一个相对稳定的温度。在夏季，地下的温度要比地面空气温度低，在冬季却比地面空气温度高。地源热泵正是利用大地的这个特点，通过埋藏在地下的换热器，与土壤或岩石交换热量。地源热泵全年运行工况稳定，不需要其他辅助热源及冷却设备即可实现冬季供热、夏季供冷。所以地源热泵是一项高效节能、环保并能实现可持续发展的新技术，它既不会污染地下水，又不会影响地面沉降。在冬天，管道内的液体将地下的热量抽出，然后通过系统导入建筑物内，同时蓄存冷量，以备夏用；在夏天，热量从建筑物内抽出，通过系统排入地下，同时蓄存热量，以备冬用。地源热泵一年四季均能可靠的提供高品质的冷暖空气，为我们营造一个非常舒适的室内环境。因此，地源热泵空调得到了广泛的发展，尤其适合作为户式中央空调的冷（热）源。

6.1.2 热泵工作原理

作为自然界的现象，正如水由高处流向低处那样，热量也总是从高温流向低温，用著名的热力学第二定律准确表述是“热量不可能自发由低温传递到高温”。但人们可以创造机器，如同把水从低处提升到高处而采用水泵那样，采用热泵可以把热量从低温抽吸到高温。所以热泵实质上是一种热量提升装置，它本身消耗一部分能量，把环境介质中储存的能量加以挖掘，提高温位进行利用，而整个热泵装置所消耗的功仅为供热量的 1/3 或更低，这也是热泵的节能特点。

热泵与制冷的原理和系统设备组成及功能是一样的（见图 6-1），对蒸气压缩式热泵（制冷）系统主要由压缩机、蒸发器、冷凝器和节流阀组成。压缩机（Compressor）起着压缩和输送循环工质从低温低压处到高温高压处的作用，是热泵（制冷）系统的心脏；蒸发器（Evaporator）是输出冷量的设备，它的作用是使经节流阀流入的制冷剂液体蒸发，以吸收被冷却物体的热量，达到制冷的目的；冷凝器（Condenser）是输出热量的设备，从蒸发器中吸收的热量连同压缩机消耗功所转化的热量在冷凝器中被冷却介质带

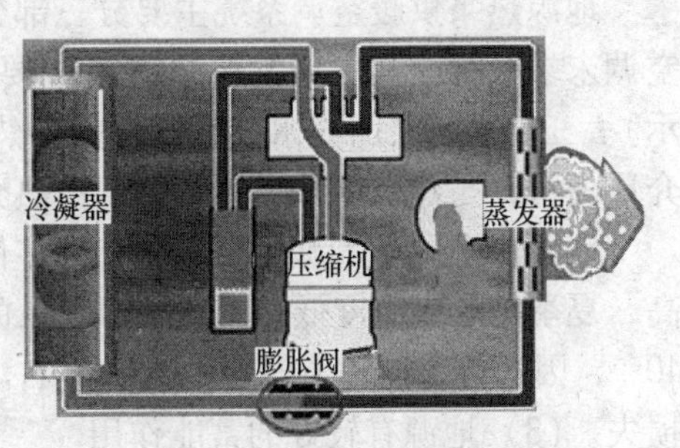

图 6-1　热泵工作原理

走，达到制热的目的；膨胀阀（expansion valve）或节流阀（throttle valve）对循环工质起到节流降压作用，并调节进入蒸发器的循环工质流量。根据热力学第二定律，压缩机所消耗的功（电能）起到补偿作用，使循环工质不断地从低温环境中吸热，并向高温环境放热，周而往复地进行循环。

6.1.3 热泵机组的分类

热泵机组是需要冷凝器的热量，蒸发器则从环境中取热，此时从环境取热的对象称为热源；相反制冷是需要蒸发器的冷量，冷凝器则向环境排热，此时向环境排热的对象称为冷源。蒸发器、冷凝器根据循环工质与环境换热介质的不同，主要分为空气换热和水换热两种形式。这样热泵机组或制冷机根据与环境换热介质的不同，可分为水-水式、水-空气式、空气-水式和空气-空气式共四类。

利用空气作冷热源的热泵，称之为空气源热泵。空气源热泵有着悠久的历史，而且其安装和使用都很方便，应用较广泛。但由于地区空气温度的差别，在我国典型的应用范围是长江以南地区。在华北地区，冬季平均气温低于零摄氏度，空气源热泵不仅运行条件恶劣，稳定性差，而且存在结霜的问题，导致效率低下。利用水作冷热源的热泵，称之为水源热泵。水是一种优良的热源，其热容量大，传热性能好，一般水源热泵的制冷、供热效率高于空气源热泵，但由于受水源的限制，水源热泵的应用范围远不及空气源热泵。

6.1.4 地源热泵工作原理及分类

地源热泵是利用水与地能（地下水、土壤或地表水）进行冷热交换来作为热泵的冷热源，冬季把地能中的热量取出来，供给室内采暖，此时地能为热源；夏季把室内热量取出来，释放到地下水、土壤或地表水中，此时地能为冷源，如图 6-2 所示。

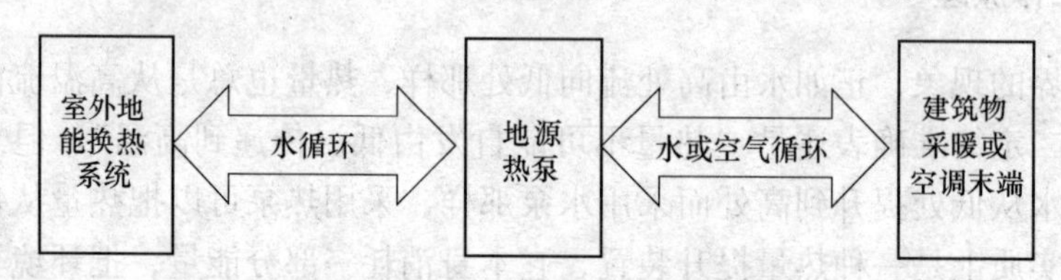

图 6-2 地源热泵能量转换原理

地源热泵供暖空调系统主要分三部分：室外地能换热系统、地源热泵机组和室内采暖空调末端系统。其中地源热泵机组主要有两种形式：水-水式或水-空气式（如图 6-3 所示）。三个系统之间靠水或空气作为换热介质进行热量的传递，地源热泵与地能之间换热介质为水，与建筑物采暖空调末端换热介质是水或空气。

地源热泵同空气源热泵相比有许多优点：（1）全年温度波动小。冬季温度比空气温度高，夏季比空气温度低，因此地源热泵的制热、制冷系数要高于空气源热泵，一般可高于40%，因此可节能和节省费用40%左右。（2）冬季运行不需要除霜，减少了结霜和除霜的损失。（3）地源有较好的蓄能作用。

6.1.5 地源应用分类

地表浅层是一个巨大的太阳能集热器，收集了 47%的太阳能量，比人类每年利用能量

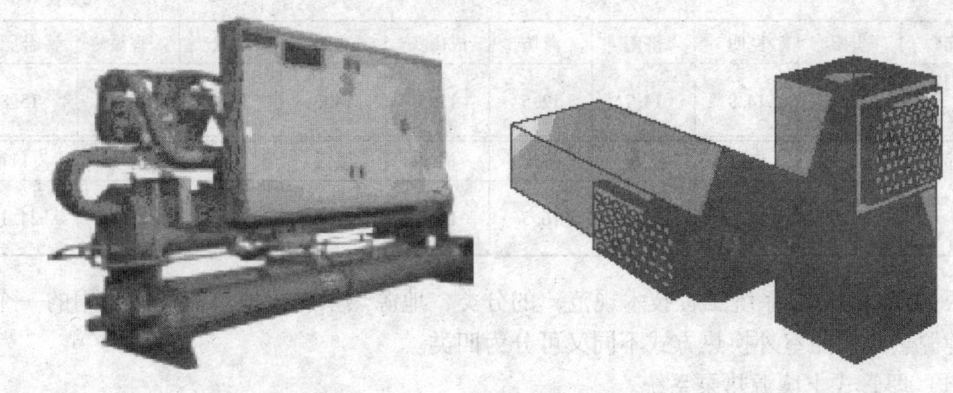

图 6-3 地源热泵机组的形式

的 500 倍还多。地表浅层地热资源的温度一年四季相对稳定，冬季比环境空气温度高，夏季比环境空气温度低，是热泵很好的供热热源和供冷冷源，其温度变化如图 6-4 和图 6-5 所示。

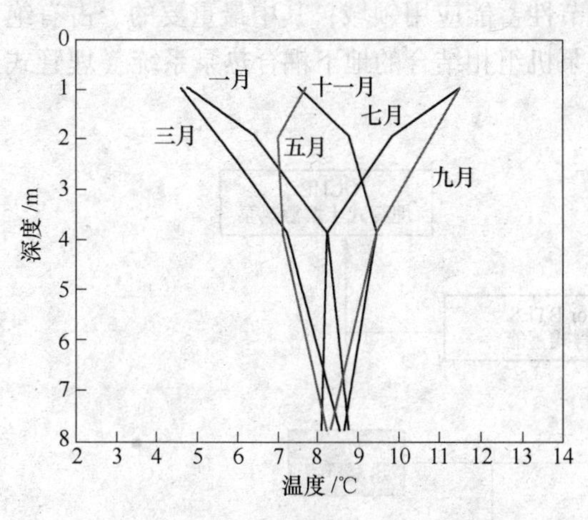

图 6-4 月平均温度随深度的变化情况

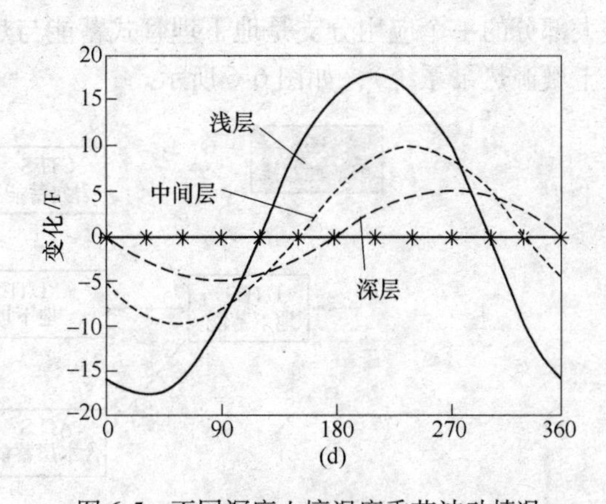

图 6-5 不同深度土壤温度季节波动情况

地源热泵的应用要处于合适的气候地区：地下岩土层与含水层温度在 10～20℃范围内。以下为全国 36 个城市全年平均气温，见表 6-1。我国华北及长江流域比较适宜采用地源热泵系统。

表 6-1 全国 36 个城市全年平均气温

城市	哈尔滨	长春	沈阳	大连	北京	天津	石家庄	太原	呼和浩特
年平均气温/℃	4.2	5.7	8.4	10.9	12.3	12.7	13.4	10.0	6.7
城市	西安	延安	兰州	西宁	银川	乌鲁木齐	拉萨	成都	重庆
年平均气温/℃	13.7	9.9	9.8	6.1	9.0	7.0	8.0	16.1	17.7

续表 6-1

城市	贵阳	昆明	济南	潍坊	成山头	郑州	武汉	宜昌	合肥
年平均气温/℃	15.3	14.9	14.7	12.5	11.5	14.3	16.6	16.8	15.8
城市	长沙	南京	上海	杭州	福州	厦门	广州	南宁	海口市
年平均气温/℃	17.0	15.5	16.1	16.5	19.8	20.6	22.0	21.8	24.1

根据《地源热泵系统工程技术规范》的分类，地源热泵属于地热能资源利用的一个大类，地源热泵按照室外换热方式不同又可分为四类。

（1）埋管式土壤源热泵系统。

（2）地下水热泵系统。

（3）单井换热热井。

（4）地表水热泵系统。

根据循环水是否为密闭系统，地源又可分为闭环和开环系统。北欧及中欧部分国家倡导利用浅层地热以及地下蓄能为建筑物提供冬夏季供暖及空调，这些国家更为关注地下季节性蓄能应用，地源热泵又可以归类于地下季节性蓄能应用领域，其中最重要的、占有绝大部分的一个应用分支是地下埋管式蓄能与热泵机组相结合的地下耦合热泵系统（埋管式土壤源热泵系统），如图 6-6 所示。

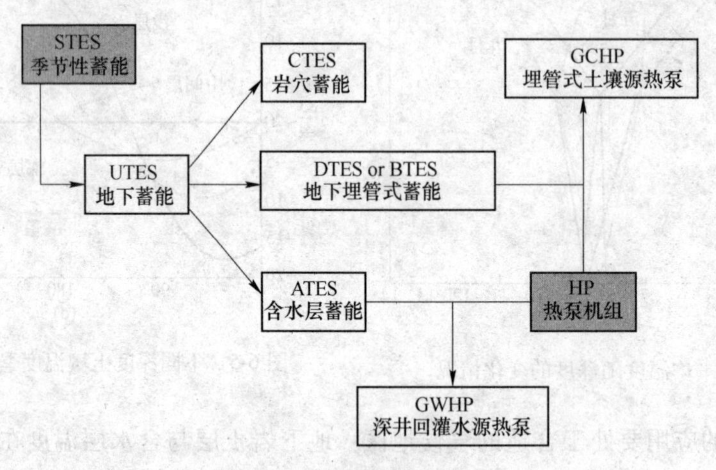

图 6-6 蓄能地源热泵分类

6.2 地源热泵系统的分类与应用方式

6.2.1 地源热泵系统的分类

6.2.1.1 埋管式土壤源热泵系统

埋管式土壤源热泵系统也称地下耦合热泵系统或土壤热交换器地源热泵，包括一个土壤耦合地热交换器，它或是水平地安装在地沟中，或是以 U 形管状垂直安装在竖井之中。

通过中间介质（通常为水或者是加入防冻剂的水）作为热载体，使中间介质在土壤耦合地热交换器的封闭环路中循环流动，从而实现与大地土壤进行热交换的目的。

（1）水平埋管地源热泵系统：比较简单的方式是，当室内负荷比较小，土壤换热器长度比较短，可以把与单回路管子随开挖土方施工直接埋入地下，如图 6-7 所示。

图 6-7　水平埋管地源热泵系统

当室内负荷比较大，土壤换热器长度比较长，就需要考虑换热器的布置问题，常有的布置方式有以下两种。

1）串联式水平埋管：将地下水平埋管换热管串接成一个或有限的几个独立的水循环管路，如图 6-8 所示。优点是结构简单，缺点是管路系统流动阻力大，且部分管路段换热效果差。

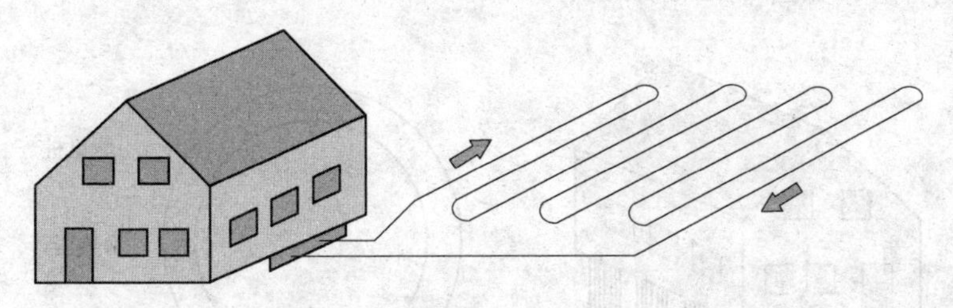

图 6-8　串联式水平埋管

2）并联式水平埋管：将地下水平埋管换热管并联连接成一起，形成一个独立的水循环管路，如图 6-9 所示。优点是管路系统流动阻力小，且管路段换热比较均匀；缺点是连接比较复杂，且可能产品换热管路间的水力不平衡。

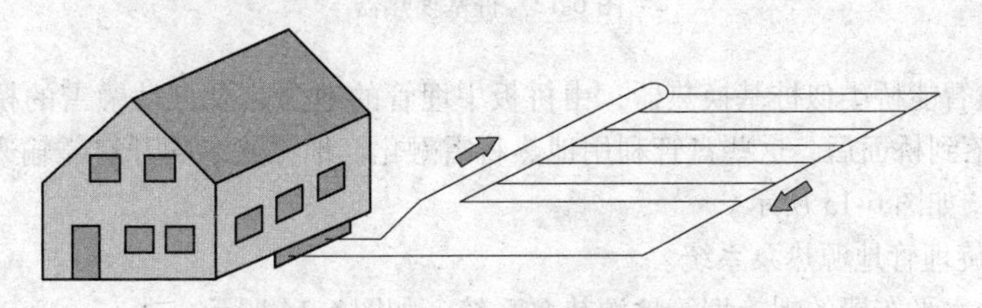

图 6-9　并联式水平埋管

（2）垂直埋管地源热泵系统

1）换热器井管路直接接入机房：比较简单的方式是当室内负荷比较小，土壤换热器长度比较短，换热器井数比较少可以直接接入机房，如图 6-10 所示。

2）换热器井管路汇集到集水器：当室内负荷比较大，土壤换热器长度比较长，就需要考虑换热器井群的布置问题，一般是若干口井汇集到集水器中，然后统一由干管接入机房，如图 6-11 所示。

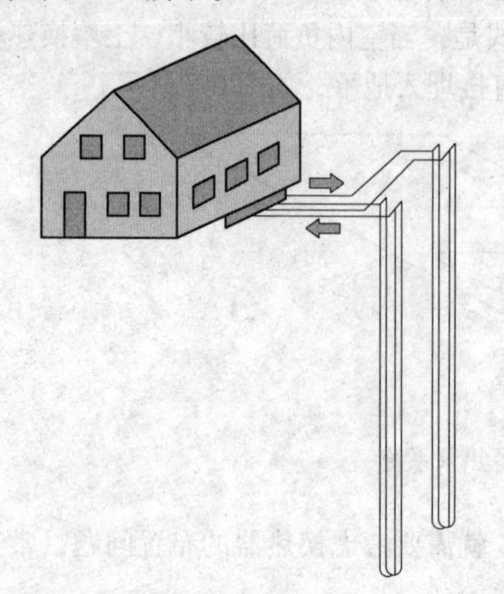

图 6-10 换热器井管路直接接入机房

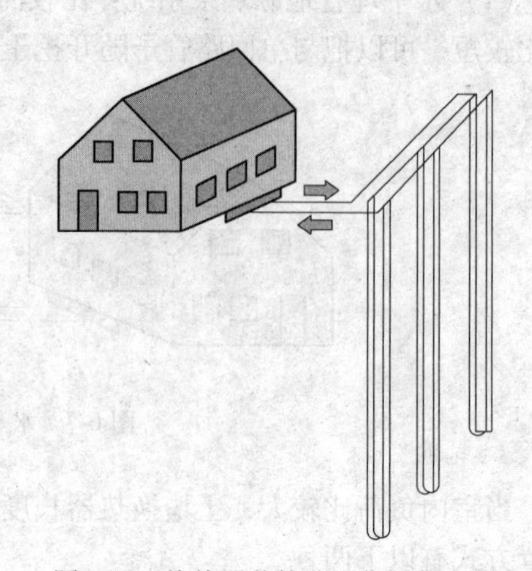

图 6-11 换热器井管路汇集到集水器

3）垂直埋管地源热泵系统有一种特殊形式叫桩基换热器（或叫做能量桩），即在桩基里布设换热管道，如图 6-12 所示。

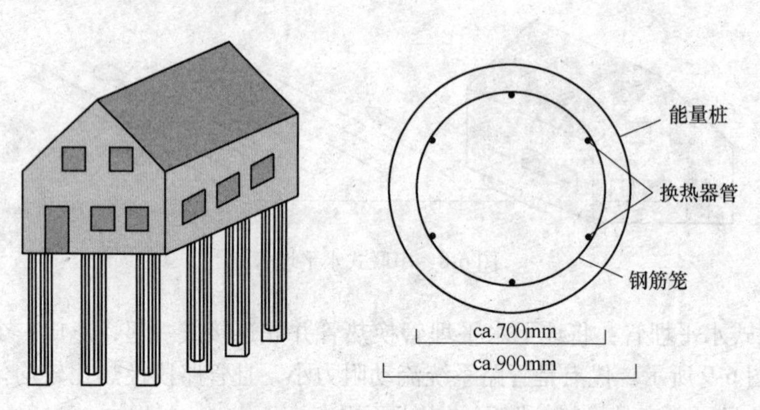

图 6-12 桩基换热器

4）地热智能桥类似桩基换热器，由桥板中埋管的地源热泵自动融雪的桥被称为地热智能桥。雪落到桥面后，这些盘管利用地热将雪融化。地源热泵的开启靠输入的当地气象参数来控制，如图 6-13 所示。

（3）螺旋埋管地源热泵系统。

1）长轴水平布置的螺旋埋管地源热泵系统，如图 6-14 所示。

2）长轴竖直布置的螺旋埋管地源热泵系统（盘旋布置埋管地源热泵系统），如图 6-15 所示。

3）沟渠集水器式螺旋埋管地源热泵系统：螺旋埋管地源热泵系统有一种特殊布置形式叫沟渠集水器式螺旋埋管地源热泵系统，也有学者把它归到多层水平埋管地源热泵系统，如图 6-16 所示。

图 6-13　地热智能桥

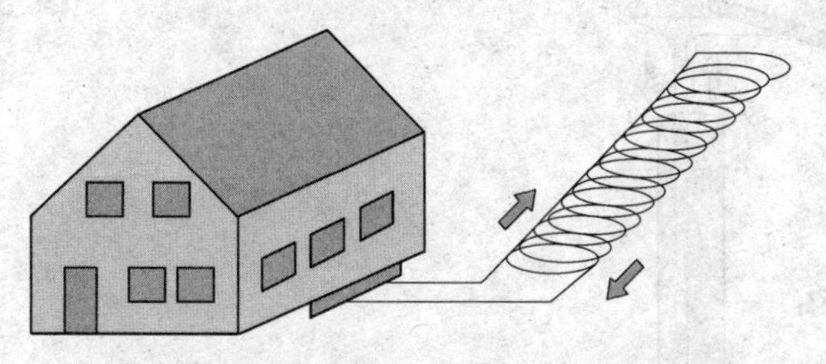

图 6-14　长轴水平布置的螺旋埋管地源热泵系统

图 6-15　盘旋布置埋管地源热泵系统

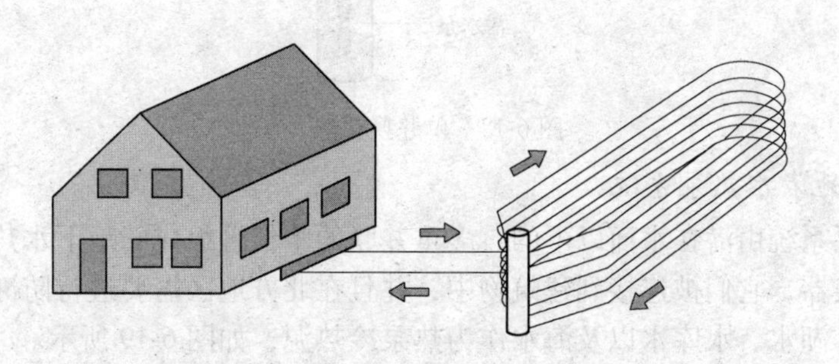

图 6-16　沟渠集水器式螺旋埋管地源热泵系统

6.2.1.2　地下水热泵系统

地下水热泵系统也就是通常所说的深井回灌式水源热泵系统，如图 6-17 所示。通过建造抽水井群将地下水抽出，通过二次换热或直接送至水源热泵机组，经提取热量或释放热量后，由回灌井群灌回地下。无论是深井水，还是地下热水都是热泵的良好的低位热源。地下水位于较深的地方，由于地层的隔热作用，其温度随季节气温的波动很小，特别是深井水的水温常年基本不变，对热泵的运行十分有利。深井水的水温一般约比当地气温高 1~2℃。通常系统包括带潜水泵

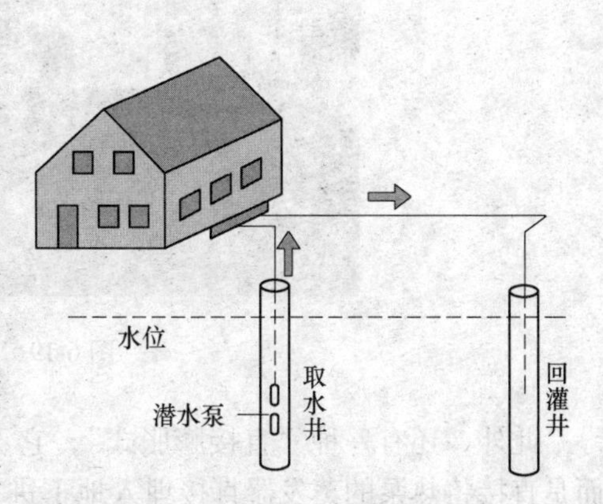

图 6-17　深井回灌式水源热泵系统

的取水井和回灌井。板式热交换器采取小温差换热的方式运行。

单井换热热井也就是单管型垂直埋管地源热泵，在国外常称为“热井”。这种热井在地下水位以上用钢套作为护套，直径和孔径一致；地下水位以下为自然孔洞，不加任何固井设施。热泵机组出水直接在孔洞上部进入，其中一部分在地下水位以下进入周边岩土换热，其余部分在边壁处与岩土换热。换热后的流体在孔洞底部通过埋至底部的回水管被抽取作为热泵机组供水。这一方式主要应用于岩石地层，典型孔径为 150mm，孔深 450m。如图 6-18 所示。

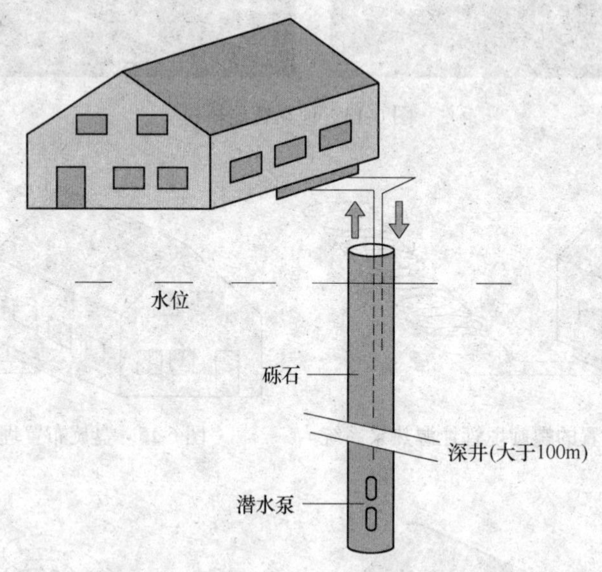

图 6-18　单井换热热井

6.2.1.3　地表水热泵系统

地表水热泵系统由潜在水面以下的、多重并联的塑料管组成的地下水热交换器，它取代了土壤热交换器，它们被连接到建筑物中，并且在北方地区需要进行防冻处理。利用包括江水、河水、湖水、水库水以及海水作为热泵冷热源，如图 6-19 所示。

图 6-19　地表水热泵系统

此外，还有一种“直接膨胀式”，它不像上述系统那样采用中间介质水来传递热量，而是直接将热泵的蒸发器直接埋入地下进行换热，即制冷剂直接进入地下回路进行换热，由于取消了板式或者套管式换热器，换热效率有所提高，但是由于制冷剂使用量比较大，整体经济性和安全性不高。

6.2.2 地源热泵应用方式

地源热泵的应用方式从应用的建筑物对象可分为家用和商用两大类。

(1) 家用系统。用户使用自己的热泵、地源和水路或风管输送系统进行冷热供应，多用于小型住宅、别墅等户式空调，原理结构如图 6-20 所示。

(2) 商用系统。商用地源热泵系统的原理结构如图 6-21 所示，从输送冷热量方式可分为集中系统、分散系统和混合系统。

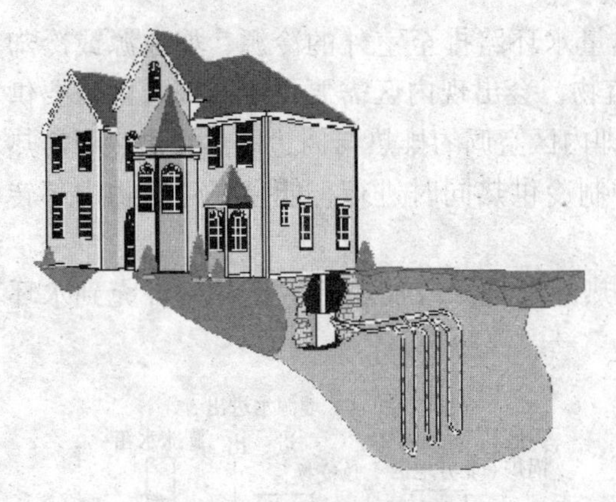

图 6-20 家用地源热泵系统

图 6-21 商用地源热泵系统

1) 集中系统：热泵布置在机房内，冷热量集中通过风道或水路分配系统送到各房间，如图 6-22 所示。

2) 分散系统：用中央水泵，采用水环路方式将水送到各用户作为冷热源，用户单独使用自己的热泵机组调节空气，如图 6-23 所示。一般用于办公楼、学校、商用建筑等，此系统可将用户使用的冷热量完全反应在用电上，便于计量，适用于目前的独立热计量要求。

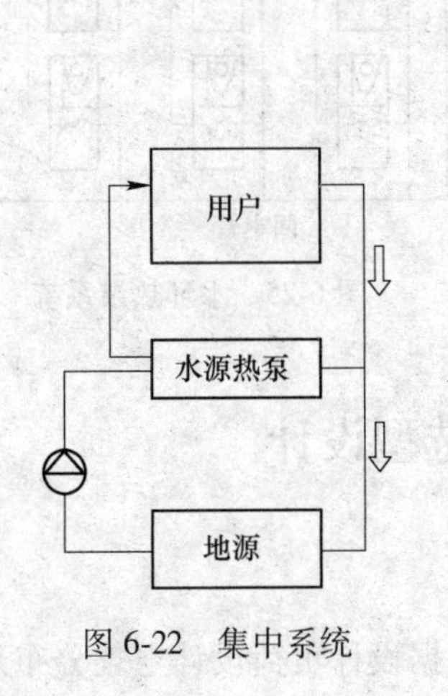

图 6-22 集中系统

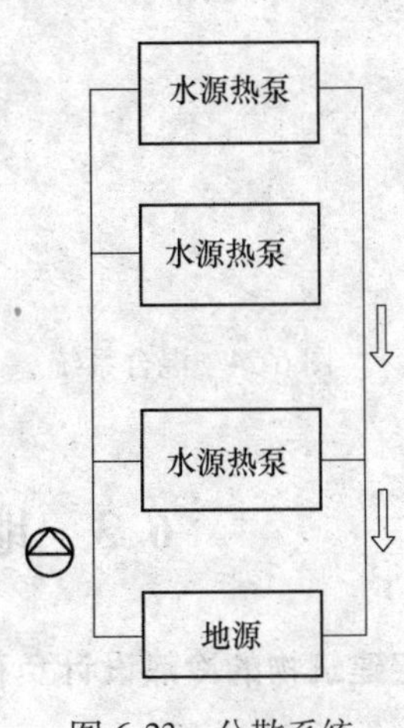

图 6-23 分散系统

3）混合系统：将地源和冷却塔或加热锅炉联合使用作为冷热源的系统。混合系统与分散系统非常类似，只是冷热源系统增加了冷却塔或锅炉，如图 6-24 所示。

南方地区冷负荷大，热负荷低，夏季适合联合使用地源和冷却塔，冬季只使用地源。北方地区热负荷大，冷负荷低，冬季适合联合使用地源和锅炉，夏季只使用地源。这样可减少地源的容量和尺寸，节省投资。分散系统或混合系统实质上是一种水环路热泵空调系统形式。

4）水环路热泵空调系统：它由许多台水源热泵空调机组成。这些机组由一个闭式的循环水管路连在一起，该水管路既作空调工况下的冷源，又作供暖工况下热泵热源。水环路的冷热源可以是地源，或锅炉、冷却塔联合方式。

夏季运行：全部或大多数机组为供冷，热量水环路排至室外的冷源，如地源或冷却塔。春季/秋季运行：对有内区与周边区的建筑物，会出现内区需要供冷而周边区需要供热的情况，内区的热量就可被周边区所利用，即内区空调的排热与周边区热泵供热所需热量接近平衡时，室外的冷热源可以停运。这种制冷供热同时进行，能量在建筑物内部转移，运行费用最少，节能效果明显。

冬季运行：全部或大多数机组为供热，供热源（地源或加热源）把热量补充到水环路。如图 6-25 所示。

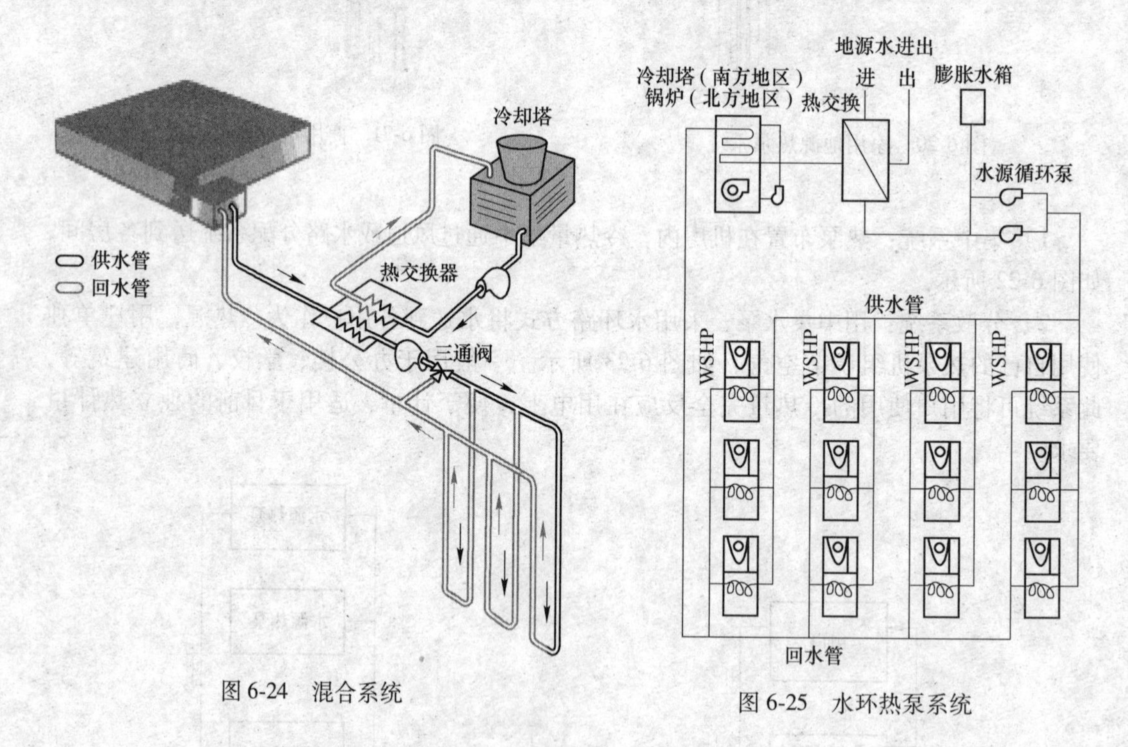

图 6-24 混合系统

图 6-25 水环热泵系统

6.3 地源热泵的系统选型设计

6.3.1 确定建筑物的冷热设计负荷

设计负荷是用来确定系统设备的大小和型号的，根据设计负荷设计空气分布系统（送风口、回风口和风管系统），设计负荷的计算必须以当地设计日的标准设计工况为依据。在确定建筑物的最大负荷时，必须逐时计算出每个房间、每个区域所必需的负荷信息，并求出其中的最大值。

为了进一步分析土壤热泵系统的能耗情况，必须对建筑物进行必要的能耗计算。通常所采用的方法有度日法、温频法和逐时法。

度日法是最简单的计算方法，但通常结果不理想。当系统运行效率取决于室外空气条件时，不能采用度日法计算该系统的能耗，例如土壤热泵系统。

温频法是将全年温度划分为若干组，分别计算系统在每个温度组内的能耗量。温频法考虑到了外空气的影响和部分负荷工况的影响，而且该方法可以通过精确划分满足特殊系统的要求。温频法计算能耗对于手算和计算机计算都很方便。

逐时法主要是用于需要确定大量细节的大型建筑的能耗计算，由于其计算量非常大，通常采用计算机计算。

6.3.2 热泵机组的选择

对住宅和商业系统来说，设备通常是一个机组模块，一旦选定一个机组，则许多参数都是固定的，调节的余地不大。例如土壤热泵的设计水流量的调节范围也是有限的。因此，系统的其他部分如风机盘管系统或土壤换热器以及防冻循环泵等都必须与热泵的制热（冷）量要求相匹配。在大型建筑热泵系统内，一般要采用二次输送系统。在这种系统中，中央机组应满足建筑物的最大负荷。而二次输送系统中的空气处理器的换热能力应满足该区域的当地负荷。

6.3.2.1 热泵容量的选择

热力循环原理表明同一热泵不可能同时满足冷热两种负荷。选择热泵容量的依据究竟是热负荷还是冷负荷呢？这个问题的解决首先要考虑人的舒适感。当系统的制冷量大于冷负荷时，系统必须频繁启动，这会造成盘管的平均温度升高，同时又不能去除室内空气中的湿度，频繁的循环还会降低设备的使用寿命，降低运行效率，增加制冷过程的运行费用，设备选得过大也会增加系统的初投资。因此，在江淮地区选择热泵一般情况下应该以冬季热负荷为依据。由于在南方地区冷负荷相对较高，而冬季的热负荷相对较低。在这种情况下，设备容量的选择可以适当偏大，但一般不要超过热负荷的25%。

6.3.2.2 热泵性能的确定

假定其他变量如空气体积流量、室内空气温度等保持不变，则土壤热泵的性能取决于热泵的进水温度，所以必须确定室外空气和进水温度之间的关系。进水温度与多个因素有关，如一年的运行时间、土壤类型、土壤换热器的类型、大小等。当季节变化时，如果系统不频繁运行，进水温度大约和地下土壤的温度相同。

6.3.3 地源热泵循环水的换热量计算

由于无论是土壤热泵系统的土壤换热器，还是水源热泵系统的管井或者是地表水热泵系统的地表水换热器，它们的设计都需要知道在某一特定阶段内从地下吸取的热量或释放到地下的热量，即地源热泵循环水的换热量，该热量通常应满足一年中最冷月和最热月的要求。在供冷季节，输入系统的所有能量都必须释放到地下，这些能量包括系统热负荷、系统耗功量和循环水泵的耗功量。循环泵耗功量可近似为泵的耗功量与热泵运行小时数的乘积。在供热季节，从地下吸收的热量等于设备的制热量减去输入的电功。输入的热量包括压缩机耗功量和循环水泵的耗功量。

冬、夏季地下换热量分别是指夏季向土壤排放的热量和冬季从土壤吸收的热量。计算如下：

$$Q_{11}=Q_1\times(1+1/COP_1) \tag{6-1}$$

$$Q_{12}=Q_2\times(1-1/COP_2) \tag{6-2}$$

式中，Q_{11}为夏季向浅层地表排放的热量，kW；Q_1为夏季设计总冷负荷，kW；Q_{12}为冬季从浅层地表吸收的热量，kW；Q_2为冬季设计总热负荷，kW；COP_1为设计工况下水-水热泵机组的制冷系数；COP_2为设计工况下水-水热泵机组的供热系数。

水-水热泵的产品样本中都给出不同进出水温度下的制冷量、制热量以及制冷系数、供热系数，计算时应从样本中选用设计工况下的COP_1、COP_2。若样本中无所需的设计工况，可以采用插值法计算。

6.3.4 选择室内末端系统

土壤热泵系统的室内末端系统选择相当灵活，可以采用多种方式。例如风机盘管系统、地板采暖方式、全空气系统等。通常采用风机盘管系统时，空气分布系统的设计主要考虑以下三个方面：

(1) 选择安装风管的最佳位置。

(2) 根据室内的得热量/热损失计算来选择并确定空气分布器和回风格栅的位置。

(3) 根据热泵的风量和静压力，布置风管的走向，确定风管的尺寸。

室内末端系统一般采用既能供热又能供冷的设计，因此设计时必须二者兼顾。一个不能提供舒适性环境的系统运行时效率必然很低。土壤热泵系统通常采用两种类型的送风系统：地板四周下送风系统和吊顶上送风系统。

对于只有一层的建筑来说，热泵系统的送风装置的理想安装位置就是沿房间外墙地板或四周的地板。这种送风方式是处理过的空气形成一股垂直向上分散的气流，这使系统无论在冬季还是夏季都能保证良好的气流分布和良好的舒适感。地板下送风系统通常采用吊顶回风或上回风方式回风。上回风系统中，顶棚周围的热空气由于虹吸作用被吸入回风管内，当系统开始运行时冷空气从地板由下向上流动，并充满整个房间。由于在制冷运行期间，将最热的空气返回系统，故系统的效率较高。

由于经过土壤热泵系统处理的空气比空气源热泵处理的空气温度高，但比从锅炉出来的空气温度要低，为了保证能有一个舒适的环境，设计的风管和散流器应能向室内送入足够的风量。

6.3.5　其他注意事项

（1）与常规空调系统类似，需在高于闭式循环系统最高点处（一般为 1m）设计膨胀水箱或膨胀罐、放气阀等附件。

（2）在某些商用或公用建筑物的土壤热泵系统中，系统的供冷量远大于供热量，导致地下热交换器十分庞大，价格昂贵，为节约投资或受可用地面积限制，地下埋管可以按照设计供热工况下最大吸热量来设计，同时增加辅助换热装置（如冷却塔+板式换热器，板式换热器主要是使建筑物内环路可以独立于冷却塔运行）承担供冷工况下超过地下埋管换热能力的那部分散热量。该方法可以降低安装费用，保证土壤热泵系统具有更大的市场前景，尤其适用于改造工程。

6.4　土壤热泵系统的土壤换热器设计

6.4.1　土壤换热器埋管的布置形式

目前地源热泵地下埋管换热器主要有两种布置形式（如图 6-26 所示），即水平埋管和垂直埋管。选择方式主要取决于场地大小、当地土壤类型以及挖掘成本，如果场地足够大且无坚硬岩石，则水平式较经济；如果场地面积有限时则采用垂直式布置，很多场合下这是唯一的选择。实际工程中往往在现场勘测结果的基础上，考虑现场可用地表面积、当地土壤类型以及钻孔费用，确定热交换器采用垂直竖井布置或水平布置方式。尽管水平布置通常是浅层埋管，可采用人工挖掘，初投资一般会便宜些，但它的换热性能比竖埋管小很多，并且往往受可利用土地面积的限制，故一般采用垂直埋管布置方式。

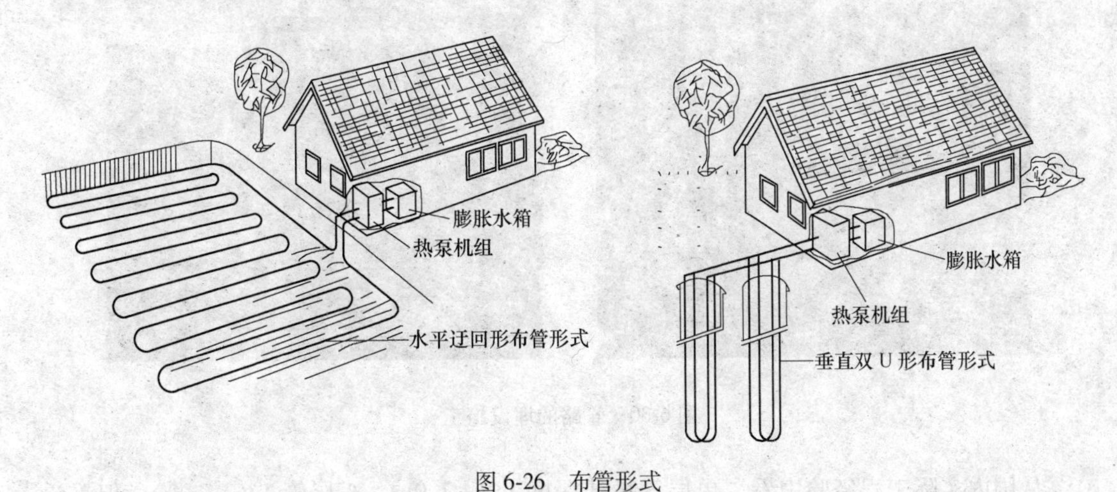

图 6-26　布管形式

6.4.1.1　水平埋管

水平埋管主要有单沟单管、单沟双管、单沟二层双管、单沟二层四管、单沟二层六管等形式（如图 6-27 所示），由于多层埋管的下层管处于一个较稳定的温度场，换热效率好于单层，而且占地面积较少，因此应用多层管的较多。

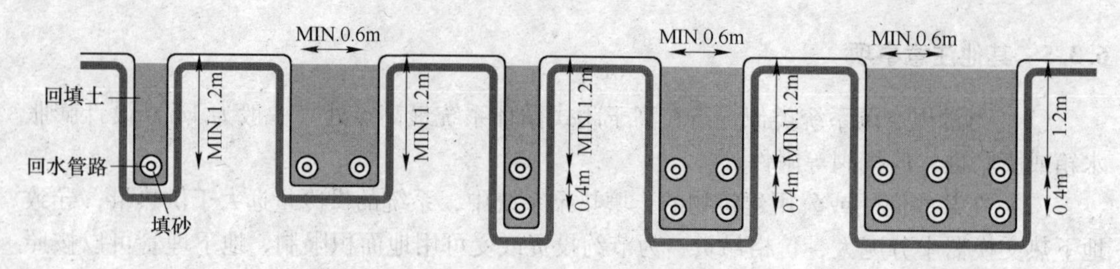

图 6-27　水平埋管形式

近年来国外又新开发了两种水平埋管形式，一种是扁平曲线状管（如图 6-28 所示）；另一种是螺旋状管（如图 6-29 所示）。它们的优点是使地沟长度缩短，而可埋设的管子长度增加。

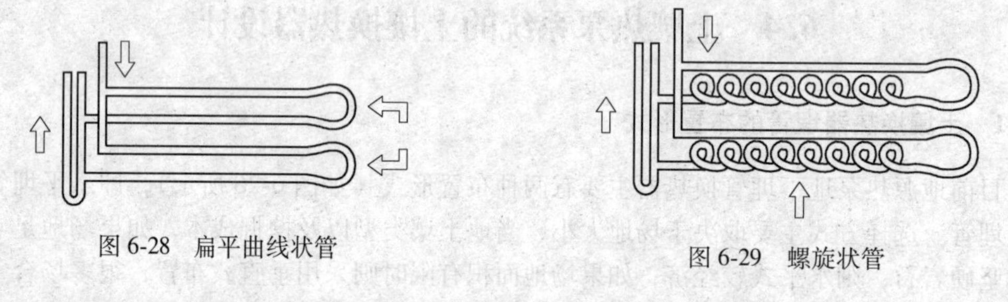

图 6-28　扁平曲线状管

图 6-29　螺旋状管

管路的埋设视岩土情况而定，可采取挖沟或大面积开挖方法，在商用建筑的施工中常借助水利工程相关施工机械如开渠机等（如图 6-30 所示）。

图 6-30　管路的埋设施工

从国内实际工程经验中看，单层管最佳深度 1.2～2.0m，双层管 1.6～2.4m，但无论任何情况均应埋在当地冰冻线以下。由于水平管埋深较浅，其埋管换热器性能不如垂直埋管，而且施工时，占用场地大，在实际使用中，往往是单层与多层互相搭配；螺旋管优于直管，但不易施工。由于浅埋水平管受地面温度影响大，地下岩土冬、夏热平衡好，因此适用于单季使用的情况（如欧洲只用于冬季供暖和生活热水供应），对冬、夏冷暖联供系统使用者很少。位于美国北方一工程水平埋管系统的典型实例显示，地下埋管换热器有效换热量为 70kW，系统液体的流量为 13.6m^3/h（3.8L/s）。24 个循环回路，12 条沟，沟间距 1.5m。每个回路的换热负荷 2.92kW，液体流量 0.57m^3/h（0.158L/s），单位换热量的液体流量为 0.195m^3/h · kW（3.25L/min · kW）。可利用的面积为 83m×30m=2490m^2。

6.4.1.2 垂直埋管

根据埋管形式的不同，一般有单 U 形管、双 U 形管、套管式管、小直径螺旋盘管和大直径螺旋盘管、立式柱状管、蜘蛛状管等形式；按埋设深度不同分为浅埋（小于 30m）、中埋（31~80m）和深埋（大于 80m）。

目前使用最多的是单 U 形管（single-U-pipe）、双 U 形管（double-U-pipe）、简单套管式管（simple Coaxial pipe），如图 6-31 所示。

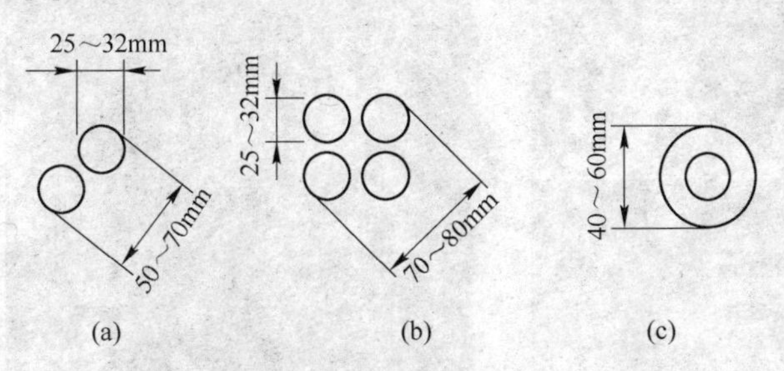

图 6-31 垂直埋管形式

（a）单 U 形管；（b）双 U 形管；（c）简单套管式

（1）U 形管型是在钻孔的管井内安装 U 形管，一般管井直径为 100~150mm，井深 10~200m，U 形管径一般在 ϕ50mm 以下（主要是流量不宜过大所限）。由于其施工简单，换热性能较好，承压高，管路接头少，不易泄漏等原因，U 形管是目前应用最多的管材。如美国加州斯托克斯大学供应了 48 万平方米空调建筑的地源热泵系统，有 390 个深度超过 120m 的地下埋管，据介绍，采用这种地源热泵系统较常规空调每年可节约各种费用 45.5 万美元，其中能量费用 33 万美元，节电 25%，节约燃料费 70%。

国外有的工程把 U 形管捆扎在桩基的钢筋网架上，然后浇灌混凝土，不占用地面，这种技术称为桩基换热器或是能量桩。也有直接在建筑物框架内直接埋设布置管道，作为厚板埋管工程（embedded pipework slab）的一个应用，（如图 6-32 所示）。如瑞士某工厂地源热泵系统从 600 个桩基中吸收热量或冷量，用于 2 万平方米建筑物的供暖和制冷。

（2）套管式换热器的外管直径一般为 100~200mm，内管为 ϕ(15~25)mm。由于增大了管外壁与岩土的换热面积，因此其单位井深的换热量高，根据文献试验结果，其换热效率较 U 形管提高 16.7%。其缺点是套管直径及钻孔直径较大，下管比较困难，初投资比 U 形管高；在套管端部与内管进、出水连接处不好处理，易泄漏，因此适用于深度不大于 30m 的竖埋直管，对中埋采用此种形式宜慎重。为防止漏水，套管端部封头部分宜由工厂加工制作，现场安装，以保证严密性。

6.4.2 土壤换热器的埋管深度

水平埋管埋设情况比较简单。关于竖直埋管的埋设深度应根据当地地质情况，工程及场地的大小，投资及使用的钻机性能等情况综合考虑。结合国情与工程实践，其中有几点

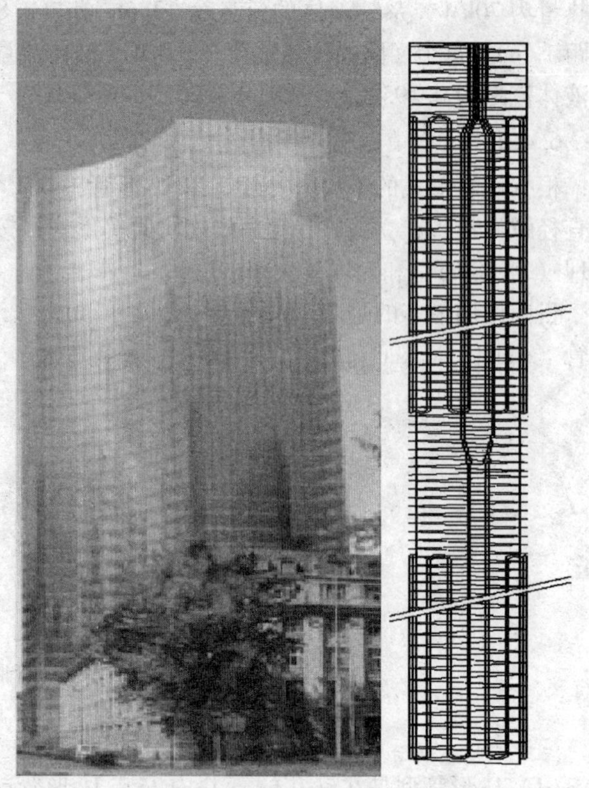

图 6-32 埋管工程

应注意到：(1) 钻井深 60m 以内井深的钻机成本少，费用低，如果大于 60m，其钻机成本会提高；(2) 井深 80m 以内，可用国产普通型承压（承压 1.0MPa）塑料管，如深度大于 80m，需采用高承压塑料管，其成本大大增加；(3) 据比较，井深 50m 的造价比 100m 的要低 30%~50%。上述是针对地面中央机房而言，如果采用分室型的水源热泵系统还要考虑建筑高度的影响。

一般来讲，浅埋管优点是投资少、成本低、钻机要求不高，可使用普通承压（0.6~1.0MPa）的塑料管，由于受地面温度影响，一般地下岩土冬、夏热平衡性较好。其缺点是占用场地面积大、管路接头多、埋管换热效率较中深埋者低。

深埋管优点是占用场地面积小、地下岩土温度稳定、换热效率高、单位管长换热量大、管路接头少。其缺点是投资大、成本高、需采用高承压（1.6~2.0MPa）塑料管、钻机性能要求高；由于深层岩土温度场受地面温度影响很小，因此必须注意冬季吸热量和夏季排热量的平衡，否则将影响地源热泵的长期使用效果。在国外，有的采用在系统中加装冷却塔和辅助加热的措施，帮助地下岩土实现热平衡。

中埋管介于浅、深埋两者之间，塑料管可用普通承压型。从统计的国、内外工程实例看，中埋的地源热泵占多数。在实际工程中采用水平式还是垂直式埋管、垂直式埋管深度多大（如图 6-33 所示），取决于场地大小、当地岩土类型及挖掘成本。如场地足够大且无坚硬岩石，则水平式较经济，如果采用布管机进行多管布置还可减少场地占用面积。当场地面积有限时则应采用垂直式埋管，很多情况下这是唯一选择，如果场地中有坚硬的岩石，则必须更换专用的钻岩石的钻头，如图 6-34 所示。

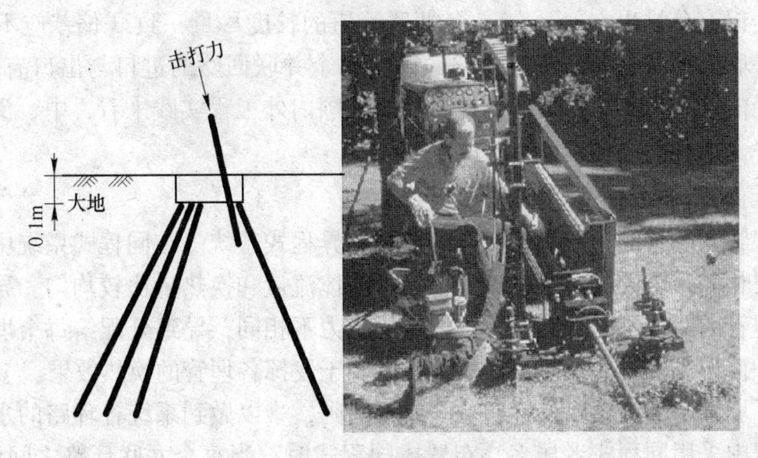

图 6-33 埋管深度

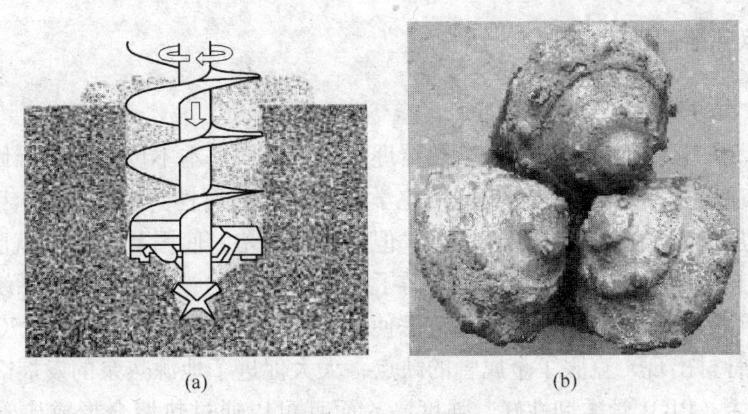

图 6-34 钻岩石的钻头
(a) 钻沙土用钻头；(b) 岩石专用钻头

6.4.3 地下埋管系统环路方式

6.4.3.1 串联方式和并联方式

在串联系统中，几口井（水平管为管沟）只有一个流通通路；并联方式是一口井（管沟）有一个流通通路，数口井有数个流通通路。美国北方一典型的并联系统，地下埋管换热器换热量 70kW，孔间距 4.5m，与建筑物边界间距 3m，占地面积为 45m×15m = 675m^2。在同样埋管的换热量下，垂直埋管比水平埋管换热器占地面积少 73%左右。

串联方式的优点：(1) 一个回路具有单一流通通路，管内积存的空气容易排出；(2) 串联方式一般需采用较大直径的管子，因此对于单位长度埋管换热量来讲，串联方式换热性能略高于并联方式。其缺点：(1) 串联方式需采用较大管径的管子，因而成本较高；(2) 由于系统管径大，在冬季气温低的地区，系统内需充注的防冻液（如乙醇水溶液）多；(3) 安装劳动成本增大；(4) 管路系统不能太长，否则系统阻力损失太大。

并联方式的优点：(1) 由于可用较小管径的管子，因此成本较串联方式低；(2) 所需防冻液少；（3）安装劳动成本低。其缺点：（1）设计安装中必须特别注意确保管内流体流速较高，以充分排出空气；（2）各并联管道的长度尽量一致（偏差应不大于10%），以保证每个并联回路有相同的流量；（3）确保每个并联回路的进口与出口有相同的压力，使用较大管径的管子做集箱，可达到此目的。从国内外工程实践来看，中、深埋管采用并联方式者居多，浅埋管采用串联方式的多。

6.4.3.2 同程式和异程式

根据分配管和总管的布置方式，有同程式和异程式系统。在同程式系统中，流体流过各埋管的流程相同，因此各埋管的流动阻力、流体流量和换热量比较均匀。异程式系统中流体通过各埋管的路程不同，因此各个埋管的阻力不相同，导致分配给每个埋管的流体流量也不均衡，使得各埋管的换热量不均匀，不利于发挥各埋管的换热效果。

由于地下埋管多环路难以设置调节阀或平衡阀，难以做到系统各环路的水力平衡，因此在实际工程中采用同程式者居多。布置成同程式时，当每个并联环路之间流量平衡时，其换热量相同，其压降特性有利于提高系统能力。

6.4.4 土壤换热器的埋管材料

6.4.4.1 管材选择

一般来讲，一旦将地下埋管系统换热器埋入地下后，基本不可能进行维修或更换，因此地下的管材应首先要保证其具有良好的化学稳定性、耐腐性。20世纪60年代以前，地下埋管多用金属管，虽然它的传热性能好，但耐腐蚀性差，使用10~20年就已腐蚀坏，严重降低了地源热泵的使用寿命，因此也阻碍了地源热泵的发展。地下埋管系统换热器需要埋入地下的管道的数量较多，多半优先考虑使用价格较低的管材。20世纪70年代，性价比优异的树脂管材出现，克服了金属管的缺点，大大促进了地源热泵的发展。由于聚乙烯（PE）和聚丁烯（PB）管柔韧性好，强度高，而且可以通过热熔合形成比管子自身强度更好的连接接头，可以在额定温度和压力工况下保证使用50年以上，因此在国外地源热泵系统中得到了广泛应用。由于PVC（聚氯乙烯）管的导热性差和可塑性不好，不易弯曲，接头处耐压能力差，容易导致泄漏，因此在地源热泵系统中不推荐用PVC管。为了强化地下埋管的换热，国外有的提出采用薄壁（0.5mm）的不锈钢钢管，但目前实际应用不多。

6.4.4.2 选择埋管种类应注意的问题

（1）了解制造商提供管子所属的“管子体系”，该管子是由何种树脂制作而成，抵抗环境应力致裂的能力，有关管子材料说明和安装方法（PE材料按照国际上统一的标准划分为五个等级：PE32级、PE40级、PE63级、PE80级和PE100级。用于地源热泵管道PE管的生产为高密度聚乙烯HDPE，其等级是PE80、PE100两种）。

（2）应选择导热系数大、流动阻力小、热膨胀性好、工作压力符合系统要求、工作温度-20~70℃、售价相应较低的管材。

（3）在保证要求的情况下，选择的管材管壁尽量薄，配套用管件不应选择金属的，最好选用相同材料或工程塑料尼龙等材料制造的管件。

（4）应要求厂家提供管子阻力计算用的图、表或相应的数据。

(5) 能按用户要求的管子长度成捆供应，以减少埋管接头数量。

(6) 选用管子时注意管子的外径、内径及厚度。一般常用的塑料管规格：De25（ϕ25×2.3 最大外径 25.3PE80）；De32（ϕ32×3.0，最大外径 32.3PE80）；De63（ϕ63×5.8，最大外径 63.3PE100）。

6.4.4.3　管件与连接

(1) 常见的各种管件，如图 6-35 所示。

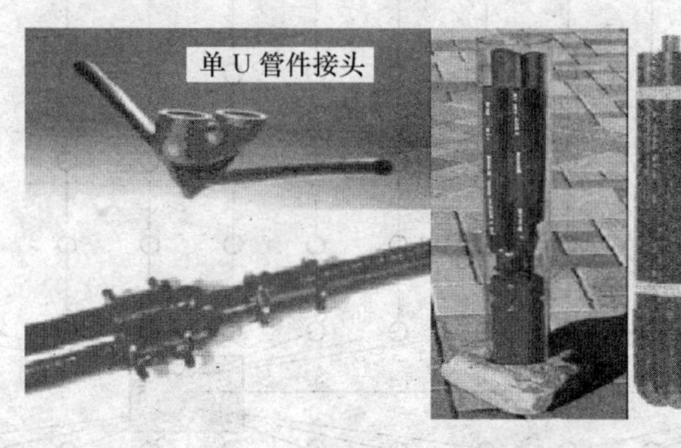

图 6-35　管件

(2) 管群的常用连接方式，如图 6-36 所示。

(3) 管子连接方法（如图 6-37 所示）有热熔连接和电熔连接（采用这两种连接方式的优点是接口处的强度甚至比管材本身的强度更高），前者由于价格优势被经常采用又可以分为两种：承接连接和对接连接，对于小管径常采用前者。

6.4.5　确定埋管管长与埋管间距

地下热交换器长度的确定除了需要已确定的系统布置和管材外，还需要有当地的土壤技术资料，如地下温度、传热系数等（可以通过热响应实验测得，如图 6-38 所示）。

6.4.5.1　水平埋管——确定管沟数目及间距

在方案设计阶段中，可以利用管材“换热能力”来估算埋管管长。换热能力即单位埋管管长的换热量，水平埋管单位管材“换热能力”在 20~40W/m（管长）；设计时可取换热能力的下限值，单沟单管埋管总长具体计算公式如下：

$$L = 2\times Q\times 1000/20 \tag{6-3}$$

式中，L 为埋管总长，m；Q 为冬季从土壤取出的热量，kW；20 为每米管长冬季从土壤取出的热量，W/m。

单沟双管、单沟二层双管、单沟二层四管、单沟二层六管布置时分别乘上 0.9、0.85、0.75、0.70 的热干扰系数（热协调系数）。视现场情况和工程大小，埋管可沿建筑物周围布置成任意形状，如线形、方形、矩形、圆弧形等等。但为了防止埋管间的热干扰，必须保证埋管之间有一定的间距。该间距的大小与运行状况（如连续运行还是间歇运行，间歇运行的开、停机比等）、埋管的布置形式（如单行布置，只有两边有热干扰；多排布置，四面均有热干扰）等有关。

建议串联每沟 1 管，管径 31.75~50.8mm，即 De40~De63；串联每沟 2 管，管径 31.75~38.1mm，即 De40~De50。并联每沟 2 管，管径 25.4~31.75mm，即 De32~De40；

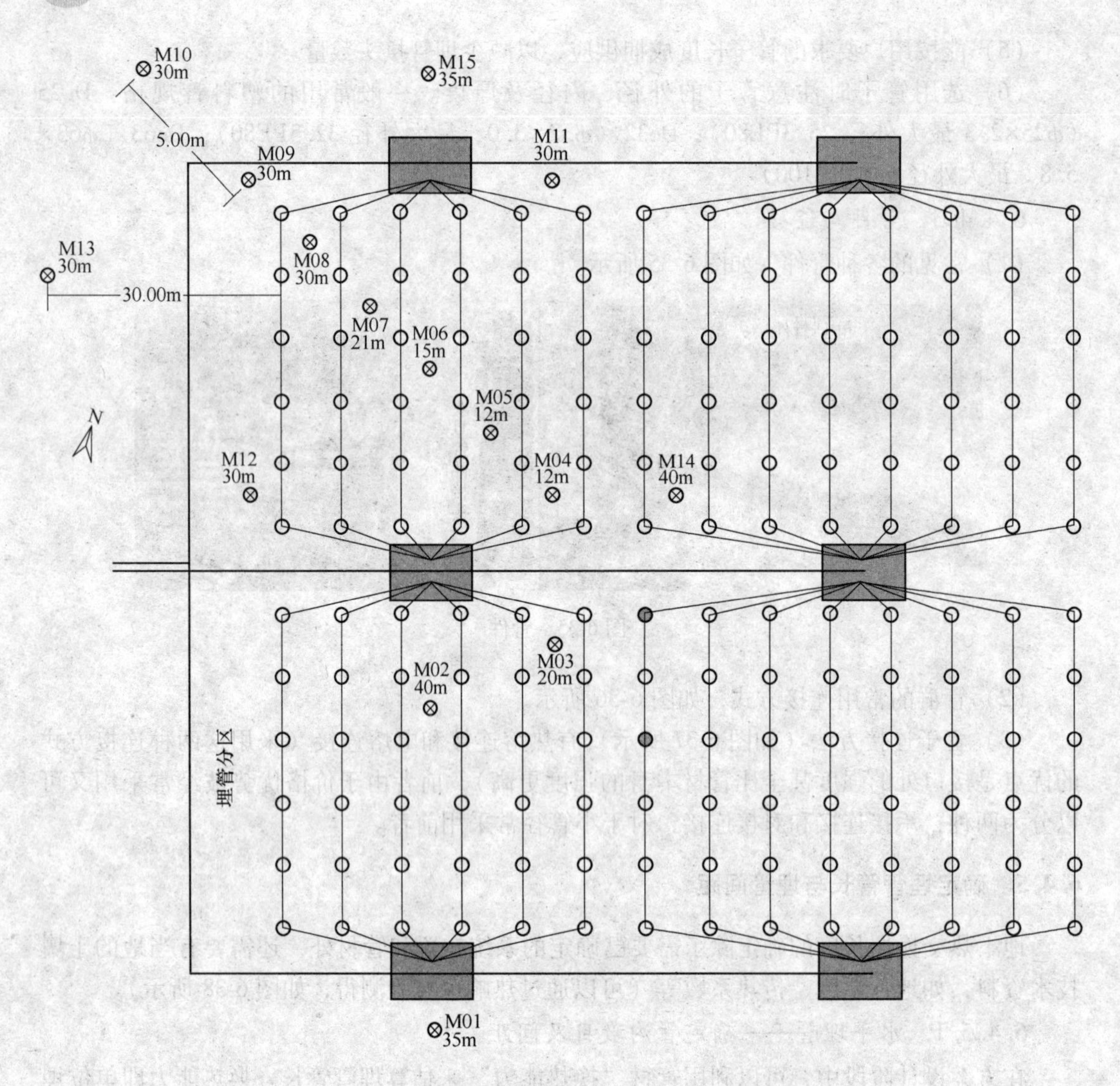

图 6-36 管群的常用连接方式

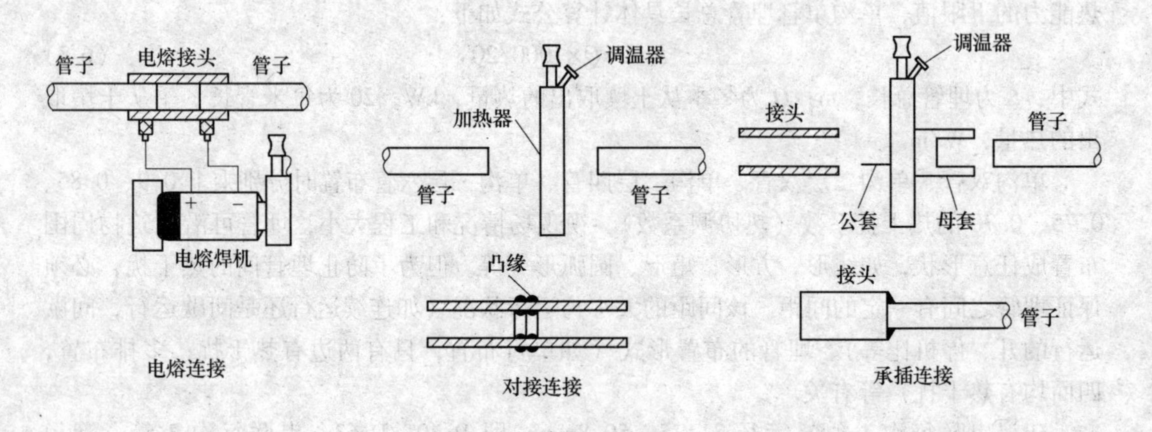

图 6-37 管子连接

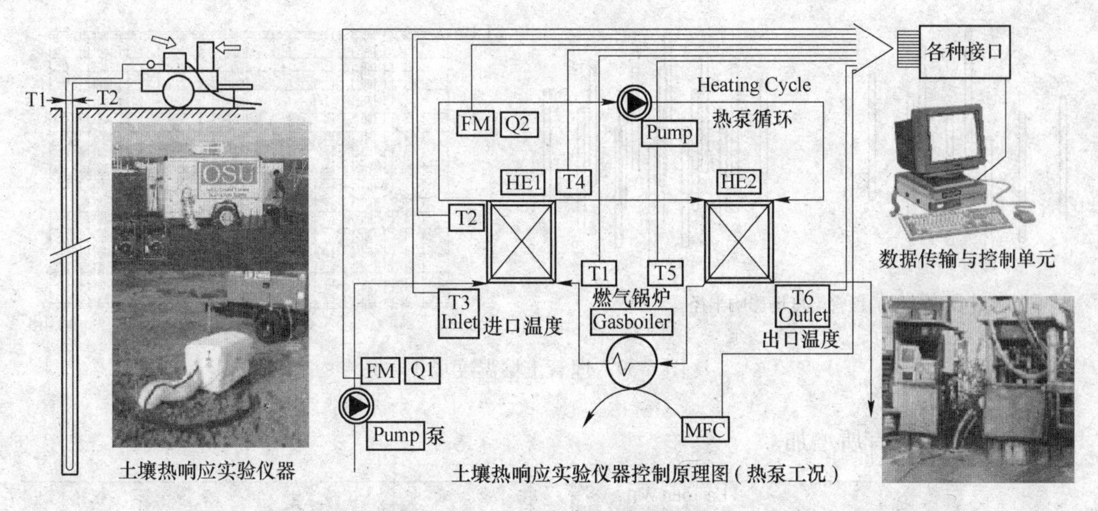

图 6-38　土壤热响应测试原理

并联每沟 4~6 管，管径 19. 05~25. 4mm，即 De25~De32。

管沟间距：每沟 1 管的间距 1. 2m，每沟 2 管的间距 1. 8m，每沟 4 管间距 3. 6m。管沟内最上面管子的管顶到地面的最小高度不小于 1. 2m。

6. 4. 5. 2　垂直埋管——确定竖井数目及间距

在垂直埋管换热器的方案设计阶段中，也可以利用管材“换热能力”来估算埋管管长。这时换热能力即单位垂直埋管深度换热量，一般垂直单 U 形管埋管为 60~80W/m（井深），垂直双 U 形管约为 80~100W/m（井深），设计时可取换热能力的下限值。

垂直双 U 形管埋管总长具体计算公式如下：

$$L=4\times Q\times 1000/80 \tag{6-4}$$

式中，L 为埋管总长，m；Q 为冬季从土壤取出的热量，kW；80 是每米管长冬季从土壤取出的热量，W/m。

国外竖井深度多数采用 50~100m，设计者可以在此范围内选择一个竖井深度 H，代入式（6-5）计算竖井数目：

$$N=L/(4\times H) \tag{6-5}$$

式中，N 为竖井总数，个；L 为竖井埋管总长，m；H 为竖井深度，m。

然后对计算结果进行整理，若计算结果偏大，可以增加竖井深度，但不能太深，否则钻孔和安装成本大大增加。根据多种 GSHP 传热模型的计算机模拟计算，长期间歇运行的垂直埋管地源热泵间距 3m 左右较适合；一般仅考虑取热（冬季）埋地盘管的间距取 4m，放热（夏季）埋地盘管间距约为 5m。综合考虑冬、夏工况，U 形管埋地换热器管间距应大于 5m，如图 6-39 和图 6-40 所示。

关于竖井间距的工程实际经验是工程较小，埋管单排布置，地源热泵间歇运行，埋管间距可取 3. 0m；工程较大，埋管多排布置，地源热泵间歇运行，建议取间距 4. 5m；若连续运行（或停机时间较少）建议取 5~6m。考虑到管群的管井垂直度不可能绝对控制好，建议连续运行的管群至少间隔为 6. 0m 以上（若采用串联连接方式，可采用三角形布置来节约占地面积）。当然从换热角度分析，间距大、热干扰少，对换热有好处，但占地面积

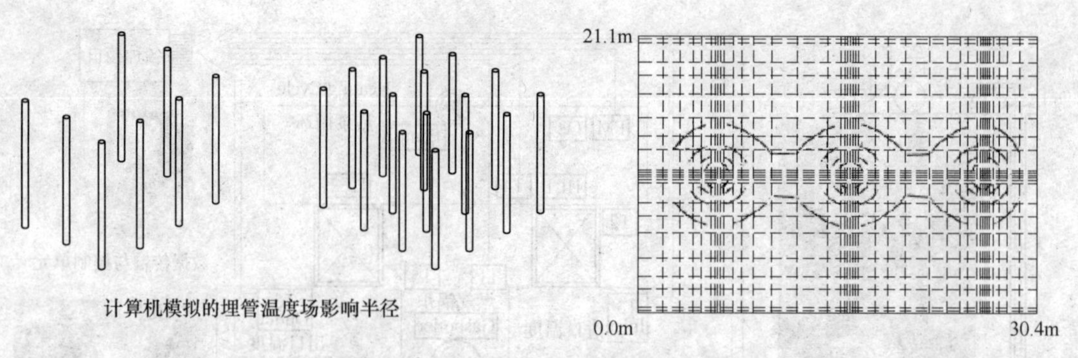

图 6-39 埋管土壤温度场 1

大，埋管造价也有所增加。

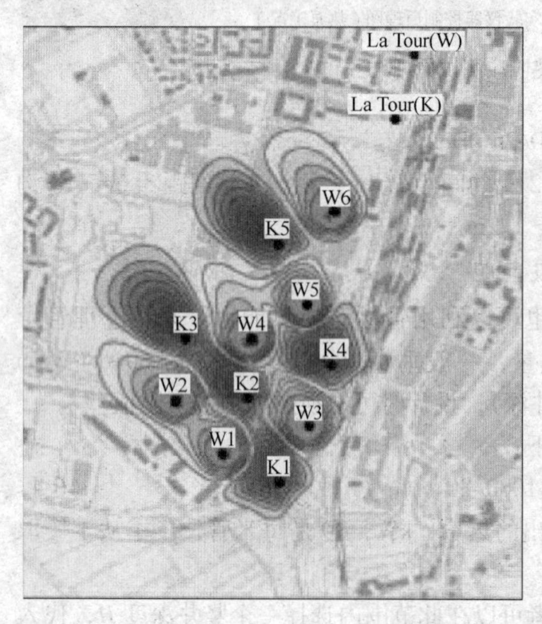

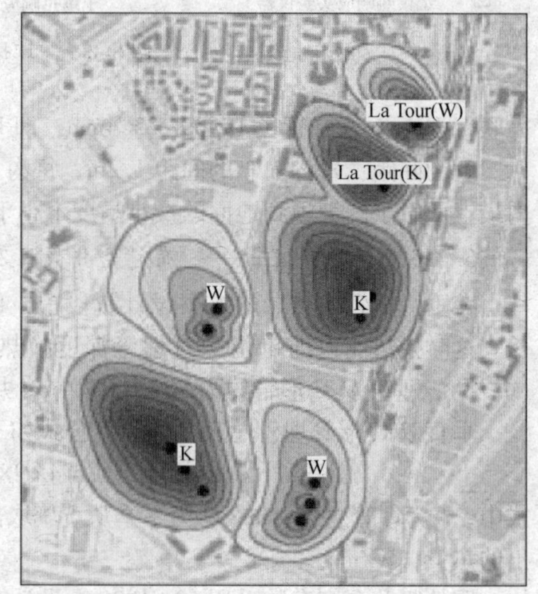

图 6-40 埋管土壤温度场 2

6.4.6 埋管系统的管径选择及水力和换热计算

6.4.6.1 管径的选择原则

在选择和设计管径时应考虑如下问题：(1) 从运行费上考虑管径越大越好，以降低泵的输送功率，减少平时的运行费；(2) 从初期投资上考虑管径不能太大，必须保证管内流体处于紊流区（*Re* 不小于 2100），以增加流体与塑料管壁的换热系数；(3) 系统环路长度不要太长；(4) 不同的流体对阻力和换热都有影响，因此选择管径时应特别注意。而在实际工程中确定管径必须满足两个要求：(1) 管道要大到足够保持最小输送功率；(2) 管道要小到足够使管道内保持紊流以保证流体与管道内壁之间的传热。显然，上述两个要求相互矛盾，需要综合考虑。一般并联环路用小管径，集管用大管径，地下热交换器埋管常用管径有 20mm、25mm、32mm、40mm、50mm，管内流速控制在 1.22m/s 以下（经验数字在 0.3~1.0m/s 之间），对更大管径的管道，管内流速控制在 2.44m/s 以下或一般把各管段压力损失控制在 $4mH_2O/100m$（$1mH_2O \approx 10kPa$）当量长度以下。

6.4.6.2 埋管内工作流体

在国内南方地区，由于地温高，冬季地下埋管进水温度在0℃以上，因此多采用水作为工作流体；北方地区，冬季地温低，地下埋管进水温度一般均低于0℃，因此一般均需使用防冻液。

防冻液一般应具有使用安全、无毒、无腐蚀性、导热性好、成本低、寿命长等特点。目前应用较多的有：（1）盐类溶液——氯化钙和氯化钠水溶液；（2）乙二醇水溶液；（3）酒精水溶液等。

一般来说，盐溶液具有安全、无毒、无污染、导热性能好、价格低、使用寿命长等优点，其缺点是系统有空气存在时，对大部分金属具有腐蚀性。在正确选用管材、部件和系统内空气被排除干净的情况下，盐溶液是一种很好的防冻液。乙二醇水溶液相对安全、无腐蚀性，具有较好的导热性能，价格适中，但使用寿命有限，且有毒。酒精水溶液具有无腐蚀性、较好的导热性、价格适中、使用寿命长等优点，缺点是有爆炸性和毒性。在使用酒精之前应用水将其稀释，以降低其爆炸的可能性，由于其无腐蚀性，作为防冻液很受欢迎。

6.4.6.3 有关水流量和压力损失

A 计算管道压力损失

在同程系统中，选择压力损失最大的热泵机组所在环路作为最不利环路进行阻力计算。可采用当量长度法，将局部阻力件转换成当量长度，和管道实际长度相加得到各不同管径管段的总当量长度，再乘以不同流量、不同管径管段每100m管道的压降，将所有管段压降相加，得出总阻力。

B 水泵选型

根据上述计算最不利环路所得的管道压力损失，再加上热泵机组、平衡阀和其他设备元件的压力损失，确定水泵的扬程，需考虑一定的安全裕量。根据系统总流量和水泵扬程，选择满足要求的水泵型号及台数。

C 校核管材承压能力

管路最大压力应小于管材的承压能力。若不计竖井灌浆引起的静压抵消，管路所需承受的最大压力等于大气压力、重力作用静压和水泵扬程一半的总和。

D 土壤换热器的选型计算其他注意事项

（1）地下埋管换热器环路压力损失限制在30～50kPa/100m为好，最大不超过50kPa/100m；

（2）地下埋管系统单位为kW，水流量控制在0.045～0.054L/(s·kW）或2.7～3.24L/(min·kW）为好，当水流量大于3.24L/(min·kW）时，泵的消耗功率显著上升；

（3）循环水泵消耗功率 P 与热泵容量名义制冷量之比控制在14.2~21.3W/kW为好；

（4）最小管内流速（流量）。在相同管径、相同流速下，其雷诺数大小依次为水、$CaCl_2$水溶液、乙二醇水溶液，其临界流速比为1：2.12：2.45。说明采用$CaCl_2$和乙二醇水溶液时，为了保证管内的紊流流动，与水相比需采用更大的流速和流量。

（5）不同流体管内换热系数 a_w(W/m^2·K）计算。相同流速、相同管径下，水的换热系数最大。其大小排序为水、$CaCl_2$水溶液、乙二醇水溶液，其具体比值与管径和流速有关，其大小比值约为1∶0.47~0.62∶0.41~0.56。

（6）管路沿程阻力h_f(kPa/100m)计算。由于地下埋管换热器内流动一般均在紊流或紊流光滑（过渡）区内，即2100<Re。在此范围内，根据λ可用布拉修斯公式计算。在相同管径、相同流量下，$CaCl_2$水溶液的h_f为水的1.44倍；乙二醇水溶液的h_f为水的1.28倍。

6.4.7 其他工程建议

（1）室外环路埋管的深度和长度主要取决于当地土壤的导热系数。土壤的导热系数范围通常介于0.6~1.6W/m·K之间。导热系数为1.6的土壤被认为是极好的土壤，尽量避免在土壤导热系数低于1.2的场合使用土壤热泵，因为土壤的传热效果太差会使得系统的初期投资过高。

（2）钻孔是竖埋管换热器施工中最重要的工序。钻孔机械一般可采用中浅孔岩心钻机，钻孔的孔径一般为200mm（单U形管为150mm）左右。钻孔施工前应对埋管场地的地质状况进行了解，特别应注意是否有地下管线及其准确位置。应对地面进行清理，铲除地面杂草、杂物和浮土，平整地面，确定钻孔的具体位置。钻孔过程中产生的泥浆水从钻孔位置冒出地面，施工前制定好排水措施，在排水沟的末端挖一个泥浆池，对钻孔过程中产生的泥浆在泥浆池中沉淀。

（3）下管是工程的关键之一。因为下管的深度决定采取热量总量的多少，所以必须保证下管的深度（一般是将预先装配好的埋管上面标好相应的深度记号，再运到施工现场）。下管一般采用人力下管与机械下管相结合的方式。在施工过程中，由于孔内情况复杂，下管时可能遇到很大的阻力，可以采用下面的方法进行下管：在PE管上套上粗麻绳，辅以扶正机构，通过加力杠杆作用于粗麻绳上，以便下管。实践证明该方法行之有效，一般可增加下管10~20m；另外一种经常采用的方法是用专用的下管器具直接用钻机下管。

（4）为了使热交换器具有更好的传热性，常选用特殊物质制成的专用灌注材料（专用配方回填料）进行注浆。灌注时要求泥浆泵有足够的泵压，保证泥浆上返至地表。同时注浆也必须连续，否则会降低传热效果。注浆管与U形管一并下入孔内进行注浆，当上返泥浆密度与灌注材料的密度相等时，注浆过程结束。回填物中不得有大粒径的颗粒，回填过程必须缓慢进行，以保证充实度，减少传热热阻。早期回填材料使用钻孔时取出的当地原装土壤经过筛分后的土样（去掉其中的砾石和石块）回填，但是往往影响传热效果。

（5）为防止泄漏的发生，U形管换热器应尽量采用成卷供应的管材，以利用单根管制作成一个埋管单元，减少连接管件。在回填之前应对埋管进行试压。确认无泄露现象后方可进行回填，试压压力值一般为管路流体正常工作压力的1.5倍。如果有泄漏发生，则必须再进行现场补接。

（6）钻孔完毕后孔洞内有大量积水，由于水的浮力影响，将对放管造成一定的困难；而且由于水中含有大量的泥沙，泥沙沉积会减少孔洞的有效深度。为此，每钻完一孔，应及时把U形管放入并采取防止上浮的固定措施。在安装过程中，应注意保持套管的内外管同轴度和U形管进出水管的距离。

（7）系统安装完毕，应进行清洗、排污，确认管内无杂质后，方可灌水。

6.5 地下水水源热泵系统的方案设计

6.5.1 地下水系统设计原则

如果有足够的地下水量、水质较好，有开采手段，当地规定又允许，就可考虑应用此系统。下面介绍一些基本原则：

（1）水井流量要求由计算出来的最大得热量和最大释热量确定。

（2）地下水系统应使用板式热交换器进行水井水和建筑物循环水热交换。

（3）对一个开放式系统，建筑物最好是低层结构以便减少水泵耗能。

（4）如果选择一个带有板式热交换器的闭式地下水系统，建筑物的高度就不必考虑。

（5）在寒冷地区，地下水系统的井水侧管道应保温，系统侧的循环水路要求防冻。

（6）对于地下水系统的投资效益比，较大的建筑物比小的建筑物好，因为地下水供回井的投资并不随系统容量的增加而呈线性上升。

（7）对于热泵选择的进水温度取决于深井水的平均水温，深井水的水温一般约比当地气温高1~2℃。我国东北北部地区深井水水温约为4℃；中部地区约为12℃；南部地区约为12~14℃；华北地区深井水水温约为15~19℃；华东地区深井水的水温约为19~20℃；西北地区浅井水水温约为16~18℃，深井水水温约为18~20℃；中南地区浅井水水温约为20~21℃。南京市深井水的水温在18℃左右。

6.5.2 管井的设计步骤

一般情况下管井设计大致可循下列步骤进行。

（1）搜集设计资料和现场勘察。设计资料是设计的基础与依据，正确可靠的资料特别是水文地质资料是保证地下水系统设计质量的先决条件。

现场查勘（踏勘）不仅是收集资料的补充手段，也是管井设计前期工作的一个重要步骤。其目的是了解和核对现有水文地质及其他现场条件资料并发现问题，初步定位及酝酿系统布置方案，按设计阶段任务提出进一步的水文地质勘察要求或其他现场工作要求。

（2）根据含水层的埋藏条件、厚度、岩性、水力状况及施工条件，初步确定管井的形式、构造及取水设备形式。同时根据地下水水位、地下水流向、补给条件和地形地物情况，考虑井群布置方案。

（3）按理论公式或经验公式确定管井的出水量和水位下降值，并在此基础上结合技术要求、设备和施工条件，确定取水设备。如为井群系统，应考虑井群互阻影响，必要时应进行井群互阻计算，确定管井数目、井距、井群布置方案。此外，须设置一定数量的备用井，其数量约为生产井数的10%。

（4）根据上述计算成果进行管井构造设计，包括井室、井壁管、过滤器、沉淀管、填砾层等的构造、尺寸及规格。最后，还须校核过滤器表面渗透速度，当其速度超过允许流速时，应调整过滤器的尺寸（长度或口径）或出水量，以保持含水层的渗流稳定性。过滤器的尺寸应满足下列要求：

$$F=\pi DL \tag{6-5}$$

$$F\geqslant Q/V_{f}$$

式中，F 为过滤器的表面积，m^2，如过滤器外有填砾层，则应以填砾层外围表面积计算；D 为过滤器的外径，m，当有填砾层时，应以填砾层外径计算；L 为过滤器工作部分长度，m，对于无压含水层中过滤器，则 $L=L_{a}-\Delta S$，此处，L_{a} 为过滤器实际长度，ΔS 为水跃值（水跃值是井壁内外动水位差值，其值与地下水通过过滤器外围反过滤层，过滤器进水孔及在过滤器内流动的水头损失有关）通常用下列经验公式计算：

$$\Delta S=a\sqrt{QS/KF}$$

式中，Q 为井的出水量，m^3/d；S 为井的水位下降值，m；F 为过滤器的表面积，m^2；a 为与过滤器构造有关的经验系数，对于完整井可近似地取：包网和填砾过滤器 $a=0.15\sim0.25$，条孔和缠丝过滤器 $a=0.06\sim0.08$。

对于非完整井，ΔS 值可根据井的补完整程度，按上面公式求得的数值增加 25%～50%。在理论公式中井的水位下降值 S_0 指井外壁的水位下降值，故在计算无压含水层中过滤器的表面积时应从过滤器的实际长度中减去 ΔS。此外，在井的运行过程中，由于过滤器及其周围反滤层被堵塞，往往使 ΔS 值迅速增加，因此 ΔS 值的变化也是指示井的运行状态的一个重要参数。

6.5.3 管井的设计其他注意问题

（1）管井结构设计包括井口、井壁管、过滤器和沉淀管的设计。

（2）井孔必须保证井管的安装，井管必须保证抽水设备的正常工作。泵段以上顶角倾斜：安装长轴深井泵时不得超过 1°；安装潜水电泵时不得超过 2°。泵段以下每百米顶角倾斜不得超过 2°，方位角不能突变。

（3）管井深度设计应根据需水量和拟开采含水层（组、段）的埋深、厚度、水质、富水性及其出水能力等因素综合确定。

（4）井孔和井管直径可按以下方法确定：井孔除应能下入井壁管和滤水管外，还应满足围填滤料的要求。井孔终孔直径较井管外径大：采用非填砾过滤器时，应大于 100mm；采用填砾过滤器时，中、粗砂含水层中应大于 200mm，粉、细砂含水层中应大于 300mm。

（5）井壁管和滤水管根据井深、水质、技术和经济条件等，选用钢管、铸铁管、钢筋混凝土管、塑料管、混凝土管、无砂混凝土管等管材。金属井管用管箍丝扣连接或焊接；钢筋混凝土管、塑料管用焊接；混凝土管与无砂混凝土管用粘接加绑扎。

（6）过滤器根据含水层岩性进行选择。过滤器设计应包括填砾过滤器和非填砾过滤器的设计。

（7）过滤器安装位置的上下偏差不得超过 300mm。采用填砾过滤器的管井，井管应位于井孔中心。下井管时要安装井管扶正器，其外径比井孔直径小 30～50mm。根据井深和井管类型确定扶正器的数量，一般间隔 3～20m 安装一组，每井至少安装 2 组。当采用无砂混凝土井管与混凝土井管时，扶正器的数量应适当增加。

（8）井管底部一般应坐落在坚实的基础上，若下部孔段废弃不用时，必须用卵石或碎石填实。

(9) 填砾石滤料必须按标准要求严格筛选，不合格的颗粒含量不得超过15%。滤料除按设计备妥外，还要准备一定的余量。

(10) 管外封闭中滤料顶部至井口段，采用黏土球或黏土块封闭3~5m，剩余部分可用黏土填实；井口周围，浅井可用一般黏土夯实，厚度不小于200mm；中、深井可用黏土球或水泥浆封闭，厚度一般不小于300mm。对不良含水层或非计划开采段，一般采用黏土球封闭，黏土球应用优质黏土制成，直径为25~30mm，以半干为宜。投入前应取非孔内的泥浆做浸泡试验。如水压较大或要求较高时，可用水泥浆或水泥砂浆封闭。选用的隔水层单层厚度应不小于5m。封闭位置应超过拟封闭含水层，上、下各不少于5m。

6.5.4　水井口装置的设计

水井口装置（如图6-41所示）是水井工程的重要部分。在设计时，主要考虑了以下事项：

(1) 设回流管。在自流回灌井中，供回水管分开使用。

(2) 设排污管。在井水回扬时，保证污水顺畅排放。

(3) 防止气体对回灌水造成污染，应阻止大量气体混入回灌水中。

蝶阀1，2为水源水回灌所设，水源水泵开启时，蝶阀1打开，蝶阀2关闭；反之则相反。蝶阀3为回扬排污时用。

6.5.5　除砂器的设计

对于成井后井水中含砂量超过国家有关规定和标准（在实际运行中，会使水源水系统的阀门、管件、换热器等设备或附件造成堵塞，进而会妨碍系统的正常运行）。必须在系统中布置除砂器进行除砂。除砂器的特点是体积小、除砂效率高，可在不间断供水情况下清除水中的砂粒。建议采用旋流式除砂器（如图6-42所示）。

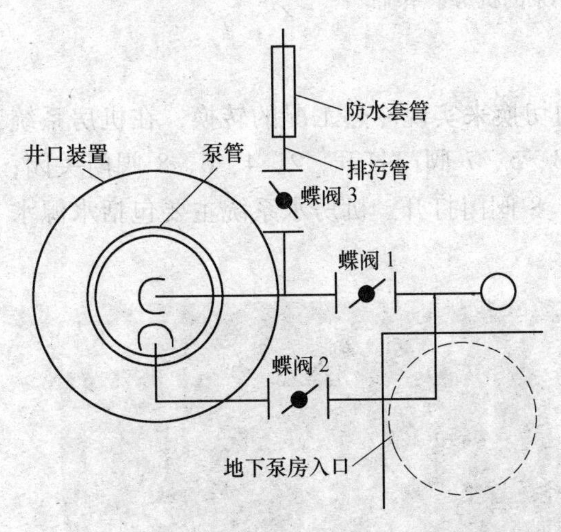

图6-41　典型井口装置示意

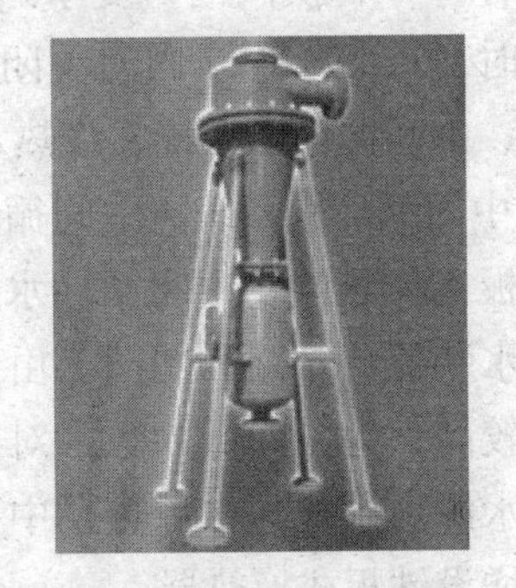

图6-42　旋流式除砂器

6.5.6　机房系统的设计

(1) 机房水系统。图6-43为一典型的双井水源热泵的机房水系统，其他水源热泵的机房水系统的设计类似。

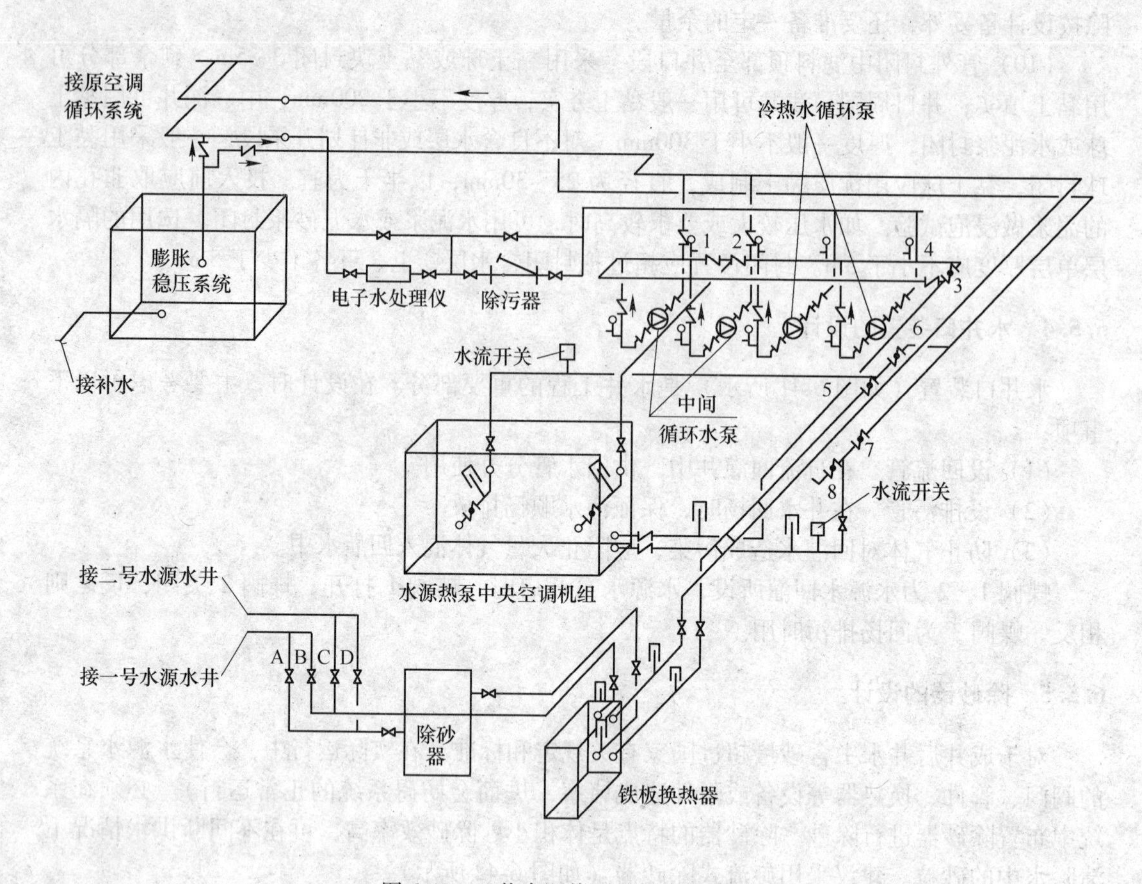

图 6-43 双井水源热泵的机房水系统

水源热泵中央空调系统是靠水路上阀门的切换来实现冷热工况的转换，在机房系统中，共设有 8 个转换阀门，夏季运行时，1、3、5、7 阀门打开，2、4、6、8 阀门关闭；冬季运行时，1、3、5、7 阀门关闭，2、4、6、8 阀门打开。机房水系统主要包括水源水循环系统、中间循环水系统、冷热水循环系统。

（2）中间循环水系统。中间循环水系统包括铁板式换热器、中间循环水泵、中间稳压补水装置、管路和阀门。由于水源水含盐量较高，为了降低水源水对机组的危害，在水源水系统与水源热泵中央空调机组之间增设铁板式换热器。

（3）稳压补水系统。空调机房系统应考虑稳压补水装置。水源水系统与冷热循环水系统可以共用一套稳压补水装置，实际运行效果良好，如图 6-44 所示。

图 6-44 稳压补水系统

6.6 地表水热泵系统的方案设计

6.6.1 地下水系统设计原则

地表水热泵系统换热器设计与制作本身不是很复杂，关键是掌握正确的设计方法。如果条件许可采用地表水换热器方式无疑是最节省投资的选择。但是也正由于它需要足够面积足够深度的水域，而限制了它的使用。但对于临海、临湖、临江面水的建筑仍然是最佳选择。

(1) 可利用人工营造的大型人工水体（人工湖、池塘、水库）作为换热体。

(2) 地表水的表面面积和深度分别为每冷吨（3.516kW）不小于 280m^2 和大于 1.8m 以满足供冷设计工况下的得热量和供热设计工况下的释热量，经验表明，换热器至少设置在 1.5m 以下。

(3) 冬天，地表水的平均温度会显著下降，虽然表面冰层有很好的热阻效应，但在我国北方地区，地表水热泵系统热交换器侧的循环水路还是要求防冻。

(4) 对于热泵选择的进水温度取决于热交换器所在水层的平均温度。供热时从较冷地区的-1.1℃（防冻液）到较热地区的 12.8℃；供冷时从较冷地区的 26.7℃以下到较热地区的 35℃以上。

6.6.2 地表水换热器设计

6.6.2.1 地表水换热器单元环路设计

地表水换热器单元环路编织方式一般分为两大类：捆扎式与非捆扎式。前者在实际工程上应用比较多，根据经验，以上两种编织方式在正常水温条件下每米盘管的散热量均约为 25~40W。捆扎式的环路盘管又可以根据定位块（spacer）的不同进一步分为分离的（严格讲是层分离）的捆扎式环路盘管或未分离的捆扎式环路盘管，具体编制方式如图 6-45~图 6-47 所示。

图 6-45 分离的捆扎环路盘管

图 6-46 未分离的捆扎环路盘管

图 6-47 分离的未捆扎环路盘管

6.6.2.2 地表水热交换器的盘管管材长度计算

一般来说，地表水换热器生产厂家或是专业公司一般按照推荐标准在 1.5m×1.5m 的正方形 PVC 架子上编制地表水换热器单元环路，当地表水介于表中地表水温度之间时，可以通过插值法估算出其相应的进水温度。最常用的编制方式是 26m/kW。显然，在实际应用中，热交换器盘管越短成本越低。

地表水热交换器盘管的长度取决于供冷工况时水环路的最大散热量或者供暖工况时水环路的最大散热量，根据单位冷/热负荷所需盘管长度可得到合适的设计进水温度（低于0℃要采用必要的防冻措施），然后根据建筑负荷计算出来循环水的换热量，可以计算出地表水热交换器所需盘管的总长度。

设计流量决定了地表水源和建筑物之间的距离以及系统预算费用中热交换器的费用，如果认为可行，才能进一步进行方案设计。

6.6.2.3　地表水热交换器盘管的构造与流程设计

确定了热交换器盘管的总长度后还需要进一步设计热交换器盘管的构造与流程，即使用多少个等长的盘管（环路数量）及怎样把盘管连接到集水干管；另外还需要考虑根据现有水体如何布置环路。

（1）地表水换热器环路数量。热交换器盘管的总长度除以地表水换热器单元环路的长度即得地表水换热器环路组数。

（2）环路盘管连接到集水干管的方式，如图6-48所示。根据经验，环行盘管组与组的布置间距从外沿算起，大体控制在1m左右。

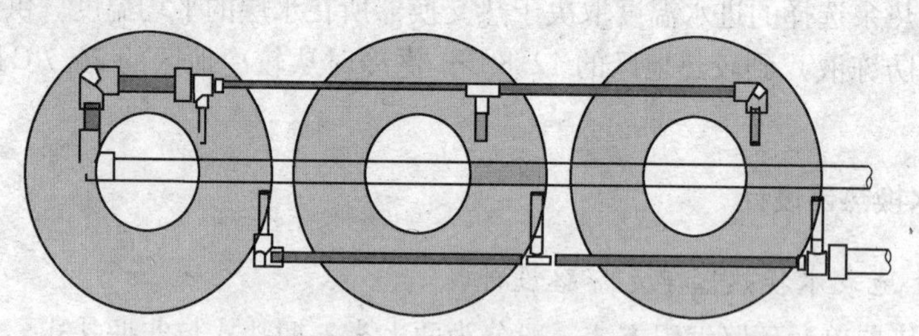

图6-48　环路盘管连接

（3）根据水体，布置环路的方式，如图6-49和图6-50所示。盘管环路示意如图6-51所示。

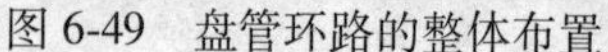

图6-49　盘管环路的整体布置

图6-50　盘管环路的单体布置

6.6.2.4　埋管系统的管径选择及水力计算

A　管径的选择原则

在选择和设计管径时应综合考虑如下问题：（1）管道要大到足够保持最小输送功率；

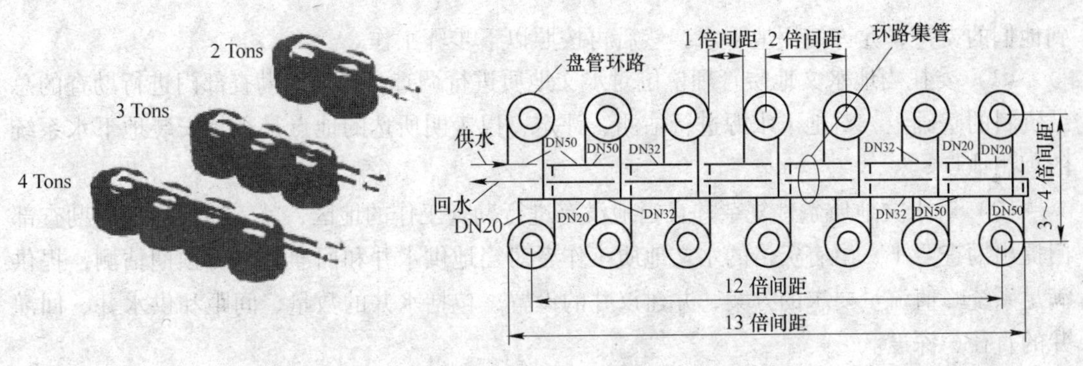

图 6-51　盘管环路示意

（2）管道要小到足够使管道内保持紊流以保证流体与管道内壁之间的传热。一般并联环路用小管径，集管用大管径，热交换器埋管常用管径有 25mm、32mm、40mm、50mm，管内流速控制在 0.4~1.0m/s 之间；对更大管径的管道，管内流速控制在 2.44m/s 以下或一般把各管段压力损失控制在 $4mH_2O/100m$（$1mH_2O \approx 10kPa$）当量长度以下。

B　计算管道压力损失

计算通过最长并联环路（最不利回路）的压降可采用当量长度法，将局部阻力转换成当量长度，和管道实际长度相加得到各不同管径管段的总当量长度，再乘以不同流量、不同管径管段每 100m 管道的压降，将所有管段压降相加，得出总阻力。如果必要，可以使用板式换热器把地表水换热器与建筑的循环水系统分开。另外如果地表水热交换器回路在相同管径、相同流量下添加防冻剂，$CaCl_2$水溶液的沿程阻力系数 h_f为水的 1.44 倍；乙二醇水溶液的沿程阻力系数 h_f 为水的 1.28 倍。

C　水泵选型

根据上述计算最不利环路所得的管道压力损失，再加上热泵机组和其他设备元件的压力损失，确定水泵的扬程，需考虑一定的安全裕量。根据系统总流量和水泵扬程，选择满足要求的水泵型号及台数。

D　校核管材承压能力

管路最大压力应小于管材的承压能力。应充分考虑热交换器盘管布置位置的水力静压，估算时管路所需承受的最大压力等于大气压力、重力作用静压和水泵扬程一半的总和。

6.6.3　地表水换热器其他敷设原则

（1）供、回水主管管沟之间相互平行的总集管环路长度应相等。

（2）供、回水环路主管的管沟应该分开，防止热短路现象。

（3）热交换器盘管应放在水泵的出口一侧，保证空气分离器阻止空气进入地表水换热器。

6.6.4　能量采集系统的设计

6.6.4.1　水源热泵水井的确定

如果考虑使用地下水水源热泵系统，首先应与当地政府的有关管理部门联系，争取得到他们的支持，允许使用地下水，然后再按照以下步骤工作。

（1）委托当地水文地质管理单位对水文地质进行调查，在当地勘查部门进行勘查的总结资料的基础上，对地下水源进行估测、评定，以表明所选的地点是否是安装地下水系统的理想地点。

（2）对水文地质条件复杂并且当地没有进行勘查工作的地区，就需要向当地的勘查部门提出勘查要求，由有资格的水文地质工作者对当地供水井和回灌井进行预期估测，提供满足系统峰值流量要求的方案，并建议井的设置，包括水井的数量、间距和供水井、回灌井的直径、深度。

（3）当地没有做正规的勘查，但有零散的钻井档案，而且水文地质条件简单，或用水量不大的情况时，可不进行全面的勘查工作，但是在大面积建筑物水源热泵系统工程确定方案以前，必须做水文地质钻探。通过钻探可以更直接而且较准确地了解含水层的埋藏深度、厚度、岩性、分布情况、水位和水质等。利用钻井抽水试验，注水试验，从而确定含水层的富水性和水文地质参数，譬如给水度、导水系数、渗透系数、储水系数、水位传导系数、补给系数及越流系数等。对地下水储存量、补给量、容水量和水质的评估，选定满足系统峰值流量要求的最佳方案。

（4）将方案报有关管理部门审批，取得合理开凿地下水许可证。

6.6.4.2 水井的设计

水井的设计将由有经验有资格的水文地质工作者完成。

（1）根据地下水总的取水量，确定单井的预期功能和容量、抽水井的取水量、抽水井的动态水位和回灌井回灌点。

（2）井的位置要选在稳定型水源地，确定井的几何尺寸、钻井数量、井间距及井的具体定位。

（3）大水量用水时，要进行井群的干扰计算，将结果与设计的总水量、控制点的降深、回灌点的要求进行比较，尽量满足要求。

（4）井套管的选材、灌浆和回填材料的确定。

（5）地下水输送系统的排气，防止水锤发生，消除氧气腐蚀，避免水井间的虹吸作用等。

（6）地下水系统是否允许供水井和回灌井在运行过程中互换。

（7）在进行定期的维护避免出现堵塞现象的条件下，回灌井的回灌量不能超出同一井供水量的2/3。

6.6.4.3 地下水资源的保护

（1）尽量减少水源热泵机组对地下水的需求量。采用热泵机组最低允许进液温度与最高允许进液温度之间温度大的机组，充分利用地下水的能量，相应减少地下水的应用量。

（2）增设地下水流程中的过滤、除砂、重力沉淀设施，使回灌水清洁，避免回灌井的堵塞，扩大回灌量。

（3）抽水井和回灌井的深度必须在同一含水层，杜绝不同水质的水层相互连通，防止被污染的潜水与其他承压水混合。

(4) 如果水源热泵系统所确定的水源是已经被污染的水层，可用物理-化学法和生物净化法对污染的地下水进行净化，降低地下水的污染程度。

6.7　地源热泵与地下水保护措施

地源热泵空调系统是一种利用地热资源的既可供热又可制冷的高效节能空调系统。由于它具有节能、环保的特点，使得这项技术在近十几年，尤其是近五年，在北美、北欧一些发达国家得到了较快发展，在我国的市场也日趋活跃。但采用地下水作为热量交换的媒介时，在运行过程中对地下水水量及水质产生了一定影响。因此，在使用该地源热泵系统时应对地下水做些保护措施。

6.7.1　地源热泵对地下水资源的影响

地下水热泵空调系统需要有丰富和稳定的地下水资源作为先决条件。虽然在理论上抽取的地下水可以回灌到地下，但目前国内地下水回灌技术还不成熟，在很多地质条件下回灌的速度大大低于抽水的速度，从地下抽出来的水经换热器后很难被全部回灌到含水层内，造成地下水资源的流失；即使能够把抽取的地下水全部回灌，怎样保证地下水不受污染也是一个难题。

6.7.1.1　对地下水量的影响

在采用地下水的地源（水源）热泵时，地下水回灌过程中回灌井很容易堵塞，回灌一段时间以后必须对回灌井进行回扬，再排出一定水量，然后才能继续回灌。回扬所排出的水量完全弃掉，造成地下水资源的浪费。堵塞原因有以下几种。

(1) 洗井问题。一般地下水中含有大量泥沙，抽水井施工过程中有时没有按要求洗井，大量的护壁泥浆滞留在井壁过滤层外，导致空调运行过程中抽出的水中带有大量的泥质和细沙。这些泥沙经热交换器后，又注入回灌井，附着在过滤网上和含水层中。回灌井也没有达到洗井工艺要求，施工含水层中滞留的泥浆在井壁管周围形成的“泥皮”未能清除，阻塞含水层，降低了含水层的导水能力。这种堵塞的处理方法是对回灌井回扬或重新洗井。

(2) 砾料问题。据调查，临汾某大楼水井施工中人工填砾所用砾石是机械粉碎石，这种砾石没有磨圆，孔隙度小，透水能力差，水中若含有悬浮物时容易堵塞。

(3) 气泡。地下水被抽到地面及在管道中流动回灌到地下的过程中不可避免地要同空气接触，必然会带有一定量的气泡。经过热交换器后水的温度发生了变化。夏季地下水吸收室内热量，水温升高，冬季压力减小。温度升高和压力降低都会使原来溶于水中的气体释放出来，形成气泡。这些气体随即又被回灌到含水层中。如果是潜水，气泡会自行溢出，但在承压含水层中，这些气体难以溶解和溢出，易造成含水层堵塞，这种堵塞只能通过回扬处理。

(4) 含水层颗粒较细。当含水层中的沙以中细沙为主时，含水层介质颗粒越细，透水性越差，回灌时越容易发生堵塞。

（5）含水层颗粒重组。当回灌井回扬时又变成抽水井，反复抽水注水，井壁管周围的含水介质受到 2 个反向力的反复作用而产生震荡，引起介质颗粒的重组，增大含水介质的密实度，这必然将降低含水层的导水能力。这种堵塞过程是不可逆的，一旦形成不可处理。

6.7.1.2　对地下水质的影响

为了解地热空调系统对地下水水质的影响，2010 年夏季，对大楼抽水井和回灌井回扬水进行了水质分析。

分析结果表明，原地下水完全符合国家饮用水标准，回灌井回扬水比抽水井水温升高了 9.19℃，钙离子和硫酸根离子的含量分别增加了 55% 和 28%，总铁量增加了 13 倍，硫酸根离子和铁分别超标 126 和 1130 倍。据调查，大楼在凿井施工中，人工填砾所用的机械粉碎石为石灰岩，这些石灰岩取自奥陶系地层，其中含有石膏层，所填砾石中含有一定量的石膏，再加上回扬水温度较高，石膏的溶解度随温度的升高而增大，使砾料中的石膏溶解，导致回扬水中钙离子、硫酸根离子含量增加。地下水从抽出到回灌到地下，整个过程都在铁质管道中进行，新管道中含有的大量铁锈被带入地下，一时难以排出，使回扬水中铁的含量大幅度增加。但随着回扬时间的延长，铁的含量将有所降低。

6.7.2　地下水的保护措施

合理利用地下水资源进行热泵空调，在设计和使用上有两个问题应予以注意。

（1）地下水源的选择。采用地下水源热泵时，选择水源的原则为水量充足、水温适当、水质良好、供水稳定。就某项工程来说，应根据当地实际情况，判断是否具备可利用的地下水源。一项工程所需水量，主要取决于工程的冷、热负荷和地下水温度。适用的地下水源条件是水文地质特征为沙、卵石、砾石地层以及裂隙地带；地下水埋深在 70m 以内；含水层厚度大于 5m，冬季地下水温度不低于 10℃。还需注意水质的含沙量、浑浊度及水的化学性质。根据临汾市的地下水状况，城区范围内 80m 以内的浅层地下水水位埋深较浅，但污染严重，不能作为饮用水；110～300m 的承压水水质较好，是城市饮用水源，但现已超采。

（2）人工回灌。为了保证地下水源热泵空调系统长期正常运行，以补充地下水源，调节水位，维持贮量平衡，并使地下水不受污染，应该注意回灌井与取水井之间的距离应按其影响半径确定；在含水层介质颗粒较细的地区，可以采用一井抽水，两井或多井回灌的方式增大回灌流量，尽可能将所抽地下水完全回灌到原含水层中。目前，虽然还没有回灌水质的国家标准，但回灌水质至少应同于原地下水水质，以保证回灌后不会引起区域性地下水水质污染。

因此，应遵守以下条款：

（1）地下水应在封闭系统中输送；

（2）热泵空调系统中与地下水接触的部件应采用耐腐蚀材料制造；

（3）取水管路和回灌水管路应装有水表和采集水样用的旋塞阀；

（4）定期对地下水进行化验，并将化验结果报送有关部门备案；

（5）发现地下水质异常，特别是水中出现化学物质含量升高或其他无关物质时，应及时采取措施。为预防井管堵塞，要及时清除堵塞含水层和井管的杂质。

在进行回灌后，要经常开泵，清除回灌井水中的堵塞物。回灌井的回扬次数和回扬持续时间取决于含水层颗粒大小和渗透性。在岩溶裂隙含水层中的回灌井，长期不回扬，回灌能力仍能维持不变；在松散粗大颗粒含水层中的回灌井，每周回扬 1~2 次，在中细颗粒含水层中的回灌井，回扬间隔应进一步缩短而对于细颗粒含水层中的回灌井来说，应经常回扬。

复习思考题

6-1 地埋管式水源热泵空调系统的节能优势有哪些，适宜哪些地区？
6-2 简述地埋管换热器（土壤换热器）设计注意事项及设计形式。
6-3 水源热泵系统工程地下水井换热系统，如何解决地下水再回灌问题？

地源热泵系统的设计及计算

说到设计，人们往往想到的是工程技术人员的计算和绘图，当然这些都属于设计领域里的工作，而寻找解决问题的途径，也是设计任务之一。设计本身包括寻找解决问题的途径，所以它不限于事先构思，更不排斥实践，而应是思维活动与实践活动的统一。空调设计的任务及目的就是把现有能效高的设备组织好、使用好、充分发挥它们的作用。

现代空调系统的不断发展使建筑物内的设施日益增多和复杂，这对改善人们的生活和工作环境有着积极作用，但同时也由于系统设计、工程施工和运行管理不当而造成对自然环境和人体健康的危害。所以反过来力求解决这些问题就成为一种主要的推动力，促使空调技术更进一步向前发展。目前，建筑节能的重要性越来越引起人们的关注。从建筑设计方面来看，提高隔热保温性能，采用合理的朝向，增设必要的遮阳等可以减少空调负荷，降低能耗。对于确定的空调负荷，提高设备的效率和优化运行过程、提供相应的硬件软件，都成为降低能耗的关键。

空调系统的设计一般采用工况设计法，是以夏季和冬季室外空气设计参数为依据的典型工况进行计算，并且是根据最不利情况考虑，按照设备的额定工况选择指标，所以设备选型较大。空调设备经常处于部分负荷状态下运行，必须要求设备在部分负荷运行时也能高效率运行，避免负荷变化，而设备不能作相应调节，出现大马拉小车的现象；或设备也能调节负荷，但调节性能差，耗能指标落后。

因此，设计的任务就是要用先进的自控技术将空调全工况下的性能调整到最佳程度，这就是所谓的过程设计方法。

7.1 空调冷、热负荷计算

空调负荷是指为保持室内空气设计条件，单位时间内室内空气输入或排出的热量，前者称为热负荷，后者称为冷负荷。热负荷、冷负荷与湿负荷的计算以室外气象参数和室内要求保持的空气参数为依据。

冷、热负荷的计算是空调工程设计中最基础的计算工作，负荷计算的准确性直接影响到建筑的能耗，工程的投资费用和整个系统的运行费用及使用效果。

在设计时，一定坚持对建筑物作负荷分析计算，只有认真地进行负荷分析计算，才有热泵机组合理的选型和正确土壤换热器的设计。建筑冷、热负荷的分析计算依据：建筑物类型、地理位置、环境条件、外围结构、建筑物功能、人员状况、新风量等。可采用能耗分析软件进行适当地优化分析，减少不必要的负荷浪费。

设计院通常采用负荷逐时计算法，专业公司通常采用经验估算。

7.1.1 室外空气参数的确定

室外的计算参数取值的大小，将会直接影响室内空气状态和空调运行费用。除有特殊需要外，一律按规范中的规定。

7.1.2 室内空气参数的确定

室内计算参数的确定除了考虑所提出的一些必要因素外，空调房间的负荷还要考虑下列因素：照明和设备散热量、人体散热量和散湿量、新风的热量和湿量。还应根据室外气温、经济条件和节能要求进行综合考虑，各种建筑物室内空气计算参数按国家标准 GB 50736—2012《民用建筑供暖通风与空气调节设计规范》的具体规定取值。

7.1.3 冷、热负荷的计算

负荷包括围护结构传热、外窗太阳辐射、人体散热、照明散热、室内物品的散热、空气的渗入带来的热量等形成的冷负荷。

7.1.3.1 冷负荷的计算

（1）围护结构传热引起的冷负荷。

$$LQ_{n(q)}=F\cdot K\cdot(t_{t\cdot n}-t_n) \tag{7-1}$$

式中，F 为外墙、屋顶的计算面积，m^2；K 为外墙、屋顶的传热系数，$W/(m^2\cdot K)$；$t_{t\cdot n}$ 为外墙、屋顶的冷负荷温度的逐时值，℃。

（2）玻璃窗的冷负荷。

1）传热引起的冷负荷。

$$LQ_{n(q)}=F\cdot K\cdot(t_{t\cdot n}-t_n) \tag{7-2}$$

式中，F 为窗口面积，m^2；K 为玻璃窗的传热系数，$W/(m^2\cdot K)$；t_n为室内设计温度，℃；$t_{t\cdot n}$为玻璃窗的冷负荷温度的逐时值，℃。

2）玻璃窗日射引起的冷负荷。

$$q_r=\tau_z J_z+\tau_s J_s \tag{7-3}$$

$$q_\alpha=N(\alpha_z J_z+\alpha_s J_s) \tag{7-4}$$

式中，α_z 为玻璃窗对太阳辐射直射的吸收率；α_s 为玻璃窗对太阳辐射散射的吸收率；J_z 为直射太阳辐射强度，W/m^2；J_s 为散射太阳辐射强度，W/m^2；N 为玻璃吸收太阳辐射热传向室内的比率，一般取 0.319。

（3）电热设备发热引起的冷负荷。

1）照明散热形成的冷负荷（W）。

$$IQ=1000N\cdot n_1\cdot n_2\cdot G_{LQ} \tag{7-5}$$

式中，N 为照明灯功率，W；n_1 为镇流器消耗功率，一般取 1.2；n_2 为灯罩隔热稀疏，一般取 0.6~0.8。

2）电器设备发热形成的冷负荷（W）。

$$Q=1000n_1\cdot n_2\cdot n_3\cdot N/\varepsilon \tag{7-6}$$

式中，n_1、n_2、n_3 分别为设备同时使用系数、利用系数、负荷系数；N 为设备功率，kW；ε 为设备效率。

（4）室内湿源形成的湿负荷。

1）人体散湿、热形成的冷负荷。人体散热与性别、年龄、衣着、活动强度以及环境条件等各种因素有关，在人体散出的热量中，辐射约占40%；对流约占20%；其余40%则为潜热。

显热（W）：

$$LQ_s = q_s \cdot n \cdot n' \cdot G_{Lq} \tag{7-7}$$

式中，q_s 为成年男子显热散热量，W；n 为室内人数；n'为群体系数；G_{Lq}为人体显热散热冷负荷系数。

潜热（W）：

$$LQ_L = q_L \cdot n \cdot n' \tag{7-8}$$

式中，q_L 为成年男子潜热散热量，W。

2）工艺设备散湿。随着工艺流程可能有各种材料表面蒸发水汽或泄漏，其散湿量确定方法视具体情况而定，可从有关资料查出。

（5）冷、热负荷的估算。在初步设计阶段，由于设计基本数据不是很完备，所以一般是采用负荷指标估算冷、热负荷，目的是为了做投资预算的依据，见表7-1。

1）建筑面积估算法。

总冷负荷：

$$Q = VQ_q \tag{7-9}$$

式中，V 为建筑面积，m^2；Q_q 为单位面积冷负荷，W/m^2。

表7-1　不同地区建筑物的冷、热负荷估算指标

区域	夏季室外温度/℃	冬季室外温度/℃	夏季冷负荷/$W \cdot m^{-2}$	冬季热负荷/$W \cdot m^{-2}$
一	34.1~35.8	−28~−23	65~75	110~120
			75~80	140~160
二	29.9~31.4	−29~−22	65~75	105~125
			70~80	140~160
三	30.5~31.2	−18~−13	75~85	110~130
			80~90	135~160
四	28.4~30.7	−14~−9	85~90	90~115
			90~95	120~140
五	33.2~35.6	−12~−9	95~100	90~110
			100~110	110~130
六	33.9~36.5	−7~−2	100~110	65~100
			115~130	80~120
七	25.8~31.6	−3~−2	65~95	70~85
			75~110	85~105
八	32.4~35.2	4~10	100~105	40~60

注：表中区域一为乌鲁木齐、克拉玛依；区域二为哈尔滨、沈阳、呼和浩特；区域三为太原、银川、兰州；区域四为青岛、烟台、大连；区域五为北京、天津、济南、郑州、西安；区域六为武汉、长沙、上海、重庆；区域七为贵阳、昆明、成都；区域八为福建、深圳、广州、海口。

2）不同用途的建筑物冷负荷概算指标见表7-2。

表 7-2 不同用途的建筑物冷负荷概算指标

建筑物类型	冷负荷/$W\cdot m^{-2}$	新风量/$m^3\cdot 人^{-1}$
办公楼	95~115	25~35
宾馆	105~145	30~50
旅馆	70~95	20~30
餐厅	290~350	30~40
百货商场	210~240	10~20
医院	105~130	30~50
剧院	230~250	20~25

3）空调的热负荷。热负荷包括围护结构的传热、外窗的散热以及室内设施的吸热等形成的热负荷。一般建筑的热负荷量随地质不同有所差异，在我国四、五类区域，热负荷均略小于冷负荷。

4）空调湿热负荷

湿空气是由于空气和水蒸气所组成的，在工程计算上定0℃时干空气的焓及饱和水的焓为零，则在温度 T 时干空气的焓可表示为：

$$L_a = C_p T = 0.24T \tag{7-10}$$

式中，C_p 为干空气的定压比热，kJ/kg·℃，在常温下，可取1.0032。

水蒸气的焓可用经验公式计算；

$$I_W = 2487.1 + 1.9646T \tag{7-11}$$

式中，1.9646为水蒸气的定压比热，kJ/kg·℃；2487.1为0℃时水的汽化潜热，kJ/kg。

室内湿源包括人体散湿和工艺设备的散湿。人的散湿量大约随人的活动程度变化而变化，由轻微活动—中等劳动—重度劳动散湿量逐渐增加，由100~250~400g/h。

7.2 地源热泵系统

地源热泵中央空调地热交换系统可分为垂直式与水平式两种。在选择地热交换器的形式时必须对建筑物的功能、环境和土质水文做清楚的了解和详细的调研后，方可确定地热交换器形式。

7.2.1 水平式埋管（水平式）

水平式埋管方式的优点是在软土层造价低，但受外界气候影响。水平式埋管的方式可分为单层和双层，如图7-1所示。

水平式埋管多选用 $\phi32$ 的PE管。水平平铺，单沟单回路每延米管长换热量34W/m；双回路换热量25W/m；四回路换热量20W/m；六回路换热量16W/m，不同地区有所差别。

7.2.2 垂直式埋管（立式）

垂直式埋管就是在地面向深处钻孔，将U形管安装在井孔里，将孔填实，根据每孔实

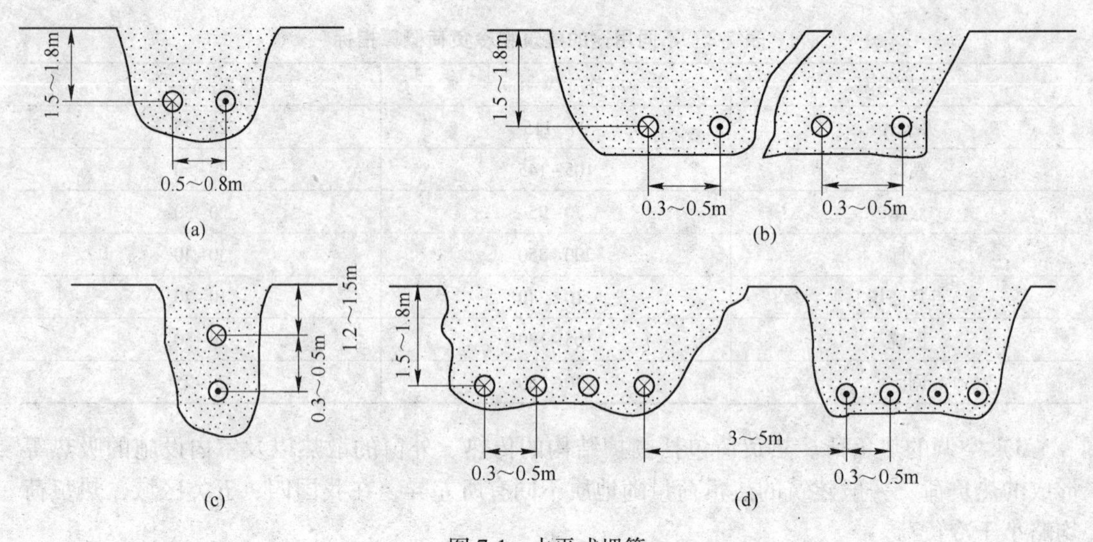

图 7-1 水平式埋管

（a）单层式；（b）单沟多管；（c）双层式；（d）双沟多管

装 U 形管的数量可分为单 U 形、双 U 形和多 U 形。

（1）钻孔直径与孔间距离。单 U 形孔径 50~80mm，孔间 4~5m；双 U 形孔径 100~150mm，孔间 5~6m；多 U 形孔径 200~250mm，孔间 6m 以上。

（2）钻孔深度。空调系统分为单状态运行和两种状态运行。单状态运行和两种状态运行，时间差大的土壤换热器的钻孔深度宜为 40~60m；两种状态运行，时间差小的土壤换热器的钻孔深度宜 100m 以下；热泵系统两种状态运行，时间较为平衡的土壤换热器的钻孔深度宜为 150m 以下。

7.2.3 现场的调查与分析

在决定采用地源热泵系统地热交换器的形式之前，应收集有关资料并对工程施工现场实际情况进行准确地掌握，这就是现场勘测。

（1）仔细阅读计划建设的建筑物设计文件，掌握建设的规划、规模、建筑物的用途，并了解在施工期间所有当地规章制度、政策性条例、地区性法规，以减少施工干扰。

（2）确定建筑物业主拥有的地表使用面积大小和地形，建筑物所在的方位、结构、路边附属设备、地下公用设施、市政管道位置以及地下废弃的设施，以避免因潜在因素造成不必要的损失，影响施工。

（3）查阅有关水文资料，包括地质结构、岩土的质量深度等，对现场进行调研分析，做出现场对采用地源热泵系统的适应性评估。

7.2.4 地质勘察

选用地源热泵系统后的第一件工作就是对现场地质的勘测，包括松散土层的厚度、密度、砂型、含水量、岩床的深度、岩床的结构。

7.2.4.1 钻井勘测孔

虽然大部分地区是适合安装地源热泵的，有时候现场也许会因为一些特殊情况，需增大钻孔设备容量、增加钻进难度，加大了成孔成本。在工程开始前，对现场情况的勘测，避免了在施工时可能遇到的潜在复杂问题，并且使用实际测量数据比使用假设数据更可以提高设计者在设计上的可靠性和准确性，同时也为工艺设计提供所需的资料，以便选择最合适的钻孔挖掘设备和钻井钻具。

对于建筑面积小于3000m^{2}的建筑，建议使用一个测试井。对于大型建筑物至少使用2个测试井。

对于地耦管水平式热交换器，挖一个3~5m的深坑就能实现，对靠近地表处土质状况是否有巨石存在也能做一定了解。而对于垂直式热交换器，就需要钻勘探孔，并按有关规定格式做好记录。

7.2.4.2　地下岩土热物性参数的检测

地下岩土的热物性参数是地源热泵土壤换热器设计中重要的依据。习惯的方法是根据所了解的现场地质资料，凭经验假设一些系数进行设计计算，况且地下地质结构的复杂，影响土壤导热系数的因素诸多，导致计算的地耦管的长度与实际长度有一定的偏差，有时甚至相差很大，因此现场的实际勘测是非常必要的。实际准确的热物性参数可保证设计的可靠，土壤换热器不会出现负荷不足或规模过大现象。

为了能更准确地为设计者提供可靠的设计依据，应在现场按预计的深度钻孔，并按确定的工艺完成一个独立的单孔换热器，再用专用岩土热物性测量仪作仔细测量，记录换热器环路中水的流量、进出水的温度、运行时间等相关数据和每延米孔深或每延米管长的换热量（W/m）。

7.2.5 勘测报告

7.2.5.1　勘测数据的计算

勘测孔的钻孔、U形管的安装、孔的回填均按设计方案，不得随意更改。如需改变方案必须经设计者签字同意后方可执行。根据勘测孔的实测数据，验证设计计算的结果。

（1）勘测孔换热能力。

$$换热量 = 流量 \times 介质比热 \times (进液温度 - 回液温度) \div 0.86 \qquad (7\text{-}12)$$

式中，换热量，kW；流量，kg；比热，kJ/kg·℃；温度，℃。

（2）U形管的阻力 = 进液压力-回液压力。

（3）确定U形管的最小流量和最低流速。保持最佳换热量单位时间内的最小流量和最低流速，为选定水泵提供依据。

7.2.5.2　勘测报告内容

根据调查、勘测写出水文地质勘测与评估报告，为设计提供可靠依据，其内容如下：

（1）建筑物业主拥有使用权的土地面积、范围以及规划设计方案；

（2）土地表面的现有建筑的结构、用途等，是否有其他的高架设施；

（3）地面的公共设施、相关设施的位置和地下设施的用途、位置、深度等；

（4）收集到的地质资料和做出的评估；

（5）钻探勘测孔是掌握工程现场土壤热工特性的重要手段之一，阐明钻孔设备、钻井方法、钻井工具、勘测孔的孔深、孔径、U形管的数量、直径、长度、回填料的配制以及回填设备。

(6) U形管内的介质、流量、流速、进液温度、回液温度，写明测量结果，附有测量记录数据。

7.2.6 地源热泵土壤换热器的设计

垂直埋管技术是国际土壤源热泵组织所推荐的，特别适合于场地比较紧张的城市地区。工程上最多的是U形管换热器。

关于垂直埋管换热器传热分析数值计算的论文很多，而且计算方法各不相同，在应用方面较少有通用性。本节主要阐述的是垂直式换热器的设计计算。但是，因为垂直埋管换热器传热问题影响因素众多，涉及空间范围大，计算时又很难查找有关可靠参考数据。所以，在当前的计算条件下用数值计算方法直接进行实际工程的设计计算还有一定的难度。目前，在实际工程中广泛采用最大负荷估算法。设计计算是为了保证在地埋管换热器的寿命周期中，循环介质的温度变化都在设计要求的范围之内。

7.2.6.1 换热器换热量的确定

查阅被选用的热泵机组的样册，统计出夏季空调运行所需要的机组制冷量之和 $Q_{冷}$ 以及冬季采暖运行所需要的机组吸热量之和 $Q_{热}$，查出机组制冷运行和制热运行的能效系数 *EER* 和 *COP*。

夏季制冷时，土壤换热器向大地排放的热量：

$$Q_{放}=Q_{冷}\times(1+1/EER) \tag{7-13}$$

冬季制热时，土壤换热器从大地吸收的热量：

$$Q_{吸}=Q_{热}\times(1-1/COP) \tag{7-14}$$

从实践中得到，在地质情况相同的条件下，热泵机组允许的最低和最高进液温度是确定热交换器地耦管长度的主要因素。如果以允许最低进液温度为确定因素，热交换器的长度由吸热负荷确定；如果以允许最高进液温度为确定因素，热交换器的长度由放热负荷确定。在实际中，温度只会达到最低或最高温度限制值中的一个。降低机组的最高温度允许值或升高机组最低温度允许值，都要增加地耦管的长度。

7.2.6.2 换热器地耦管的选材

常用的塑料管 UPVC、PB、PP-R、PEX、ABC、PVC、PE 中，地耦管换热器采用 PE 管。

选用的 PE 管材要具备以下要求：

(1) 耐腐蚀性能好。聚乙烯 PE 管，耐化学介质的腐蚀，无电化学腐蚀，保证地耦管使用50年以上。

(2) 良好的柔性、延展性。聚乙烯 PE 管是一种高柔性管材，其断裂伸长率一般超过500%。

(3) 流体阻力小。聚乙烯 PE 管内壁光滑，绝对粗糙度 K 值不超过 0.01mm，是钢的20%，内壁光滑，使壁内不易结垢，流体摩擦阻力小。

(4) 优良的挠屈性。聚乙烯 PE 管小于 ϕ50mm 的较长的管可盘卷供应，减少接头。

(5) 较好的耐冲击性。聚乙烯 PE 管耐冲击强度高，不易破裂。

(6) 导热系数高。聚乙烯 PE 管导热系数大于 0.42W/(m·℃)(土壤源换热器专用管导热系数大于 0.65W/(m·℃))。

(7) 良好的施工性能。

聚乙烯 PE 管材各项参数如下:

(1) 尺寸规格。目前,国内已有口径 ϕ(25~400)mm。

(2) 颜色。

1) GB 15558.1 规定,燃气用聚乙烯管道的颜色为黄色或黑色加黄条;

2) GB 13663 规定,给水用聚乙烯规定为蓝色或黑色加蓝条。

(3) 长度。长度一般为 12m/根(标准规定为 6、9、12m/根),小口径管可盘卷。

(4) 性能指标。短期静液压强度:在 20℃、环向应力 9MPa 下,韧性破坏时间应大于 100h;在 80℃、环向应力 4.6MPa 下,脆性破坏时间应大于 165h。热稳定性:在 200℃下,应大于 20min。耐应力开裂:在 80℃、环向应力 4MPa 下,应不小于 170h。压缩复原在 80℃、环向应力 4MPa 下,应大于 170h。纵向回缩率:在 110℃下,应不大于 3%。断裂延伸率:应大于 350%。

(5) 压力等级。对于水管道,是按原材料的不同等级(PE100、PE80、PE63 等)、标准尺寸比(SDR)给出的最大承压 1.6MPa。

管件的分类:

(1) 根据管件的生产方式不同,可将管件分为注射管件及焊接管件两大类。大部分管件都可用注射成形的方法制造。但对于一些壁厚、体积、质量都较大的管件,可采用焊接的方法制造。

(2) 根据施工方法、用途的不同,可将聚乙烯管件分为电热熔管件、热熔对接管件、承插管件、钢塑转换接头等类型。

1) 电热熔管件。电热熔管件在制作工艺过程中,将电热丝布置于管件的内表面,施工时将管子与管件配合后用专用的加热控制电源将管件中的电热丝通电加热,使管件与管材的接触表面熔化结合,冷却后使管件与管材牢固、密封地结合在一起。由于施工快捷方便,焊接效果好,电热熔管件是目前世界上聚乙烯管材连接件中应用最为广泛的一种。此种管件的缺点是制造成本较高。

2) 热熔对接管件。热熔对接管件是指适用于热板对接焊的管件。

3) 热熔承插管件。热熔承插管件是用于承插焊连接的管件。一般口径较小,主要用于 ϕ32mm 以下管件。

4) 钢塑转换接头。钢塑转换是实现钢管向塑管、塑管向钢管转换的专用管件。

(3) 按工程习惯,聚乙烯管道系统的管件又可分为:套筒、弯头、三通、鞍形、三通、变径、法兰、钢塑转换等。

管件的性能:

(1) 短期静液压强度:在 20℃、环向应力 9MPa 下,韧性破坏时间应大于 100h;在 80℃、环向应力 4.6MPa 下。脆性破坏时间应大于 165h。

(2) 热稳定性:在 200℃下,应大于 20min。

(3) 加热伸缩:管件外径及长度变化不超过 5%,管件外形不允许有明显变化。

聚乙烯 PE 球阀:

PE 球阀是聚乙烯管网系统中不可缺少的控制元件。它开启、关闭的力矩小，阀门无腐蚀，不需维护和维修，使用寿命 50 年，聚乙烯管网系统的完整性提高。整体式的阀体，免除了泄漏的可能，PE 球阀与 PE 管道连接时，无须设置阀门井，直接施工，阀体两端的直口可使用对接焊或电熔焊方便地连接。

聚乙烯 PE 管管质轻、焊接工艺简单、管件与管材在材质上同一性，实现了管件与管材焊接的一体化。其接口的抗拉强度和爆破强度均高于管材本身，有效抵抗内压力产生的环向应力和轴应力。

7.3 能量采集水系统的承压

在一般情况下，地埋管换热器最低处是最高压力点。系统停止运行时，等于系统的静水压力的差与大气压力之和。

$$P_{\mathrm{B}}=P_0+(\rho_1 g_1 h_1-\rho_2 g_2 h_2) \tag{7-15}$$

系统启动的瞬间，最低处压力等于静水压力的差、大气压与水泵全压之和。

$$P_{\mathrm{B}}=P_0+(\rho_1 g_1 h_1-\rho_2 g_2 h_2)+P_{\mathrm{h}} \tag{7-16}$$

系统正常运行时，最低处压力等于静水压力的差、水泵全压的一半与大气压力之和。

$$P_{\mathrm{B}}=P_0+(\rho_1 g_1 h_1-\rho_2 g_2 h_2)+0.5P_{\mathrm{h}} \tag{7-17}$$

式中，P_0 为当地大气压力，Pa；ρ_1 为地下 U 形管中流体密度，kg/m^3；ρ_2 为地下渗水层含水密度，kg/m^3；g_1 为 U 形管内流体重力加速度，m/s^2；g_2 为地下水渗水重力加速度，m/s^2；h_1 为膨胀水箱水面与闭式系统最低点的垂直距离，m；h_2 为静水位与闭式系统最低点的垂直距离，m；P_{h} 为水泵全压，Pa。

PE 管的压力等级。管路所需承受的最大压力等于大气压力、U 形管内外液体重力作用静压差和水泵扬程总和。选用的管材允许工作压力应大于管路的最大压力。在 20℃ 输送水的最大允许工作压力：0.4MPa、0.6MPa、0.8MPa、1.0MPa、1.25MPa、1.6MPa。

7.4 地耦管管径的选择

在管流量部分，在工程中管径的选择既能使管道保持最小的输送功率，又能够使管道内保持紊流，提高循环液体和管道内壁之间的放热系数。选择管径时必须满足几个原则：

(1) 管道要大到足够保持泵最小输送功率，减少运行费用；

(2) 管道要小到足够使管道内保持紊流以保证循环液体和管内壁之间的传热；

(3) 系统环路的长度不要过长。

地耦管的管径选择要考虑到按 U 形管的所需长度，成盘供应，以减少埋管接头数量；所需管件能低价供应，降低工程成本。所以目前采用较多的地耦管直径为 PE100-SDR11-ϕ32 和 PE100-SDR13.6-ϕ32。

地耦管换热系统管路的压力损失主要在集路管，所以集路管管径应适当大一点，多采用 PE100（或 PE80）-SDR11~13.6。

集路管的管径、流量、阻力见表 7-3。

表 7-3 集路管的管径、流量、阻力

型 号	内径/mm	最大闭式流量/m^3	$mH_2O/100m$
ϕ63	50	11	0.04
ϕ90	75	26	0.04
ϕ125	100	65	0.04
ϕ160	130	120	0.04
ϕ200	160	200	0.04
ϕ250	205	380	0.04
ϕ355	290	750	0.03
ϕ400	330	800	0.03
ϕ450	369	980	0.02
ϕ500	410	1100	0.02

从众多工程项目施工中得到地耦管的管径在 $\phi(25\sim50)$mm 时，以 PE100-SDR13.6-ϕ32（GB/T 13663—2000）为最佳。在换热器的换热量小的工程中，在保证质量的条件下，尽量选用薄壁管，以提高换热效果。孔深 60m 以内用，壁厚可选 2.4mm 的聚乙烯管（公称压力 1.25MPa）；孔深 200m 以内用，壁厚为 3.0mm 的聚乙烯管（公称压力 1.6MPa）。

影响地耦管长度的因素有换热器的换热量、管的材质、土壤的结构、埋管的形式以及连接方法等。

7.5 地耦管管长的计算

地耦管结构示意如图 7-2 所示。

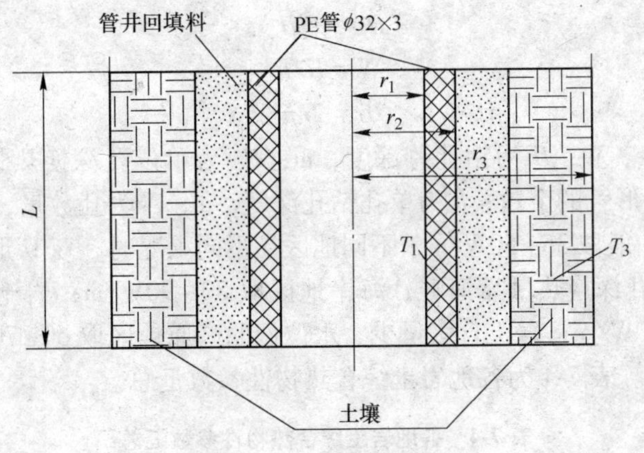

图 7-2 地耦管结构示意

$$Q=\frac{2\pi L(T_1-T_3)}{\frac{1}{\lambda_1}\ln\frac{r_2}{r_1}+\frac{1}{\lambda_2}\ln\frac{r_3}{r_2}} \tag{7-18}$$

式中，λ_1 为 PE 管管壁导热系数，W/(m·℃)；L 为管长，m；λ_1 为土壤导热系数，W/

（m·℃）；Q 为换热量，W；T_1 为管中流体温度；T_3 为周围土壤温度；r_1 为 PE 管内半径，m；r_2 为 PE 管外半径，m；r_3 为成孔半径，m。

单孔单管管的长度可按式（7-19）计算：

$$L_{总} = Q_{总} / q \tag{7-19}$$

式中，q 为每延米管长的换热量，W/m。

其中管中液体的平均温度 T_1 按式（7-20）计算：

$$T_1 = (T_{进} + T_{出}) / 2 \tag{7-20}$$

选用 PE-ϕ32 管的长度可按式（7-21）估算：

$$L = K \cdot Q / g \tag{7-21}$$

式中，Q 为换热器的换热量，W；g 为 PE100-$\phi 32 \times 3$ 管的单位长度换热量（一般取 20~25W/m）；K 为综合换热系数，其数值大小取决于 PE 的导热率、土壤的热工特性和埋管形式（1.0~1.5）。

7.6 地耦管换热器的钻孔数量和孔的深度

钻孔数量和深度要根据建筑物周围可使用面积，建筑物对中央空调的使用要求，土地的土壤结构，PE 管的材质以及钻孔设备等来确定。在使用面积足够大的条件下钻孔数量加大，钻孔深度可在 40~80m，浅孔可降低材料成本，减少钻孔费用。它适合单一运行状态的空调系统，因为埋管周围的地表浅层温度平衡速度快，但浅层埋管土壤温度波动大。地源热泵系统的换热器埋管在条件允许时，尽量采用 100~200m 深孔埋管，因为大地温度随地区和季节不同的温差在更深处消失，热泵的两种运行状态基本能使埋管的局部区域维持温度的平衡。根据地耦管的长度、埋管的形式和钻孔深度，很容易就能确定钻孔数量。

（1）钻孔的数量可用估算法。

$$H = Q / H_q \tag{7-22}$$

$$N = H / h \tag{7-23}$$

$$L = 2nh \tag{7-24}$$

式中，Q 为总换热量，W；H 为钻孔总深度，m；H_q 为单位孔深换热量，W；L 为地耦管的长度，m；n 为 U 形管的个数；h 为单孔钻孔深度，m；N 为孔数量，个。

每延米换热量一般取 35~50W/m，不同地区在不同工况时，双 U 形管实际测量记录为 50~130W/m。单位孔深换热量靠河畔、海岸地区取 80~90W/m；岩土含水量大、水位高的平原地区取 70~80W/m；岩土含水量少、水位低的高原地区取 60~70W/m；干燥的沙漠地区取 60W/m 以下。表 7-4 为各地岩土综合热物性参数汇总。

表 7-4 各地岩土综合热物性参数汇总

序号	地点	规格	夏季每延米放热量 /W·m^{-1}	冬季每延米吸热量 /W·m^{-1}
1	河南安阳	单 U32 深 100m	57.24	44.6
3	江苏江阴	单 U32 深 100m	61.53	
4	宁波象山	单 U32 深 100m	54~59	45~50
2	江苏江阴	双 U25 深 100m	63.9	

续表 7-4

序号	地点	规格	夏季每延米放热量 /W·m⁻¹	冬季每延米吸热量 /W·m⁻¹
5	徐州	双 U32 深 100m	70	46
6	徐州丰县	双 U25 深 100m	60.58	41.33
7	青岛	双 U32 深 100m	61.32	45.12

（2）根据经验双 U 形管也可按照式（7-25）计算

$$N=Q/(60\sim80) \quad (7\text{-}25)$$

在同一地区，受岩土的导热率、密度、比热容、含水量、渗水量以及换热器内水温与岩土换热温差的影响，土壤的吸热量是土壤放热量的 50%~70%。

（3）参照勘测报告，用勘测记录的数据推算出的本地区每延米孔深的换热量（W/m）与设计计算出的数据相互比较、分析，确定一个可靠的设计方案。

7.7 地耦管换热器集管的连接

地耦管换热器集管的连接以同程式为基础，在大型地耦管换热器系统中，可划分若干个组、区。组组同程，区区同程，系统同程。

同程式就是经过每一并联环路的管长基本相等。如果通过每米长管路的阻力损失接近相等，则管网的阻力不需调节即可保持平衡。同程式系统中系统的水力稳定性好，各孔内换热器间的水量分配均衡。

如果机房设在地下室，集管穿过地下室外墙，应设防水套管。集管与套管之间隙用油麻丝和油膏嵌缝。集管穿过地下室外墙为承重墙或基础时，应预留洞口。

洞口集管顶上部净空不得小于建筑物的沉降量。一般不小于 0.15m，由于采用回程管，系统管路增长，水阻力增大。地埋井平面布置（12 孔）如图 7-3 所示。

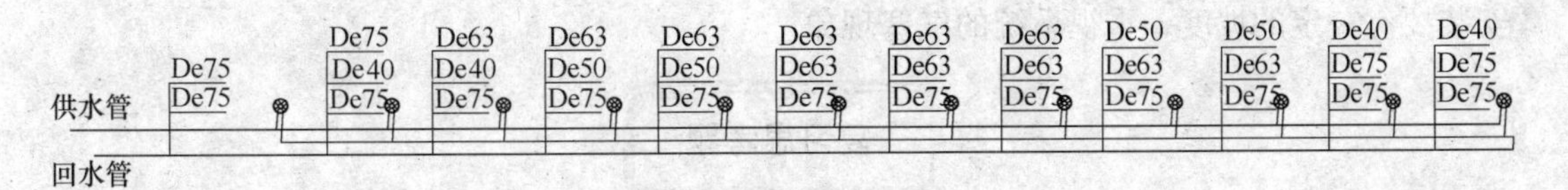

图 7-3 地埋井 12 孔

7.8 地耦管管内流体流量的确定

不同地区地耦管内的工作流体有异。在我国南方，采暖期较短、制冷期较长，一般多注入软化水作为工作流体；而在我国北方，采暖期较长，地下埋管回水温度一般较低，进入机组的温度低于 3℃时，在循环系统中需使用 20%的乙二醇溶液作为中间介质；若地下埋管进水温度高于 3℃时，循环系统中使用软化水。常用地埋管 De32 不同介质流量流速推荐见表 7-5。

表 7-5　常用地埋管 De32 不同介质流量流速推荐表

	水（+5℃）	20%的乙二醇溶液
流体密度/kg · m^{-3}	1000	1025
导热系数/W · m^{-1} · K	0.55	0.49
导湿系数/m · s^{-2}	1.3×10^{-7}	1.24×10^{-7}
ϕ32 最小流量/m^3 · h^{-1}	0.43	0.553
ϕ32 最小流速/m · s^{-1}	0.22	0.285
ϕ32 阻力/kPa	0.028	0.036
ϕ32 合适流量/m^3 · h^{-1}	0.5~0.8	0.8~0.9
ϕ32 合适流速/m · s^{-1}	0.3~0.5	0.4~0.6
ϕ32 合适阻力/kPa	0.020~0.040	0.040~0.060

7.9　循　环　泵

为了保证充分的地热交换和地下管道的水力平衡，地下埋管系统应严格控制水流的临界速度。因为水流处于层流状态时，传热会恶化，甚至由于水流速度慢，会出现气塞现象，气塞会造成水力不平衡。而在紊流状态下，再怎样增加流速都不会对传热带来更大改善。因此要对地耦管换热器系统作分析，计算出最不利环路所得的管道压力损失，加上热泵机组以及系统内其他部件的压力损失，从而确定水泵的流量与扬程，选择能满足循环要求的水泵的型号，确定水泵台数。

在实际工程中，地耦循环管多为并联连接到大直径的集管上的，连接时均采用同程回流式系统。在此系统中，流体有足够的流量流过各并联支埋管并且流程相同，因此各埋管支路的流动阻力、流体流量和换热量比较均匀。在多孔井的大型工程中，采用多个分支同程回流系统，再并联成总同程回流系统，每个分支系统均有管道平衡井。地耦循环集管的安装要有一定的坡度，重视系统的气塞现象。

复习思考题

7-1　地埋管换热器夏季吸热冬季放热，全年运行的热平衡问题如何保证？

7-2　地埋管换热器垂直安装，埋管多少米最经济？

7-3　地埋管换热器的布置，采用6口井一组还是单井并联好？

8 多联机空调系统

8.1 多联机系统简介

8.1.1 概述

VRV 空调系统全称是 Varied Refrigerant Volume（简称 VRV），是一种冷剂式空调系统，它以制冷剂为输送介质，室外主机由室外侧换热器、压缩机和其他制冷附件组成，末端装置是由直接蒸发式换热器和风机组成的室内机。一台室外机通过管路能够向若干个室内机输送制冷剂液体。通过控制压缩机的制冷剂循环量和进入室内各换热器的制冷剂流量，可以适时地满足室内冷、热负荷要求。VRV 系统具有节能、舒适、运转平稳等诸多优点，而且各房间可独立调节，能满足不同房间不同空调负荷的需求。但该系统控制复杂，对管材材质、制造工艺、现场焊接等方面要求非常高，且其初投资比较高。

VRV 就是可变流量的意思，它是依赖于机电方面的变频技术而产生的空调系统设计安装方式。自从大金公司 20 世纪 80 年代发明了 VRV 系统之后，很多极其注意空间利用的商铺都选择这种算不上真正中央空调的新系统。由于 VRV 系统只是输送制冷剂到每个房间的分机，所以不需要设计独立的风道（新风系统另外安排风道），做到了设备的小型化和安静化。给建筑设计单位、安装公司以及业主都提供了便捷、舒适和经济的完美选择。据说这个公司在我国的中高端市场占有率达到了 80%。进入 21 世纪以后，大金不断完善 VRV 技术，结合现在流行的以太网技术来提供从各分机到主机甚至远程监控的控制能力，并克服了 VRV 系统与集中式中央空调相比最大的缺点——增加了独立设计协同控制的新风系统。

VRV 空调系统是在电力空调系统中，通过控制压缩机的制冷剂循环和进入室内换热器的制冷剂流量，适时地满足室内冷、热负荷要求的高效率冷剂空调系统。其工作原理是由控制系统采集室内舒适性参数、室外环境参数和表征制冷系统运行状况的状态参数，根据系统运行优化准则和人体舒适性准则，通过变频等手段调节压缩机输气量，并控制空调系统的风扇、电子膨胀阀等一切可控部件，保证室内环境的舒适性，并使空调系统稳定工作在最佳工作状态。

VRV 空调系统具有明显的节能、舒适效果，该系统依据室内负荷，在不同转速下连续运行，减少了因压缩机频繁启停造成的能量损失；采用压缩机低频启动，降低了启动电流，电气设备将大大节能，同时避免了对其他用电设备和电网的冲击；具有能调节容量的特性，改善了室内的舒适性。

VRV 空调系统具有设计安装方便、布置灵活多变、建筑空间小、使用方便、可靠性高、运行费用低、不需机房、无水系统等优点。

8.1.2 多联机系统的特点

8.1.2.1 多联机系统的特点

多联机与传统的中央空调系统相比，具有以下特点：

（1）节约能源、运行费用低；

（2）节省占用空间；

（3）控制先进，运行可靠，维修方便；

（4）机组适应性好，制冷制热温度范围宽；

（5）设计自由度高，安装和计费方便。

8.1.2.2 多联机技术

多联机为了达到节能的目的，通过对制冷工质流量的有效控制实现压缩机和系统的变容量运行。目前，比较成熟的技术有两种：一类是变频多联机技术；第二类则是数码涡旋多联机技术。

变频多联机（VRV）技术是指单管路一拖多空调热泵系统的室外主机调节输出的能力方式：

（1）通过改变投入工作的压缩机的数量来调节主机的容量，进行主机容量的粗调节；

（2）通过变频装置改变变频压缩机输入频率来改变压缩机的转速，进行主机容量的细调节。通过粗细配合，可以使室外主机输出能力连续线性调节。

数码涡旋技术有一独特的性能称为“轴向柔性”。这一性能使固定的涡旋盘沿轴向可以有很少量的移动，确保用最佳力使固定涡旋盘和动涡旋盘始终共同加载。在各操作条件下将这两个涡旋盘集合在一起的这一最佳力确保了数码涡旋技术的高效率。

VRV变频多联机与数码涡旋多联机比较具有以下各自的特点：

（1）容量输出：变频压缩机的工作频率级别范围在30~117Hz，调节范围在50%~130%之间，容量输出量是间断的。当负荷突变时，压缩机的频率增加需要经过中间过渡段。容量输出不能立即响应，数码涡旋的输出在10%~100%之间。通过改变加载时的比例实现了连续的容量输出，让室内温度控制更精确，并且更加节能。

（2）能效比：变频多联机系统中变频器的损失大约占功耗的15%，从而就降低了系统的*COP*。变频多联机的容量调节范围狭窄，系统负荷降低到一定程度时，变频系统必须使用制冷剂的热气旁通进行容量调节，由于制冷剂的热气旁通，能量会有损耗，系统的*COP*降低，另外变频系统中需要注入大量的润滑油，使得系统的*COP*更低；数码涡旋多联机没有变频器的能量损失，同时不需要热气旁通，因此没有热气旁通损失，在10%（卸载状态时电机仍在工作，约有10%的能量损耗）~100%负荷范围内，*COP*性能良好。

（3）回油性能：变频多联机在低负荷的状态下，制冷剂流速较低，回油困难，系统一般设计有油分离器和回油循环。这对于容量越大的室外机组来说更加明显，表现为回气管径很大，在部分负荷情况下回气速度很低。因此，需要更频繁的回油循环，并消耗更多电力。室外机的PCB和管路十分复杂，系统的稳定性差。数码涡旋多联机在每一个循环中，总有几秒钟的满负荷运行状态，因此回油较好。在空载时，压缩机无排气，所以此时无润滑油排出、室外机的PCB和管路与变频多联系统相比，显得极为简单（无旁通回路），一个 PCB 就足够了，系统稳定 。

（4）除湿性：变频多联机在低负荷状态下运行，制冷量降低，除湿性能明显下降，数码涡旋多联机在任何负荷的情况下，都可以保持较低的平均吸气压力和蒸发温度，从而可提供非常好的除湿性，尤其是在低负荷运行时。

（5）对其他设备的干扰：变频多联机由于采用变频手段调节容量，在变频时会产生很慢的电磁干扰和高次谐波，对精密仪器和电子设备都会产生影响。由于数码涡旋是瞬间加载和瞬间卸载的工作方式。使得电流瞬间发生剧烈变化，对电网及电网中的设备会产生冲击。因此从技术上来看，变频多联机与数码涡旋多联机各有优势，且优势与劣势形成互补。

8.1.3 多联机系统的应用

8.1.3.1 系统设计时应考虑的修正

A 室外机选型的修正

通常多联机空调系统室内机与室外机的额定制冷量是在标准工况下测得的数据，标准工况的数据规定如下：

（1）制冷运转：室内温度为 27℃DB/19℃WB；室外温度为 35℃DB。

（2）制热运转：室内温度为 20℃DB；室外温度为 7℃DB/6℃WB。

多联机空调系统实际工况往往与标准工况不同，必须进行不同温度工况下的能力修正。另外由于全国各地的气象参数差异较大，不能简单套用某一数据，必须根据项目所在地区的气象参数查表进行修正（一般设备厂家均提供修正表格或曲线）。现以某厂家的图表 8-1 和表 8-2 为例进行说明。

表 8-1 制冷运行时不同温度工况的能力 （kW）

室外机进风干球温度/℃	室内机回风湿球温度/℃						
	16.0	18.5	19.0	19.5	20.0	22.0	24.0
25.0	48.2 (0.86)	54.3 (0.97)	56.0 (1.00)	57.7 (1.03)	58.2 (1.04)	61.0 (1.09)	63.8 (1.14)
30.0	48.2 (0.86)	54.3 (0.97)	56.0 (1.00)	57.7 (1.03)	58.2 (1.04)	61.0 (1.09)	63.8 (1.14)
35.0	48.2 (0.86)	54.3 (0.97)	56.0 (1.00)	57.7 (1.03)	58.2 (1.04)	61.0 (1.09)	63.8 (1.14)
40.0	45.9 (0.82)	52.6 (0.94)	53.8 (0.96)	55.4 (0.99)	56.0 (1.00)	59.4 (1.06)	61.6 (1.11)

注：括号中数据为修正系数。

表 8-2 制热运行时不同温度工况的能力 （kW）

室外机进风湿球温度/℃	室内机回风干球温度/℃					
	16.0	18.0	20.0	21.5	22.0	24.0
-15.0	41.0（0.65）	40.3（0.64）	39.1（0.62）	39.1（0.62）	39.1（0.62）	39.1（0.62）
-10.0	49.1（0.78）	48.5（0.77）	47.9（0.76）	47.3（0.75）	47.3（0.75）	46.6（0.74）

续表 8-2

室外机进风湿球温度/℃	室内机回风干球温度/℃					
	16.0	18.0	20.0	21.5	22.0	24.0
-5.0	56.1 (0.89)	54.8 (0.87)	54.2 (0.86)	53.6 (0.85)	52.9 (0.84)	52.3 (0.83)
0.0	61.1 (0.97)	60.5 (0.96)	59.2 (0.94)	58.0 (0.92)	58.0 (0.92)	54.2 (0.86)
5.0	66.2 (1.05)	64.9 (1.03)	62.4 (0.99)	61.7 (0.98)	59.2 (0.94)	55.4 (0.88)
6.0	66.8 (1.06)	65.5 (1.04)	63.0 (1.00)	61.7 (0.98)	59.9 (0.95)	55.4 (0.88)
10.0	70.6 (1.12)	68.0 (1.08)	64.3 (1.02)	62.4 (0.99)	59.9 (0.95)	55.4 (0.88)
15.0	73.1 (1.16)	68.0 (1.08)	64.3 (1.02)	62.4 (0.99)	59.9 (0.95)	55.4 (0.88)

注：括号中数据为修正系数。

通过能力修正表可见：(1) 制冷运转时室外温度的增加（从 25~40℃）对制冷能力的影响并不大，这个温度范围是制冷循环效率较高的区间，如果室外温度再升高达到 43℃ 以上时，对制冷能力的影响会比较严重；(2) 制热运转时设备的出力受温度的影响比较大，这也是热泵机组的主要缺点，正是这一缺点限制了风冷热泵系统在北方地区的应用。根据上表的数据，在冬季空调室外计算温度介于-5~-10℃的地区应用该系统，应根据当地气象资料作详细的经济分析。在冬季空调室外计算温度低于-15℃的地区不宜采用该系统做冬季供热（注：冬季空气调节室外计算温度——以日平均温度为基础，按历年平均不保证 1d，通过统计气象资料确定的用于冬季空气调节设计的室外空气计算参数）。

B 管道长度和内外机高差的能力修正

通常多联机空调系统室内机与室外机的额定制冷量是在标准高差和管长下测得的数据，标准工况的数据规定：管道长度 5m，内外机高差为零。多联机空调系统在实际设计中室外机一般都放置在屋面，管道长度和内外机的高度差往往超过标准工况，长配管和大高差均会影响设备的能力，设计时必须进行不同高差和配管长度的能力修正（一般设备厂家均提供修正表格或曲线）。现以某厂家的图表为例进行说明。通过图 8-1 可见，当量配管长度为 60m，内外机的高差为 25m 时的修正系数为 0.85，这种情况在一般的多层建筑

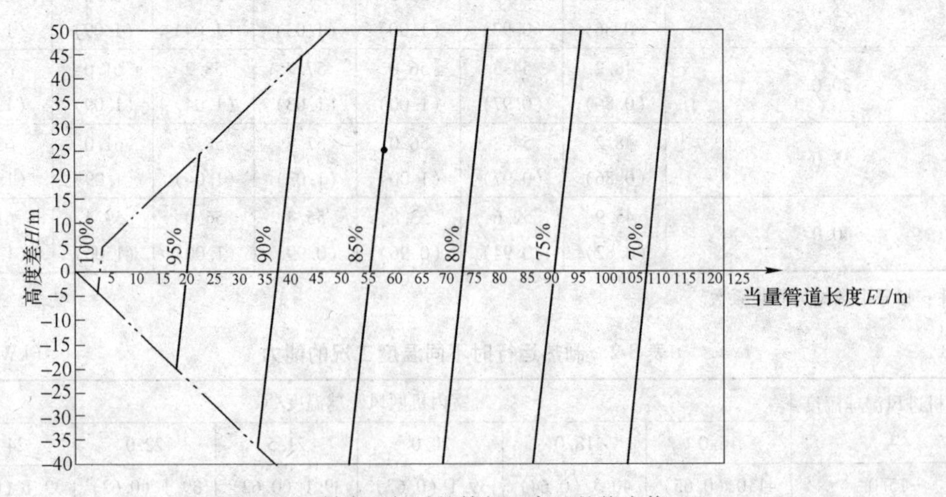

图 8-1 制冷运行时的管长和高差的能力修正

中较为常见；如果管道当量长度达到 80~90m，内外机高差达到 40m 时，修正系数约为 0.77~0.78，这种情况在高层建筑中较为常见。根据以上数据分析，在高层建筑中应用多联机系统采用分层布置室外机的方案比较经济稳妥，可以有效保证使用效果。此布置方式需要在方案初期和建筑专业沟通配合，预留好室外机的放置空间。另外，制热时配管长度和高差对设备能力的影响比较小，主要原因是制热时管道内流动的是制冷剂蒸汽，制冷剂蒸汽的比容较小，受重力影响较小，如图 8-2 所示。制冷时由于管道内液态制冷剂受重力的影响，外机安装高度的增加会提高末端设备蒸发器膨胀阀前的过冷度。

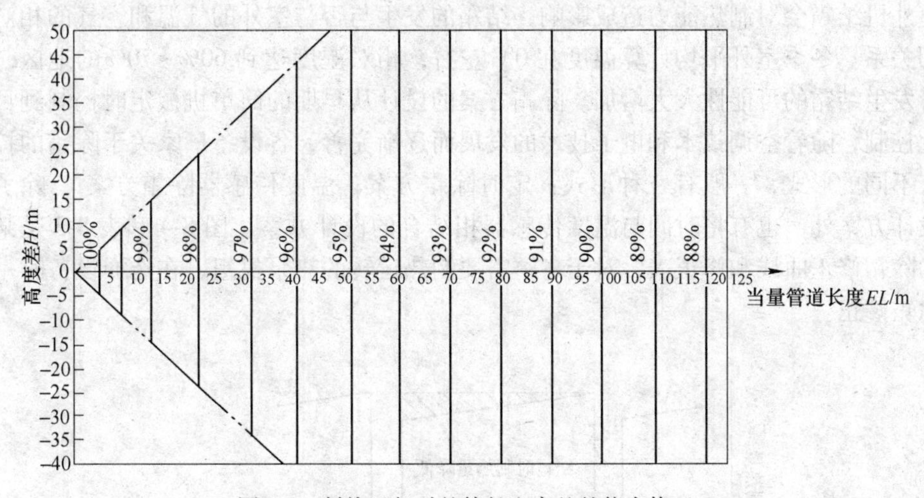

图 8-2 制热运行时的管长和高差的能力修正

C 采用不同配管管径的能力修正

同样的室外机当配管管径减小时，设备的能力将下降。与前面的例子相同，以 10 匹室外机为例，当量配管长度为 60m，内外机的高差为 25m 时，如果配管管径由原来的 ϕ28.6 减为 ϕ25.4，则修正系数由 0.85 变为 0.77，管径的变化对设备能力的影响比较明显，如图 8-3 所示。

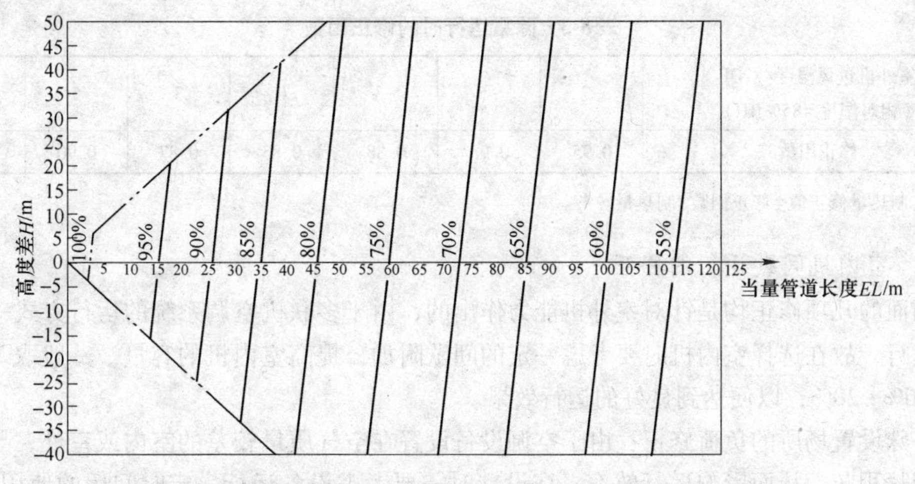

图 8-3 制冷运行时的管长和高差的能力修正（减小配管管径时）

D　热泵机组除霜运转的能力修正

空调器工作时，当室外换热器盘管温度低于露点温度时，其表面产生冷凝水，冷凝水一旦低于0℃就结霜。结霜严重时，换热器散热翅片间的风道局部或全部被霜占据，从而增大的热阻和风阻，直接影响其换热效率。因此热泵型空调器的除霜功能设置是必需的。一般的热泵机组是通过四通阀换向由制热循环转为制冷循环，即将原来室外换热器从蒸发器变为冷凝器以提高换热器盘管的温度达到融霜的目的，此时一般室内机的风扇处于关闭状态（防止吹冷风）。

室外机结霜会对制热能力造成影响，结霜的发生与否与室外的气温和空气的相对湿度有密切关系。冬季室外平均计算温度在0℃左右，相对湿度达到60%~70%的地区，换热器盘管发生结霜的可能性大大增加。除霜方案的设计从早期的简单机械定时控制到目前的智能化控制，随着空调技术和电子技术的发展而逐渐完善，各设备厂家关于除霜的控制逻辑也有不同的形式，一般有三种形式：定时除霜方案；温度传感器除霜方案；除了上述基本设计方案外，也有将时间与温度传感器相结合的设计方案。图8-4和表8-3是某厂家设备的除霜修正曲线和修正表，对于冬季需要制热运转的热泵机组，在选择设备时一定要考虑除霜修正。

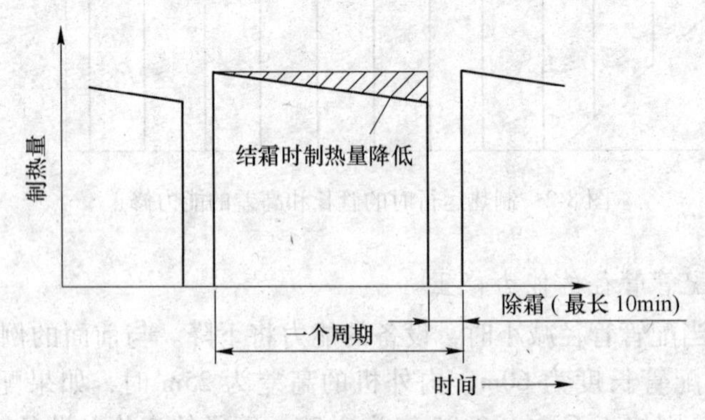

图8-4　除霜运行时的能力修正

表8-3　除霜运行时的修正因数

室外机进风温度/℃DB（相对湿度=85%RH）	-7	-5	-3	0	3	5	7
修正因数	0.95	0.93	0.88	0.85	0.87	0.90	1.0

注：制热量修正值=修正因数×制热量。

E　室内机间歇运行的修正

前面的几项修正均是针对室外机能力作出的，由于多联机空调系统的运行方式一般为间歇运行，故在选择室内机时要考虑一定的间歇附加，提高室内机的容量。一般取基本负荷的10%~20%，以便达到良好的运行效果。

特殊设置场所的负荷修正：由于空调设备设置在空气质量较差的室内或室外，导致换热器翅片积灰，从而影响运行效率。在设计时需要考虑设备运行一定时间后的使用效果，所以在设计时室内机选型一般可以考虑5%~10%附加修正。当外机的安装位置处在风沙和灰尘比较严重的场合时，外机的能力也应该做上述修正。另外，外机迎风面的设置需要根据当地冬季主导风向来确定，尽量避免冬季的雨雪直接吹向换热器，室内机过滤网也应定期进行清洗。

8.1.3.2 大容量室外机的应用

多联机系统从诞生到今天随着制造技术和控制水平的提高，产品的序列不断丰富，连接的室内机数量也明显增加，室外机的容量越来越大。目前国内的多联机厂家室外机的最大容量已经达到64匹，在许多工程中大容量的室外机也被频繁采用。但是，许多设计师对大容量外机的应用缺乏经验，使得应用中出现了不少问题。根据国内的研究报告，对多联机的室外机容量已有定性的论述。

通过文献［2］研究可见大容量的室外机由于其服务半径增大配管长度的增加，连接的室内机台数增多，导致制冷剂的分配不均、控制点增多、各分支管路间的平衡难以实现，从而影响空调的使用效果。在设计时应注意以下几点：大容量室外机可以采用，但要尽量减少连接室内机的台数，减少分支管的数量，减少控制点的数量，提高室内机的容量，提高最小内机运行时内外机的负荷比率，这样就可以提高系统的可靠性，保证使用效果。

对于大容量室内机的应用（目前已经有30匹的风管机），主要应考虑容量增加后相应的噪声也增加了，在大空间对噪声要求不高的地方可以采用，对于人员较多、湿负荷较大的场合应减少内机的容量增加室内机的数量以增加送风量，增大换气次数提高舒适度，一定程度上可以避免风口结露现象的发生（大容量内机的送风量一般小于同容量下多台小容量内机的送风量之和）。

8.1.3.3 室内机与室外机配比率的正确理解

大多数的多联机生产厂家在其产品宣传资料中均提出室内、外机配比率的问题，一般的配置比率为50%~130%。一般的解释是系统配置时可以超配，当室内机负荷为13匹时，室外机容量可以配置为10匹，外机可以按照13匹出力。这种解释往往迷惑了设计人员，致使许多工程因此影响了使用效果。如果我们仔细研究一下设备的性能，看看压缩机的性能曲线，就不会出现这样的理解错误，如图8-5和图8-6所示。

通过压缩机的性能曲线图可以得出以下结论，当室内机的总容量为13匹时，室外机的出力只有29.7kW（制冷）/35.6kW（制热），与额定容量28.3kW/32.6kW的关系并非1.3。对超配的正确解释应该从同时使用系数方面理解，多联机系统由于一个系统室内机数量比较多，在实际运行时每台室内机都开的情况不多见，即便每台内机都开一般也不会全部运行在满负荷工况下，从这一层面考虑，进行超配是可以的。对于家用多联机系统或别墅的空调系统由于使用的特点，一般不会室内机全部开启，所以在类似这样的场合超配是安全的，也比较经济。在酒店、餐饮等场合由于使用时间比较集中，不建议超配或者降低超配比率，超配比不宜超过1.1。另外，还应注意多联机系统连接的室内机数量是有限制的，不同容量的外机可以连接内机的数量一般都有严格的规定，各厂家有所不同在设计时应当引起注意。

8.1.3.4 室内机的使用范围

在很多的设计中经常出现将多联机空调系统的普通室内机作为新风机处理新风的情

况，此种方法由于系统较简单，在工程中运用较多。这种应用在实际使用时往往会出现问题。

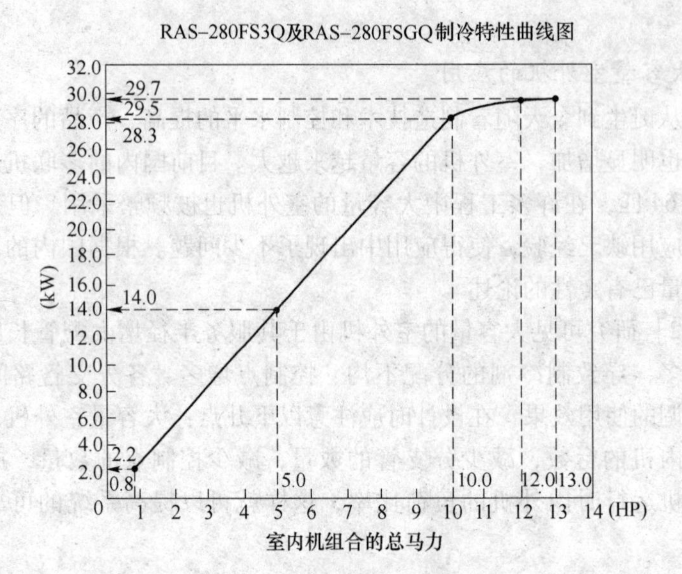

图 8-5 压缩机制冷性能曲线

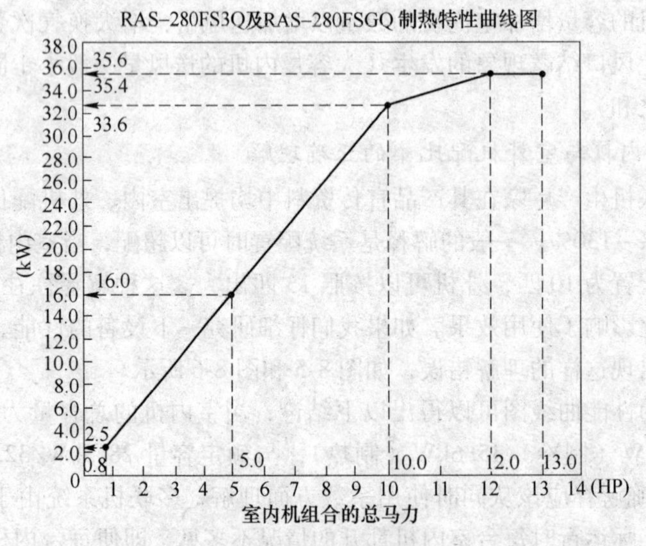

图 8-6 压缩机制热性能曲线

由于多联机空调系统的室内机盘管是根据空调回风状态设计的，而不是按新风状态设计的，所以一方面室内机不能将新风处理到室内状态点，部分新风负荷需要由室内机负担；另一方面在室外温度超出室内机使用温度范围时，会影响系统内其他内机的正常运转，使室外机长时间超负荷运转，甚至出现过流保护。一般的室内机工作环境温度范围：制冷运行时，室内最低为 21℃DB/15℃WB，室内最高为 32℃DB/25℃WB；制热运行时，室内最低 15℃DB，室内最高 27℃DB。由此可见，当夏季室外温度较高时、冬季制热时采用普通室内机直接处理新风是无法实现的，这种方式只在过渡季勉强能用。

在冬季室外温度较高的地区（-5℃以上）一般可以采用多联机系统专用的新风处理机处理新风，这类新风机通常是按新风状态设计（一般的普通室内风管机的处理能力约为15~20kJ/kg，而专用新风处理机的处理能力为35~40kJ/kg），同样处理能力的新风室内机风量约为普通室内机的一半，处理能力的提高可将新风处理到室内状态点。

需要引起注意的是专用新风机同样有工作的温度范围要求，一般均在产品样本的注释中体现，在设计时往往被忽视。专用新风机的工作温度范围一般在-5~43℃之间，在北方地区使用受到限制，需要采取有效措施保证冬季新风供给。采用专用新风机的方法工程造价较高，影响其在工程中的应用。

8.1.3.5 室内机的噪声问题

多联机系统的室内机（主要指风管机）的噪声标定值是按照国标 GB/T 18836—2002《风管送风式空调（热泵）机组》规定的测试方法测定的，如图 8-7 所示。

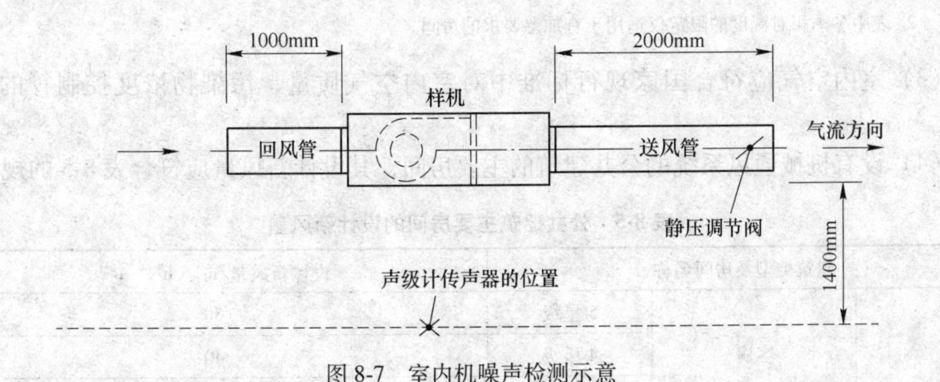

图 8-7 室内机噪声检测示意

测试条件如下：在特定的测试环境内为避免送风的影响，风管机的送风口接 2m 长的阻尼风管，回风管接 1m 阻尼风管（参考某厂家的数据），分别在送、回风口加额定的机外静压。噪声测试点在室内机的正下方 1.4m 处的测定值作为标定值。测试条件与实际应用存在很大的出入，一般的风管室内机均做侧送风方式布置或者直接采用吊顶回风方式，接回风管的情况比较少。回风管吊顶回风方式、直接侧送方式都会使噪声增加，根据实测的数据大约增加 10~15dB。如果考虑背景，噪声影响会更大，在设计时一定要注意采取可靠的消声处理。可以考虑增加消声器、布置消声静压箱、回风口设置阻尼降噪层等措施，采用吊顶回风方案时布置回风口应尽量远离室内机的风扇电机，以免噪声通过回风口直接传入室内，采用新型的消声风管也是不错的选择。

8.2 多联机系统设计

8.2.1 多联机系统设计的依据及要求

8.2.1.1 一般规定

根据建筑的规模、类型、负荷特点、参数要求及其所在的气候区等，技术、经济、安全等方面确认合理时，采用多联机空调系统。

8.2.1.2 室内外设计参数

（1）室外空气计算参数。室外空气计算参数应符合现行国家标准 GB 50736《民用建筑供暖通风与空气调节设计规范》的有关要求。

（2）室内设计参数见表 8-4。

表 8-4 舒适性空调室内设计参数

室内设计参数	冬季		夏季	
热舒适度等级	Ⅰ级	Ⅱ级	Ⅰ级	Ⅱ级
温度/℃	22~24	18~22	24~26	26~28
相对湿度/%	≥30	—	40~60	≤70
人员活动范围内风速/$m \cdot s^{-1}$	≤0.2	≤0.2	≤0.25	≤0.3

注：1. 人员活动范围内风速指通过设计可加以控制的空气流动速度；
2. 表中冬季相对湿度的限定仅适用于有加湿要求的房间。

（3）室内空气应符合国家现行标准中对室内空气质量、污染物浓度控制等的有关规定。

（4）设有机械通风系统的公共建筑的主要房间，其设计新风量应符合表 8-5 的规定。

表 8-5 公共建筑主要房间的设计新风量

建筑类型及房间名称			设计新风量/$m^3 \cdot h^{-1} \cdot p^{-1}$
旅游旅馆	客房	5 星级	50
		4 星级	40
		3 星级	30
	餐厅、宴会厅、多功能餐厅	5 星级	30
		4 星级	25
		3 星级	20
		2 星级	15
	大堂、四季厅	4~5 星级	10
	商业、四季厅	4~5 星级	20
		2~3 星级	10
	美容、烫发、娱乐设施		30
旅店	客房	1~3 级	30
		4 级	20
文化娱乐	影剧院、音乐厅、录像厅		20
	游艺厅、舞厅（包括卡拉 OK 歌厅）		30
	酒吧、茶座、咖啡厅		10
体育馆			20
商场（店）、书店			20
饭馆（餐厅）			20
办公			30

续表 8-5

建筑类型及房间名称		设计新风量/$m^3 \cdot h^{-1} \cdot p^{-1}$
学校	教室	19
	礼堂	10~15
	实验室	20

8.2.2 多联机系统设计分析

8.2.2.1 负荷计算

A 夏季负荷计算

a 外墙冷负荷

由相关资料可查得墙体属于 7 号Ⅱ型墙，外墙传热系数为 $K=1.16\text{W/(m}^2 \cdot ℃)$。也可查得不同朝向的 t_1值，以及某市的地点修正值，得到修正后的温度 t_1'。按各朝向外墙面积计算出外墙逐时冷负荷，计算式为：

$$C_1 = FK(t_1' - t_n) \tag{8-1}$$

式中，C_1 为外墙和屋面瞬变传热引起的逐时冷负荷，W；F 为外墙和屋面的面积，m^2；K 为外墙和屋面的传热系数，$\text{W/(m}^2 \cdot ℃)$；t_n 为室内设计温度，℃；本设计中夏季取 $t_n=$ 26℃，冬季取 $t_n=20$℃；t_1'为修正后的温度，℃。

b 玻璃窗瞬变传热引起的冷负荷

1 至 6 层中均为铝合金双层窗，由相关资料查得传热系数 $K=3.12\text{W/(m}^2 \cdot ℃)$，玻璃窗传热系数的修正值为 1.0。由表（玻璃窗冷负荷计算温度表）可查得窗玻璃的逐时计算温度值。计算式为：

$$C_1 = FK(t_1' - t_n) \tag{8-2}$$

式中，C_1 为玻璃窗瞬变传热引起的逐时冷负荷，W；F 为玻璃窗的面积，m^2；K 为玻璃窗的传热系数，$\text{W/(m}^2 \cdot ℃)$；t_n 为室内设计温度，℃；t_1'为逐时计算温度，℃；

玻璃幕传热系数为 $K=3.0\text{W/(m}^2 \cdot ℃)$。

c 透过玻璃进入的日射得热引起的冷负荷

由相关资料查得窗户的有效面积系数为 0.75，$C_s=1.0$，由于采用活动百叶帘为内遮阳，所以 $C_n=0.6$，$C_Z=0.6$。因长沙市的地理纬度属 28°12′纬度带，查得 D_{Jmax}北向为 160，南向为 120，东、西向为 520。因长沙市地处北纬 28°12′以北，属北区，各朝向由内遮阳的 C_{Cl}值查得。计算式为：

$$C_1 = FC_Z D_{Jmax} C_{Cl} K(t_1' - t_n) \tag{8-3}$$

式中，C_1 为透过玻璃窗进入室内的日射得热引起的逐时冷负荷，W；F 为玻璃窗的净面积，m^2；C_Z 为玻璃窗的综合遮挡系数；D_{Jmax} 为室内设计温度，℃；C_{Cl}为逐时计算温度，℃。

d 人员引起的冷负荷

人体散热有显热和潜热两部分。由于本设计为办公楼设计，可知属轻度劳动。

显热负荷：

$$C_1 = q_s n C_d n_1 \tag{8-4}$$

式中，C_l 为人体显热引起的冷负荷，W；q_s 为人体显热得热，由相关资料查得当室内温度为26 ℃时每人散发的显热为58W；n 为室内人数（根据不同的房间功能确定），办公室为0.10 人/m²，客房为0.063 人/m²，大厅为0.13 人/m²，会议室为0.33 人/m²。C_d 为人体散热冷负荷系数；n_1 为群集系数，由于室内的人员包括男性和女性，取群居系数 $n_1=0.96$。

潜热负荷：

$$C_l = q_s n n_1 \tag{8-5}$$

式中，C_l 为人体潜热引起的冷负荷，W；q_s 为人体潜热得热，当室内温度为26 ℃时每人散发的潜热为73W；n 为室内人数；n_1 为群集系数，由于室内的人员包括男性和女性，取群居系数 $n_1=0.96$。

e　照明引起的负荷

照明引起的负荷计算公式为：

$$C_l = 1000 n_1 n_2 N C_d \tag{8-6}$$

式中，C_l 为照明散热引起的冷负荷，W；n_1 为镇流器耗功率系数，因荧光灯采用暗装，故 $n_1=1.0$；n_2 为灯罩隔离系数，取 $n_2=0.7$；C_d 为人体散热冷负荷系数。

f　设备形成的冷负荷

$$C_l = Q_E C_{Cl} \tag{8-7}$$

式中，Q_E 为设备的实际显热散热量，W。

$$C_l = 1000 n_1 n_2 n_3 N \tag{8-8}$$

式中，$n_1=0.7$；$n_2=0.7$；$n_3=1.0$；N 为设备功率（根据房间内的设备确定）（注：办公室：电脑；打印机会议室：投影仪；值班室：电脑）；C_{Cl}为设备显热散热冷负荷系数。

B　冬、夏季空调湿负荷计算

因为本设计为办公大楼，所以只考虑人体散湿量。计算公式为：

$$W = w n_1 n \tag{8-9}$$

式中，W 为房间总散湿量，g/h；w 为房间一个人散湿量，取 $w=184$g/h；n 为房间人数；n_1为群集系数，取0.96。

C　冬季负荷计算

(1) 墙体、地面、天棚、门窗形成的负荷可按供热要求计算。计算公式为：

$$Q = FK(t_n - t_w)\alpha \tag{8-10}$$

式中，Q 为围护结构的基本耗热量，W；F 为围护结构的面积，m²；K 为围护结构的传热系数 W/(m²·℃)；t_w为空调室外计算温度；t_n为空调房间冬季设计温度,℃；α 为计算温差修正系数。

《暖通规范》规定宜按下列规定的数值选用不同朝向的修正系数。北取0~10%（本设计取0），东、西取-5%，南取-15%~-30%（本设计取-20%）。

由于本建筑处于市区内，风向修正为0。

高度修正：当房间高度大于4m时，高出1m应附加2%，但总的附加率应不大于15%。高度附加率应附加于房间各围护结构基本耗热量和其他附加（修正）耗热量的总和上。本设计中，地下室和1层的高度均为4.5m大于4m，所以要加以修正。修正值为1%，其他层不需要高度修正。其他墙体的计算与此墙体计算相同。

（2）邻室传热引起的热负荷。

在本设计中，临室负荷考虑楼梯间和杂物储藏室，因为水暖井两面靠外墙，所以也考虑在内。临室负荷按照其他房间的计算方法来计算，之后在加到相邻房间内。设计过程有以下几点需要注意。

1）由于室内有正压控制，可不算门窗冷风侵入和渗入。

2）但朝向修正照常。

3）人体散热及灯光，设备散热应予以考虑（如灯光开启时间、设备的使用时间、人员的停留情况）。

4）走廊、夹层以及无人居住或长时间停留的房间只需达到值班采暖温度5℃即可，由于地理位置关系，本设计均不予考虑。

在一般的方案设计中可直接根据经验指标取值，根据建筑功能、区域的不同，负荷指标不同。

8.2.2.2 多联机空调系统设计

A 多联机空调系统设计注意事项

（1）应根据建筑的负荷特点、所在的气候区等，通过技术、经济比较后，确定选用多联机空调系统的类型。

（2）多联机空调系统的系统划分，应符合下列规定：

1）应按使用房间的朝向、使用时间和频率、室内设计条件等，合理划分系统分区。

2）室外机允许连接的室内机数量不应超过产品技术要求。

3）室内、外机之间以室内机组之间的最大管长与最大高差，均不应超过产品技术要求。

4）通过产品技术资料核算，系统冷媒管等效长度应满足对应制冷工况下满负荷的性能系数，并低于2.80，当产品技术资料无法满足核算要求时，系统冷媒管等效长度不宜超过70m。

（3）负荷特性相差较大的房间或区域，宜分别设置多联机空调系统；需同时分别供冷与供热的房间或区域，宜设置热回收型多联机空调系统。

（4）多联机空调系统室外机容量的确定，可按下列步骤进行：

1）根据室内冷、热负荷，初步确定满足要求的室内机型式和额定制冷（热）量。

2）根据同一系统室内机额定制冷（热）量总和，选择相应的室外机及其额定制冷（热）量。

3）按照设计工况，对室外机的制冷（热）能力进行室外温度、室外机负荷比、冷媒管长和高差、融霜等修正。

4）利用室外机的修正结果，对室内机实际制冷（热）能力进行校核计算。

5）根据校核结果确认室外机容量。

（5）室外机布置宜美观、整齐，并应符合下列规定：

1）应设置在通风良好、安全可靠的地方，且应避免其噪声、气流等对周围环境的影响。

2）应远离高温或者含腐蚀性、油雾等有害气体的排风系统。

3）侧排风的室外机排风不应当与其他空调使用季节的主导风向相对，必要时可增加挡风板。

（6）多联机空调系统室内机的布置、室内气流组织，应符合下列规定：

1）应根据室内机温、湿度参数、允许风速、噪声标准和空气质量等要求，结合房间特点、内部装修及设备散热等因素确定室内空气分布方式，并应防止送回风（排风）短路。

2）当室内机型式采用风管式时，空调房间的送风方式宜采用侧送下回或上送上回；送风气流宜贴附；当有吊顶可利用时，可采用散流器上送；房间确定送风方式和送风口时，应注意冬夏温度梯度的影响。

3）空调房间的换气次数不宜少于5次/h。

4）送风口的出口风速应根据送风方式、送风口类型、安装高度、送风风量、送风射程、室内允许风速和噪声标准等因素确定。

5）回风口不应设在射流区或人员长时间停留的地点；当采用侧送风时，回风口宜设在送风口的同侧下方。

6）回风口的吸风速度应符合现行国家标准GB 50736《民用建筑供暖通风与空气调节设计规范》的要求。

（7）多联机空调系统的新风系统，应符合下列规定：

1）系统划分宜与多联机系统相对应，并应符合国家现行标准中对消防的有关规定。

2）当设置能量回收装置时，其新、回风入口应设过滤器，且严寒或寒冷地区的新风入口、排风出口处应设密闭性好的风阀。

（8）多联机空调系统的冷媒管道，应符合下列规定：

1）应合理选用线式、集中式等冷媒管道布置方式，并进行冷媒管道布置优化。

2）冷媒管道的最大长度及设备间的最大高差等，不应超过产品技术要求。

3）冷媒管道的管径、管材和管道配件等应按产品技术要求选用，且其主要配件由生产厂家配套供应。

（9）多联机空调系统的冷凝水应有组织的排放，并符合现行国家标准GB 50736《民用建筑供暖通风与空气调节设计规范》的有关规定。

B　多联机空调设计中冷媒管选型

多联机空调设计中冷媒管选型见表8-6。

表8-6　冷媒配管工程（冷媒为R410A）

（1）冷媒配管类型选定

配管名称	配管连接位置
主管	室外机到室内侧第一分歧之间的配管
主配管	室内侧第一分歧后不直接与室内机相连的配管
支配管	分歧后直接与室内机相连的配管

续表 8-6

(2) 单模块室外机主管尺寸，连接方法和室内第一分歧管				
单模块机型	当液侧所有配管等效长度不大于 90m 时		当液侧所有配管等效长度不小于 90m 时	
	主管尺寸/mm×mm	室内侧第一分歧	主管尺寸/mm×mm	室内侧第一分歧
252（8）W/SN1-830	ϕ22.2×1.2/12.7×0.8	FQZHN-02C	ϕ25.4×1.2/12.7×0.8	FQZHN-02C
280（10）W/SN1-830	ϕ25.4×1.2/12.7×0.8	FQZHN-02C	ϕ25.4×1.2/12.7×0.8	FQZHN-02C
335（12）W/SN1-830	ϕ28.6×1.3/12.7×0.8	FQZHN-03C	ϕ28.6×1.3/15.9×1.0	FQZHN-03C
400（14）W/SN1-830	ϕ28.6×1.3/15.9×0.8	FQZHN-03C	ϕ31.8×1.3/15.9×1.0	FQZHN-03C
450（16）W/SN1-830	ϕ28.6×1.3/15.9×0.8	FQZHN-03C	ϕ31.8×1.3/19.1×1.0	FQZHN-03C

(3) 多模块组合时室外机主管尺寸，连接方法和室内第一分歧管				
组合模块能力 A（HP）	当液侧所有配管等效长度不大于 90m 时		当液侧所有配管等效长度不小于 90m 时	
	主管尺寸	室内侧第一分歧	主管尺寸	室内侧第一分歧
18≤A≤22	ϕ31.8×1.3/15.9×1.0	FQZHN-03C	ϕ31.8×1.3/19.1×1.0	FQZHN-03C
A=24	ϕ34.9×1.3/15.9×1.0	FQZHN-04C	ϕ34.9×1.3/19.1×1.0	FQZHN-04C
26≤A≤32	ϕ34.9×1.3/19.1×1.0	FQZHN-04C	ϕ38.1×1.5/22.2×1.2	FQZHN-04C
34≤A≤48	ϕ41.3×1.5/19.1×1.0	FQZHN-05C	ϕ41.3×1.5/22.2×1.2	FQZHN-05C
50≤A≤64	ϕ44.5×1.5/22.2×1.2	FQZHN-05C	ϕ44.5×1.5/25.4×1.2	FQZHN-05C

注：A 为并联模块组合后的能力和；当外机接口尺寸与主管尺寸不符，需要做变径转接。R410A 主管选择分液管大于 90m 和小于 90m 两种情况，必须所有液侧配管（主管+主配管+支配管）的等效长度小于 90m，才可用小 1 号管径

(4) 多台模块并联配管和三通选择			
A（HP）	配管尺寸	并联三通	
A≤12HP	主机配管	室外机台数	并联三通型号
14≤A≤16		2 台	FQZHW-02N1
18≤A≤24		3 台	FQZHW-03N1
26≤A≤32		4 台	FQZHW-04N1
34≤A≤48			
50≤A≤64	按主管选择		

注：A 为并联模块组合后的能力和；当外机接口尺寸与主管尺寸不符，需要做变径转接

(5) 主配管尺寸选定			
下游内机容量 A/×100W	主配管尺寸/mm×mm（不得大于主管的尺寸）		适用分歧管
	气管	液管	
A<166	ϕ19.1×1.0	ϕ9.5×0.8	FQZHN-01C
166≤A<230	ϕ22.2×1.2	ϕ9.5×0.8	FQZHN-02C
230≤A<330	ϕ22.2×1.2	ϕ12.7×0.8	FQZHN-02C
330≤A<460	ϕ28.6×1.3	ϕ12.7×0.8	FQZHN-03C
460≤A<660	ϕ28.6×1.3	ϕ15.9×1.0	FQZHN-03C
660≤A<920	ϕ34.9×1.3	ϕ19.1×1.0	FQZHN-04C

续表 8-6

（5）主配管尺寸选定

下游内机容量 A/×100W	主配管尺寸/mm×mm（不得大于主管的尺寸）		适用分歧管
	气管	液管	
920≤A<1350	ϕ41.3×1.5	ϕ19.1×1.0	FQZHN-05C
1340≤A	ϕ44.5×1.5	ϕ22.2×1.2	FQZHN-05C

注：A 表示配管下游内机（从该段配管的至最后一台内机之间所有内机）的能力之和。如果超配，出现主配管大于主管的情况，则主管按照就大原则选配管。例如 32HP 内机达到 920×100W 以上，则主管应该选 ϕ41.3×1.5/ϕ19.1×1.0

（6）支配管尺寸和连接方法

内机能力 A/×100W	气侧	液侧
A≤45	ϕ12.7×0.8（扩口螺母）	ϕ6.4×0.8（扩口螺母）
A≥56	ϕ15.9×1.0（扩口螺母）	ϕ9.5×0.8（扩口螺母）

注：支配管长度不得超过 10m，如果超过 10m 需要把支配管加粗一号，但不得超过主配管尺寸

C　多联机空调系统设计中冷媒充注量及保温的计算标准。

铜管及 PVC 冷凝水管保温计算标准见表 8-7。

表 8-7　铜管及 PVC 冷凝水管保温计算

序号	规格/mm×mm	保温厚度/mm	体积/$m^3 \cdot m^{-1}$	冷媒充注量 R410A/$kg \cdot m^{-1}$
1	ϕ6.4×0.8	10	0.0005	0.022
2	ϕ9.5×0.8	10	0.0006	0.06
3	ϕ12.7×0.8	15	0.0014	0.11
4	ϕ15.9×1.0	15	0.0015	0.17
5	ϕ19.1×1.0	20	0.0026	0.25
6	ϕ22.2×1.2	20	0.0028	0.35
7	ϕ25.4×1.2	20	0.0030	0.52
8	ϕ28.6×1.5	25	0.0044	0.68
9	ϕ34.9×1.5	25	0.0049	
10	ϕ38.1×1.5	25	0.0052	
11	ϕ41.3×1.5	25	0.0054	
12	ϕ44.5×1.5	25	0.0057	
13	ϕ54×1.8	30	0.0083	
14	ϕ63.5×2	30	0.0092	
15	PVC 管 De25	10	0.00121518	
16	PVC 管 De32	10	0.00146952	
17	PVC 管 De40	10	0.00161082	
18	PVC 管 De50	10	0.00194994	

D 多联机空调系统风管机风口尺寸标准

多联机空调系统风管机风口尺寸标准见表8-8。

表8-8 多联机空调系统风管机风口尺寸标准

设备名称	规格型号	送风口/mm×mm	下回风口/mm×mm
标准型风管机	71F2	920×197	920×207
	80F2	920×197	920×207
	90F2	1156×197	1156×207
	100F2	1156×197	1156×207
	112F2	1156×197	1156×207
	125F2	1156×197	1156×207
	140F2	1156×197	1156×207
	150F2	1156×197	1156×207
低静压风管机	22F3	503×150	611×200
	28F3	503×150	611×200
	36F3	503×150	611×200
	45F3	503×150	611×200
	56F3	705×150	811×200
	71F3	905×150	1011×200
高静压风管机	71F1	1156×197	1156×207
	80F1	1156×197	1156×207
	90F1	1156×197	1156×207
	112F1	740×267	920×290
	140F1	740×267	920×290

E 多联机空调系统的消声与隔振的要求

（1）多联机空调系统室外机的安装位置不宜靠近对环境、振动要求较高的建筑。当其噪声及振动不能满足国家现行标准时，应采取降噪及减震的措施。

（2）多联机空调系统中室内机为风管式空气处理末端时，其风管内的风速宜按表8-9选用。

表8-9 风管内风速

室内允许噪声值/dB（A）	风管风速/m·s^{-1}
≤35	≤2
35~50	2~3
50~65	3~5

8.2.3 多联机系统设计在工程设计中应注意的问题

8.2.3.1 新风问题

空调系统中，新风量是一个很重要的技术参数，也是达到室内卫生标准的保证。目前常用的新风处理方式有以下几种：

（1）使用专用的新风机，其室内机按新风工况设计，排管数通常为6排或者8排，风压也较高，然而价格很高，一般工程中较少采用。

（2）用全热交换器处理新风。这种方式特别适合有排风要求的场合，如餐饮娱乐、会议室等。将室外新风经过全热交换器与室内排风进行热湿交换后送入室内，可以大大降低新风负荷，非常节能。然而，在工程设计需要注意新风口和排风口的布置一定要合理，尤其是有污染的场所，更要考虑新风和排风的交叉污染问题，在国内使用时，由于大多数城市空气质量较差，积灰严重，过滤器易堵塞，要经常清洗过滤器。

（3）用风机箱将新风送至各个室内机，新风负荷由各个室内机负担。该方式系统简单，设计时风机箱也根据系统要求很容易选到合适的风压。过渡季节还可以作为通风换气机使用。但是未经过处理的新风直接接入室内机时，与新风单独处理的系统相比，室内机型号加大，噪声也增大，而且在室外空气湿度较大时，室内机可能会产生结露现象。

由此可以看出对于 VRV 空调系统的新风问题，通常情况下都推荐采用第三种处理方式，经济合理，简单适用。而在有排风要求的场合，则优先考虑第二种方式。

目前 VRV 空调系统本身所受局限：

（1）最大室外机连接数为4台；

（2）最大室外机组合容量为64HP；

（3）最大室内机连接数为64台；

（4）室内机与室外机的容量比为50%~130%；

（5）最大实际配管长度为150m；

（6）室内、外机最大高度差：当室外机在上时为70m；当室外机在下时为40m；

（7）最大总配管长度为200m。

8.2.3.2 室内机选择问题

一个工程中在某些部位室内机选用不恰当，如：

（1）某工程在较窄小的电梯厅选用了嵌入式四面送风的室内机；

（2）某工程在吊顶下面安装吊式明装的室内机，不妥，应选用嵌入式双面或四面送风的室内机；

（3）某工程某个面积很大的厅选用数台四面送风的室内机，实际选用暗装风管式的室内机不但可节省初投资，还可以更灵活配合内装修布置送风口达到使用目的。

建议：

（1）房间有吊顶，而且平面成长窄形时，采用暗装风管式室内机；

（2）有吊顶且平面成正方形或空间较大时采用半明装四面送风室内机，当平面空间较大时，为了节省造价或更灵活的配合内装修也可选用暗装接管式室内机；

（3）房间无吊顶时，根据其平面形状、大小灵活的采用明装吊式、暗装风管式和明装落地式室内机。

8.2.3.3 室外机耗电量问题

VRV 空调产品样本中提供的压缩机输入功率不能当做压缩机的耗电量，两者之间存在着电机的效率，一般为0.8。

8.2.3.4 室内外机的匹配问题

实际工程中，尤其是中小型工程，同一层平面中有多种使用功能房间，其使用时间也不同，而且面积也较小（如：小会议室、接待室、包间、小餐厅等），要实现空调系统的划分就比较困难，即使能做成系统也十分复杂。如果采用 VRV 空调系统以上问题就简单了，而且充分地体现出它既能灵活布置，又能节省平常运行费用的特点。既然把不同功能和不同使用时间的房间合在同一个空调系统中，那么，就存在室内合理匹配问题，这就需要考虑同时使用系数的问题，同时使用系数多少视具体情况而定，但是室内机和室外机的容量比既不能低于 50%，也不能超过 130%。

8.2.3.5 室外机的布置问题

室外机的布置应满足下述要求：进风通畅不干扰，排风顺畅不回流。只有做好这些才能保证室外机的产冷量（热量）。室外机布置在屋顶、阳台和地面上，前面两种做法居多，两者都有优缺点：

室外机布置在屋顶时，优点：屋顶较空旷，排风顺畅，热空气很快的散发到高空去；缺点：进风曲折，当众多室外机布置在同一屋顶时，进风曲折且干扰多。室外机布置在阳台上时，优点：进风顺畅。缺点：排风不畅，存在回流现象，当数台垂直布置时，容易形成下面室外机的排风被上面室外机吸入作为进风，影响机组产冷量（热量）。

8.2.3.6 凝结水管的安装问题

VRV 空调部分室内机自带凝结水排升泵，这给设计带来极大的方便。实际上工程中凝结水管的长度应尽量短，并要有 0.01 的坡度，以免形成管内气阻，排水不畅。如果凝结水管坡管不够时，可制一个排水升程管。升程管的高度应小于各种型号凝结水排升高度的规定值。升程管距管室内机应小 300mm。

8.2.3.7 制冷剂的问题

由于 VRV 空调系统的管道接头较多，增加了制冷剂泄漏的可能性，且系统的内容积过大，增大了制冷剂充灌量，因此空调机安装的房间要求设计成在出现制冷剂泄漏时，其浓度不会超过极限值。以制冷剂 R410A 为例，它没有毒性和易燃性，但是当浓度上升时却存在室息危险。其极限浓度计算方法是：制冷剂总量（kg）/安装室内机房间的最小容积（m^3）不大于浓度极限（kg/m^3）。用于一拖多的制冷剂的浓度极限为 0.3kg/m^3。浓度可能超过极限值的房间，与相邻房间要有开口，或者安装跟气体泄漏探测装置连锁的机械通风设备。

8.3 多联机系统安装

8.3.1 冷媒配管

8.3.1.1 一般注意事项

（1）冷媒配管存放时必须用端盖或胶带封口；盘管必须横放，且存放必须用木支架等使铜管高于地面，以防尘、防水。

（2）安装工程中铜管壁厚的要求（单位：mm）。

（3）配管外径，见表8-10。

表8-10 多联机配管规格

配管外径/mm	φ6.4	φ9.5	φ12.7	φ15.9	φ19.1	φ22.2	φ25.4
最小壁厚/mm	0.8	0.8	0.8	1.0	1.0	1.2	1.2
配管外径/mm	φ28.6	φ31.8	φ34.9	φ38.1	φ41.3	φ44.5	φ47.6
最小壁厚/mm	1.3	1.3	1.3	1.5	1.5	1.5	1.5

8.3.1.2 配管连接注意事项

（1）冷媒配管焊接时必须进行充氮气保护，在焊接前冲入0.2kgf/cm^2（19.61kPa）的氮气，焊接完成后，直到铜管冷却到一定程度前（手能摸上去的程度，注意不要烫手），要一直通氮气（减压阀控制压力在0.02MPa），充氮保护的目的是防止铜管内壁在高温下产生氧化皮，见图8-8。

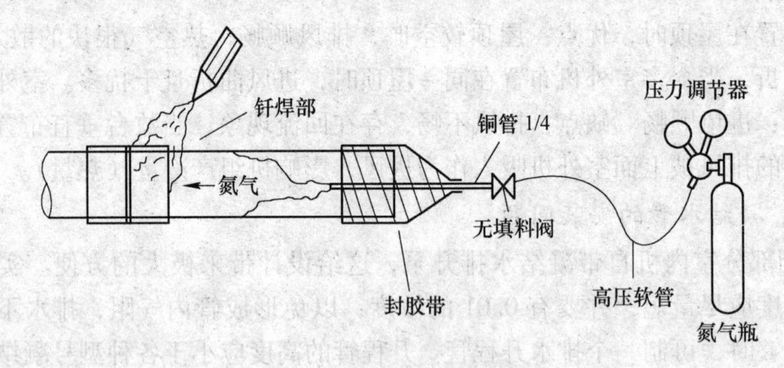

图8-8 充电保护焊示意

（2）铜管必须保温，采用闭孔发泡保温材料；难燃等级B1，耐热性超过120℃的材料，铜管外径$d \leqslant 12.7$mm时，保温层厚度15mm以上；铜管外径$d \geqslant 15.88$mm时，保温层厚度20mm。

（3）冷媒配管安装时，可能会有垃圾杂物进入管内，连接配管到室外机之前一定要清除，请用高压氮气流清洗管道，绝不可用室外机冷媒来进行清洗。

（4）冷媒配管的长度和落差（R410A），见表8-11。

表8-11 冷媒配管的长度和落差

<table>
<tr><th colspan="3"></th><th>允许值/m</th></tr>
<tr><td rowspan="5">配管长/m</td><td colspan="2" rowspan="2">配管总长（实际长）</td><td>≤350（30匹以下）</td></tr>
<tr><td>≤500（30匹以上）</td></tr>
<tr><td rowspan="2">最远配管长</td><td>实际长度</td><td>≤150</td></tr>
<tr><td>相当长度</td><td>≤175</td></tr>
<tr><td colspan="2">第一分歧到最远配管相当长度 L</td><td>≤40</td></tr>
<tr><td rowspan="3">落差/m</td><td rowspan="2">室内机和室外机之间的落差 H_1</td><td>室外机高于室内机时</td><td>≤70</td></tr>
<tr><td>室外机低于室内机时</td><td>≤40</td></tr>
<tr><td colspan="2">室内机-室内机落差 H_2</td><td>≤15</td></tr>
</table>

8.3.1.3 冷媒配管安装工艺流程及技术措施

A 制冷剂配管安装

制冷剂配管工程是直接蒸发式空调系统安装工程中最重要、最细致的部分。配管工程做得好坏，将直接影响到机组的运行效率，严重的甚至影响机组能否正常运行。

a 作业顺序

作业顺序为：预检→施工准备→管道等安装→系统吹污→系统气密性试验→系统抽真空→管道防腐→系统充制冷剂→检验。

b 制冷剂铜管配管三原则，见表 8-12。

表 8-12 制冷剂铜管配管三原则

必须遵守的原则	不符合的主要原因	预防措施	效果
干燥	(1) 雨水、工程用水从外部侵入； (2) 管内凝露产生水分	配管养护、吹净、抽真空	内部无水分
清洁	(1) 焊接时管内生成氧化物； (2) 垃圾、尘埃、异物进入管内	(1) 充氮焊接； (2) 配管养护、吹净	内部无垃圾
气密	(1) 焊接不完全引起的漏气； (2) 扩管不良引起的漏气	(1) 采用合适的材料（铜管、焊条）； (2) 严格遵守焊接规程； (3) 严格遵守扩口规程； (4) 气密试验	制冷剂不泄漏

c 制冷剂配管的管材选择

配管的管材（尺寸规格、材质、管壁厚度等）以及弯头、直管接头、特殊分支（支支接头、分支集管）、焊接材料等，都必须符合有关标准。应仔细阅读带来的安装说明书，按要求进行选择并施工。

(1) 长配管应选用盘铜管，尽可能减少焊接的地方。若无法避免，则该处焊接时需要重点照顾，气密试验时需要重点关心，确保万无一失。

(2) 分支接头、分支集管应该放在可以打开进行检修的吊顶夹层内。

d 制冷剂配管的养护

配管在施工前存放时及在施工中，注意养护是非常重要的，以防止水分、垃圾、尘埃进入配管中。

(1) 管子送到施工现场，无论是直管还是盘管，均要注意不要变形、折弯，两端管口必须加盖盖子，无盖铜管不允许搬入现场。

(2) 配管安装、连接时，未连接的管口必须加盖盖子或用封尾法、捆扎法进行封口。

(3) 在配管、排管施工过程中，配管端口一定要加盖并用塑料袋包裹好。双重保护配管穿墙孔、穿吊顶夹层时端口不会裸露，也就不会有进水、进灰尘的危险，可确保施工过程管内的干燥和清洁。

(4) 下雨时施工，更要密封好配管端口，防止雨水侵入。

(5) 配管切断去毛刺时，要求配管朝下，以防止毛刺粉末进入管内。

e　制冷剂配管允许长度及高度差

在配管安装施工时，必须注意室外机、室内机的安装位置及配管的布局和走向，配管路程应尽量合理、尽量短。

f　制冷剂配管管径尺寸的选定及分支组件的选定

制冷剂配管管径和分支组件的选择原则：

（1）配管安装是从离室外机最远的室内机开始。此时的配管管径应与室内机上的液管管径、气管管径相一致。

（2）根据下游侧的室内机的总容量来选择分支接头的规格。

（3）分支接头之间的配管管径，由连接下游侧的室内机总容量来选定，该管径不能超过室外机的相应的液管管径或气管管径。

（4）室外机与第一分支接头之间的配管，其管径与室外机上的配管管径相一致。

（5）做好记录。在制冷剂配管安装施工过程，要记录好气管、液管的管径及长度，以备将来补充制冷剂用。

g　制冷剂配管的连接

（1）配管与分支接头的连接

1）若配管尺寸与分支接头尺寸不一致，则用割刀在分支接头上割出所要的管径尺寸。

2）分支接头可水平安装或垂直安装。

3）切断部位要注意清除毛刺和金属粉末。

4）分支接头与配管的连接采用焊接。

（2）配管与分支集管的连接。

1）根据配管尺寸在分支集管的某一支管上，用割刀割出所需要的管径尺寸。切割在该管径的中心部位进行。

2）当连接的室内机台数小于分支集管的支管数时，不用的支管应安装闭锁管（分支集管附属品）。

3）分支集管只允许水平安装，不允许垂直安装。

4）切断部位要注意清除毛刺和金属粉末。

5）分支集管的吊架要根据保温后的挂钩来设计。

6）分支集管各支管与配管的连接也是采用焊接。

（3）配管与室内机的连接。

1）室内机的气管、液管均采用扩口连接，首先取下室内机的抛光管接头上的扩口螺母，必须使用两把扳手，一把固定抛光管接头，一把扭转扩口螺母。此时会有少量气体发出“嘶”的声音。

2）将扩口螺母套在配管上，对配管进行扩口加工。

3）安装时抛光管接头的锥形面与配管的扩口面要充分接触并中心对准。

4）涂一些冷冻机油在扩口外表面，便于扩口螺母光滑通过。用手轻轻旋转扩口螺母，由指力锁紧接口。

5）用两把扳手，一把固定抛光管接头，一把扳紧扩口螺母，螺母扭转1.5~2周。确定是否拧紧，做气密性试验时用肥皂水检查。

6）严格讲，扳紧扩口螺母时，一把用普通扳手，另一把应该用力矩扳手，根据力矩来扳紧扩口螺母，如若拧的过紧会损坏扩口。

（4）配管与室外机的连接。

1）室外机的液管与配管的连接和室内机与配管的连接相同，也采用扩口连接，其做法相同。

2）室外机的气管与配管的连接是法兰连接的，安装时，首先从法兰处拆下带有扩口的一段配管，与从室内机引来的气管用焊接连接。

3）重新安装法兰，法兰两面（凹面、凸面）擦净、涂上冷冻机油，放好垫片，再用螺钉拧紧。

h　制冷剂配管的焊接和扩口连接

制冷剂配管的连接（与室内机、室外机、分支组件、弯管接头、直管接头）除了与室内机的连接和与室外机的液管连接采用扩口连接外，其他的连接均采用焊接连接。由于焊接质量的好坏，直接影响到空调的使用，焊接必须由专业人员仔细地进行操作。

（1）焊接要点及注意事项。

1）焊接要求焊口向下或水平横向进行，尽可能避免向上。因为向上须进行仰焊，而仰焊易造成漏焊，成为系统的隐患。

2）制冷剂的配管、分支组件、弯管接头、直管接头，都必须采用指定规格的配套产品。

3）液管、气管的分支组件的安装，必须注意安装方向和角度，以避免引起系统运行故障，或造成除霜时制冷剂流动噪声过大（由制冷剂流动不平衡或冷冻机油短路造成）。因此一定要注意分支接头若水平安装时，其倾斜度一定要小于30°；若垂直安装时，必须完全垂直。分支集管只能水平安装，不要倾斜。

4）焊接材料用于普通场合一般都采用磷铜焊条（BCuP-2）。

5）焊接时应采取充氮气焊接的方法。焊接时要先用氮气冲走配管内空气，然后一边向管内送氮气，一边焊接。焊好后继续送氮气，直至焊点温度降至常温。

6）注意只能用氮气、不能用其他气体；必须使用减压阀，充气的压力约为0.02~0.05MPa。

7）施工现场必须注意防火，场地要干净，无易燃物品。若无法避免易燃物品，则必须采取措施防范，现场必须准备水和灭火器，以备急用。

8）水平管道，应用吊架或托架来支撑。注意无论吊架还是托架，都不能将保温后的配管夹紧，因为必须考虑到铜管的热胀冷缩，见表8-13。

表8-13　支撑间隔的标准

公称直径/mm	20以下	25~40	50
最大间隔/m	1.0	1.5	2.0

（2）扩口工序的作业顺序。

1）把盘铜管拉直，根据长度需要用割刀将铜管割断，注意管与刀面成垂直，慢慢旋转，以防铜管变形。

2）铜管口向下，去毛刺，轻敲铜管，清除毛刺粉末，以防止进入铜管。

3）扩口加工前，记住将扩口螺母插入铜管。

4）用扩口模具（硬性）夹住铜管，模具规格与铜管尺寸要相配，模具内壁要干净。冲模面到管端面的尺寸，必须留足，否则易造成气体泄漏。

5）将冲件尖头对准扩口模具的中心，缓缓地转动手柄，使冲件旋转压向铜管端面，将铜管端面压成喇叭形，听到“咔嚓”声音后，表示喇叭口已压到位，反转冲件手柄，将冲件退出。

6）取下扩口模具，检查扩口内表面光泽是否均匀，扩口部管壁厚度是否一致，扩口部的大小是否合适，可在相应的抛光管接头的锥形面上试一试。扩口部表面应无损伤。若不合格，应将此扩口割去，重新加工。

i 制冷剂配管的冲洗

在配管安装、施工过程中难免有灰尘、水气进入管内，管内也可能会有垃圾生成，因此在配管安装施工结束后，对配管进行冲洗是十分必要的。

冲洗是用气体（如氮气）压力冲刷管壁，将管中可能存在的水气、灰尘、垃圾冲出管外，使制冷剂配管干燥、清洁。同时通过冲洗，也可确认室内机、室外机之间的配管系统的连接是否正常、是否通畅。注意室外机不参加冲洗。整个冲洗流程为：

（1）氮气钢瓶安装减压阀。

（2）用耐压软管连接减压阀与表式分流器。

（3）再用两根耐压软管，一根连接室外机的液侧配管与表式分流器；另一头连接室外机的气侧配管，另一头管口空着。

（4）用手掌按住此空着的管口，打开氮气钢瓶的总阀门，使经过升压后的氮气压力升至0.5MPa。

（5）快速拿开按住管口的手掌，使氮气快速从管口喷出，这就是一次冲刷。

（6）管口放置一块干净的布，氮气喷在布上，可以检查随高速氮气带出的脏物，有时还会发现布有些潮湿，表明管内有水分。

（7）再用手掌按住管子，管内氮气压力再次升高到0.5MPa时，再次放开，再次进行冲洗。反复冲洗，直至无脏物，潮湿也不再出现为止。

（8）所用的气体只能是氮气，不能用其他气体（如用制冷剂或二氧化碳会有冷凝的危险，如用氧气会有爆炸的危险）。

j 气密试验

制冷剂配管完工后，要对整个制冷剂系统进行一次气密试验，以检查各接口（焊接或扩口）以至整个系统的密封性能是否良好，有没有漏点。即使是微小的漏点也是不允许存在的。气密试验用氮气进行。注意室外机不参加气密试验。在接试验软管时，千万不要拧动气侧、液侧的两只截止阀。

（1）对系统从液侧、气侧慢慢地进行加压。

1）第一阶段，当加压到0.3MPa时，保持压力3min，检查有否压力下降。若有，表示系统存在有大的漏点。

2）第二阶段，若加压到0.3MPa，保持压力3min后无压力降，则继续加压到1.5MPa，保持压力3min，检查有否压力降。此时若有，表示系统存在较大漏点。

3）第三阶段，若加压到1.5MPa，保持3min后仍无压力降，则继续加压到4.0MPa，保持压力24h，再检查有否压力降，此时若有，表示系统存在微小的漏点。

（2）观察压力是否下降。如果经过三阶段试压，均无压力降，表示系统气密性良好，属于合格。如果有压力降，则应找到漏气处。几种检查方式如下：

1）常规检查，主要检查焊接处和扩口连接处有否漏气，当然也不排除铜管有砂眼、裂纹等隐患；听觉检查，用耳可听到较大的漏气声而找到漏气口；手触检查，手放在管道连接处，可感觉到是否有漏气；肥皂水检查：肥皂水涂于各连接处，漏气处会冒出气泡。

2）特殊检查。主要检查微小的漏气口，加压试验时发现压力降，而用常规手段又找不到漏气口时。首先将系统中的氮气放至0.3MPa，向系统加输制冷剂（R410A）气体，使压力升至0.5MPa（氮气与R410A处于混合状态），利用卤素探测仪、烷气（石油气）探测仪、电子检漏仪等检查漏气口处，测到的漏气量剧增，如果还发现不了，则继续加压到4.0MPa再次检查。注意加压到4.0MPa，保持压力24h。如果加压时的气温与观察时的气温不同时，每1℃约有0.01MPa的压力变化，应该按式（8-11）修正压力值。

$$修正值=（加压时温度-观察时温度）\times 0.01 \quad (8\text{-}11)$$

（3）气密试验完成后保留室外机液管侧的压力表，系统仍保持0.5~0.8MPa的压力。此状态一直保持到室内装潢结束，系统开始调试时。目的是检查装潢过程中系统的气密性是否受到损坏。

B　多联空调系统冷凝水排水管安装

直接蒸发式空调室内机排冷凝水有自然排水和采用微型提升水泵排水两种方式。

a　排水管的基本要求

（1）排水管的管径应与积水盘排水口的管径相配，略大一些，不宜过大。积水盘排水口可先用排水软管（塑料或橡胶）过渡。排水管的直管套管、弯头、三通等连接件与排水管的规格一定要相同。

（2）冷凝水排管安装斜度至少为1/100。

（3）冷凝水排管应就近排放，尽可能短，如果横向走管比较长时，为了保持1/100的倾斜度，并为了防止冷凝水排管弯曲，应该安装支（吊）架，将排管支（吊）起，间隔见表8-14。

表8-14　排水管支（吊）架间隔

排 管 名 称	公称直径/mm	支（吊）架间隔/m
排水管	25~40	1.0~1.5

（4）存水弯处应安装堵头或阀门，以便于日后清洗。

（5）冷凝水排管必须注意保温，否则会造成二次凝露。到室内机积水盘排水口处都要进行保温，如有软接头，软接头也应保温。

b　采用提升水泵的情况

有些室内机机内带有微型提升水泵。当积水盘内的水位到一定高度，液位开关导通，提升水泵开始工作，将积水盘内的凝露水排入冷凝水排管。水排尽、水泵停机，如此反复。

（1）水泵提升排出之水有一定高度，因此排水提升管不能超过高度限制。不同机型的提升高度不同，安装时应注意。

（2）排水升程管距室内机的距离应小于300mm。

(3) 有提升水泵的室内机，冷凝排水不需要存水弯。

c　多台室内机冷凝水集中排放

(1) 横向主配管从上首安装起，要保证安装的倾斜度 1/100 以上。

(2) 横向主配管不宜太长，所接室内机尽可能少。如果室内机多或距离较远，可以分成两组甚至三组。

(3) 自然排水和提升水泵排水，不要混合在同一个集中排水系统中。

d　注意事项

(1) 冷凝水的排放应该就近，尽可能排入卫生间的下水道。冷凝水排管的垂直管部分应埋入墙内。与下水道的接口必须做好，要防堵防漏，与水电工协调好，做好这个接口，还要与装潢协调好，埋有冷凝水垂直排管的墙面，严禁钉钉子或打洞。尽可能避免冷凝水排管直接向室外排放。

(2) 自然排水式的冷凝水排管安装完成后，从室内机注水口处取下橡胶圈，用手提式补水泵，通过注水口向积水盘注水，检查系统排水是否顺畅，排水后积水盘内是否还留水，各接口是否有漏水。

(3) 提升水泵排水式的冷凝水管安装完成后，尚无法检验，要等电气工程完成后，提升水泵能够工作时，用手提补水泵，从注水口向积水盘注水，注水到一定量，提升水泵开始工作，此时可检查到积水盘中的水正在排除，运行声音从连续到间断，直至停止，属于正常排水。排水结束后，将橡胶圈装回注水口处。

8.3.2　室外机安装

8.3.2.1　室外机安装注意事项

(1) 请确保必要的安装维修空间，且同一系统内模块必须摆放在同一高度上，如图 8-9 所示。

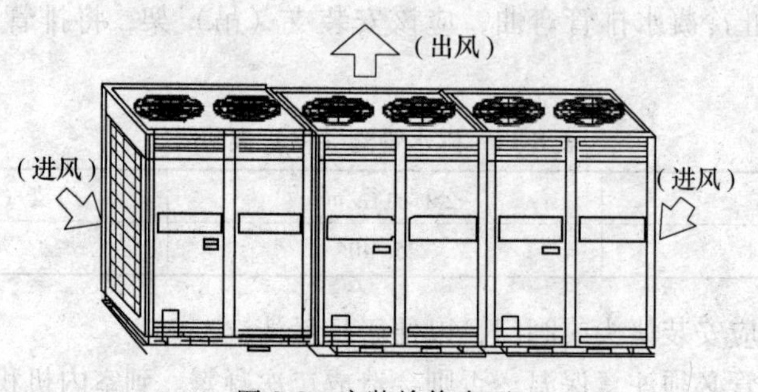

图 8-9　安装检修表面

(2) 室外机与墙的距离 1m 以上，两台室外机之间的距离 300～500mm，如图 8-10 所示。

(3) 独立式的多联机无气平衡管和油平衡管，如图 8-11 所示。

(4) 室外机上方有障碍物，加导流板，如图 8-12 所示。

(5) 当一个系统有多于两台室外机组合时，建议系统中的室外机按从大到小的顺序排列，且最大的室外机放在第一分歧管处，如图 8-13 所示。

(6) 室外机机组间的配管必须水平放置，中间连接段不允许有下凹现象。

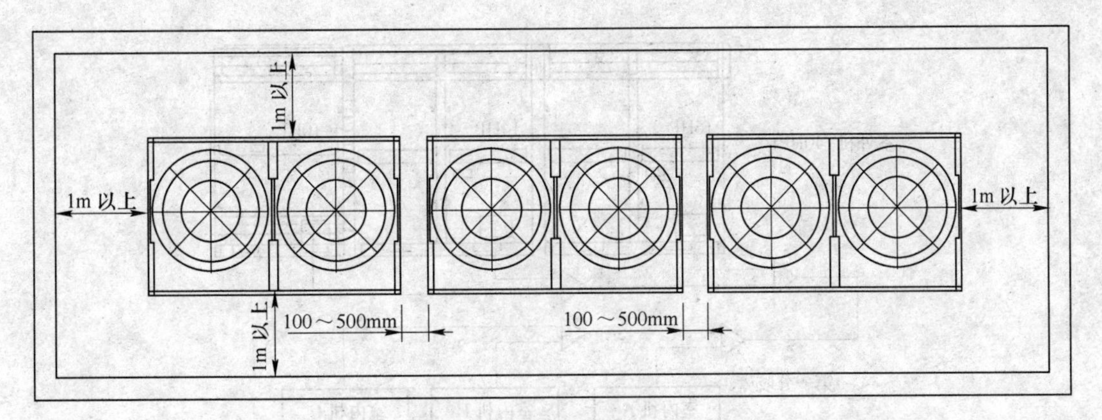

图 8-10　室外机的俯视

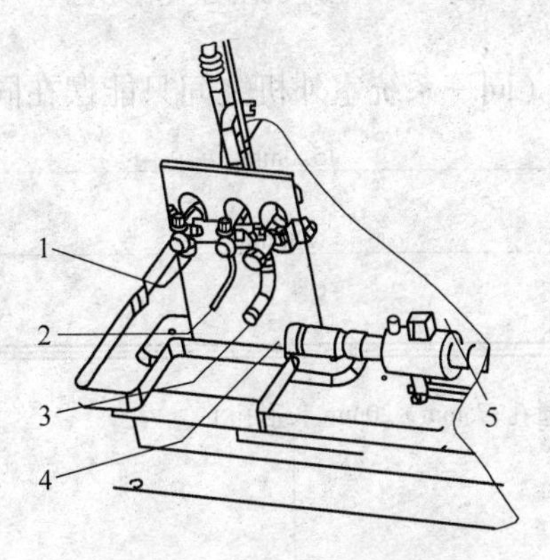

图 8-11　室外机接管示意

注：单一模块时无需连接气平衡管和油平衡管

1—接液侧配管；2—接油平衡管；3—接气平衡管；4—接气侧配管；5—低压球阀

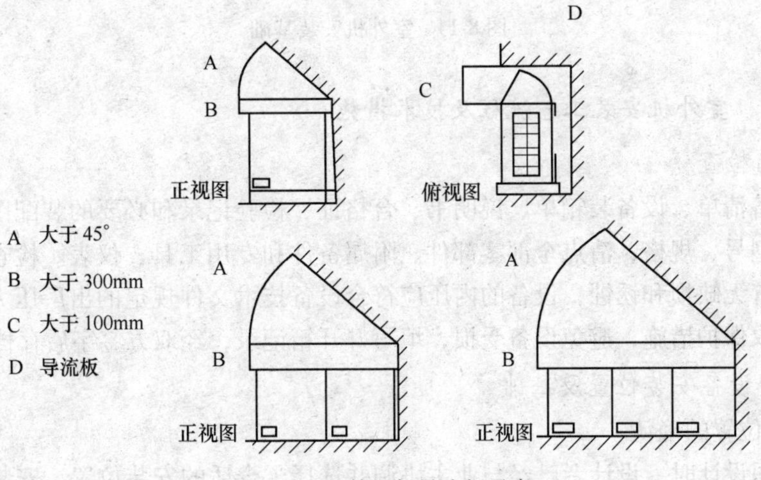

图 8-12　室外机加导流板示意

（7）连接室外机机组间的所有配管不能高于室外机各出管口高度。

（8）分歧管必须水平安装，误差高度不大于 10°。

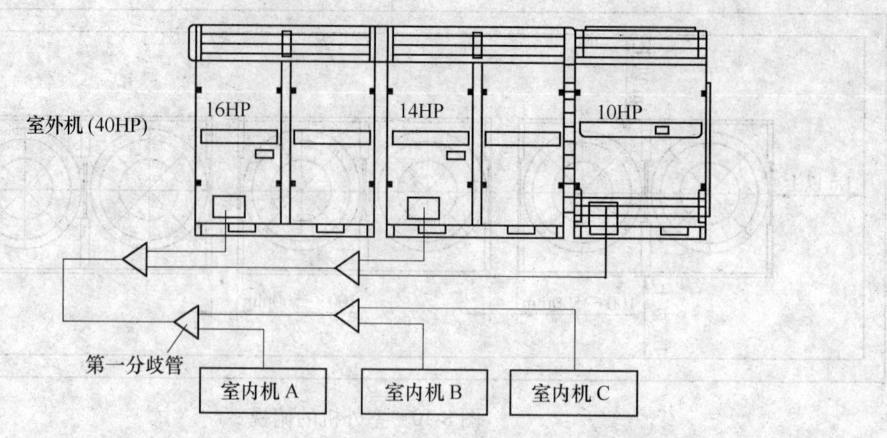

图 8-13　室外机组合安装示意

（9）地脚螺栓安装距离（同一系统室外机之间只能摆在同一高度），如图 8-14 所示。

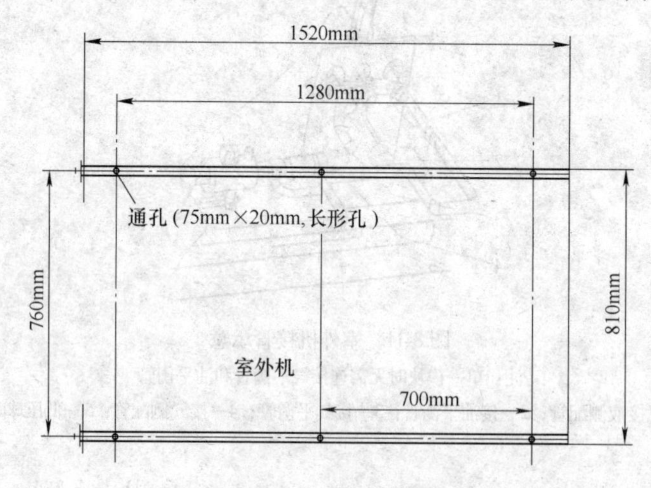

图 8-14　室外机安装基础

8.3.2.2　室外机安装工艺流程及技术措施

A　开箱检查

根据设备清单、设备装箱单、说明书、合格证、检验记录和必要的装配图及其他技术文件，核对型号、规格，清点全部零部件、附属备件和专用工具、仪表。检查设备整体和零部件外观有无缺损和锈蚀，设备的内压应符合设备技术文件规定的出厂压力。开箱检查后，必须采取保护措施，避免设备受损，填写好开箱记录，经双方签字后存档。

B　查验设备安装位置及基础

a　安装位置的确认

在施工图设计时，设计者已经与业主协调并选择了合适的安装位置，安装时应再次确认该位置对安装室外机是否合适。注意事项如下：

（1）该位置处有否可燃性气体泄漏的危险。

（2）室内、外机组之间的制冷剂配管长度及高度差能否保证在允许范围内。

（3）通风是否良好，气流有否短路，维修空间最低要求能否满足。

（4）核实放置室外机的场所的承重能力是否满足要求。

b 安装需要的空间尺寸

在安装室外机时，应考虑到今后维修、保养时的方便，以及通风条件是否良好。

c 室外机的运输

（1）机器在运至安装位置前，切勿拆箱，以防运输过程中可能造成的损坏。如不得不拆箱，则在搬运时要特别小心，不要碰坏机器。

（2）搬运时，室外机的机体倾斜度不得大于30°。

d 室外机的安装

（1）开箱时，首先应检查室外机外观有否损坏。然后核对室外机的铭牌，确认机型、型号、规格是否符合要求，并根据清单清点附件和文件是否齐全。

（2）核实机器的安装尺寸，检查安装机座是否符合要求。

e 室外机就位

（1）室外机与机座之间应加10mm厚的减振橡胶垫，应垫成条形而非仅仅垫四只角。

（2）室外机就位后，要用水平仪或充满水的透明聚乙烯软管检查机器的水平度。水平度保证在±1mm之内，以免室外机运行时由于水平问题产生振动及噪声。

（3）管道的连接、保温应符合设计要求。

8.3.3 室内机安装

8.3.3.1 室内机安装注意事项

（1）室内机结构图，如图8-15所示。

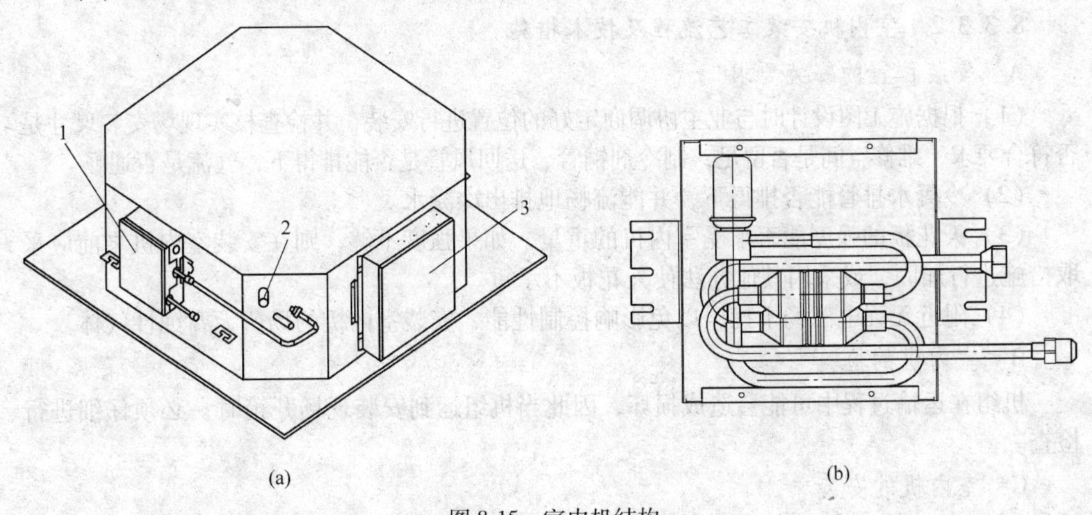

图8-15 室内机结构

（a）四面出风室内机结构；（b）电子节流部件

1—电子节流部件；2—排水管；3—室内机接线盒

（2）室内机安装必须使用双螺母进行固定，以保证固定牢固，内机安装完成后，要对内机进行防尘处理，避免尘土进入机组，导致蒸发器脏堵，如图8-16所示；配管尺寸及拧紧力矩见表8-15。

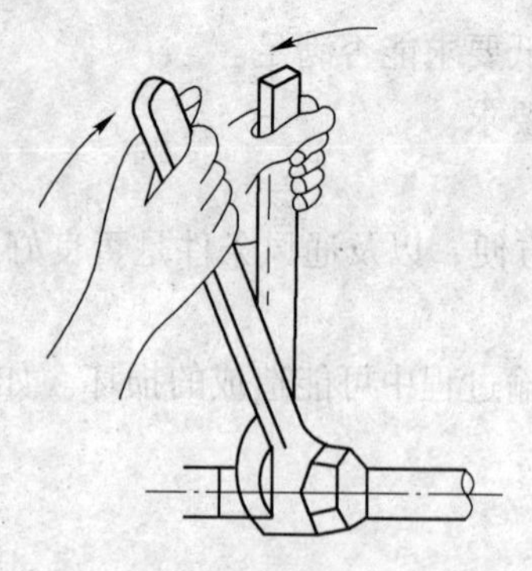

图 8-16 室内机螺母安装示意

表 8-15 配管尺寸和拧紧力矩

配管尺寸/mm	拧紧力矩/N·m^{-1}
ϕ6.4	10~12
ϕ9.5	15~18
ϕ12.7	20~23
ϕ15.9	28~32
ϕ19.1	35~40

（3）室内机注意水平直管的距离：铜管拐弯处与相邻分歧管间的水平直管段距离应不小于0.5m，相邻两分歧管之间水平距离应不小于0.5m，分歧管后连接室内机的水平直管段距离应不小于0.5m，如图8-17所示。

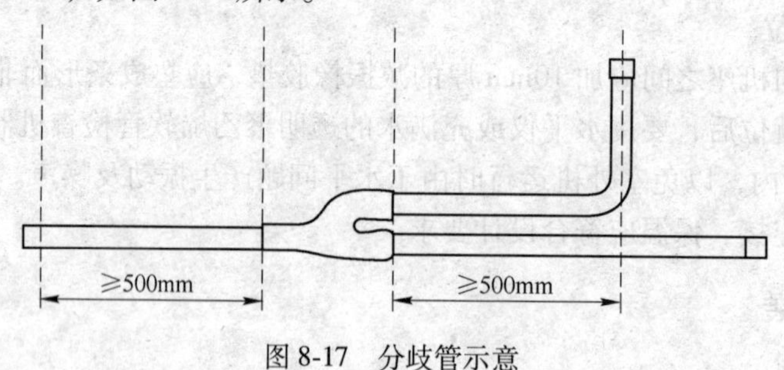

图 8-17 分歧管示意

（4）室内机分歧管注意水平、垂直放置，水平倾斜角度10°以内。

8.3.3.2 室内机安装工艺流程及技术措施

A 安装位置的安装要求

（1）根据施工图设计时与业主协调商定好的位置进行安装，并检查核实现场安装尺寸是否符合要求，维修空间是否留足，制冷剂铜管、送回风管是否能排得下，气流是否通畅。

（2）冷凝水排管能否排得下，并能流畅地排出冷凝水。

（3）天花板的强度能否承受室内机的重量。如果强度不够，则在安装室内机之前应采取措施进行加固，或采用其他办法使天花板不承重。

（4）附近无强电磁场干扰，以免影响控制性能，安装室内机的场所无腐蚀性气体。

B 室内机的检验

机组在运输过程中可能会造成损坏，因此当机组运到安装现场开箱时，必须仔细进行检查。

C 室内机的安装

室机机型号较多，各有安装特点及要求，详见安装说明书。

（1）安装悬吊螺栓。根据施工图确定室内机位置，并按照该机的安装说明书，确定安装悬吊螺栓的位置。使用地脚锚栓、埋头栓、埋头锚栓或膨胀螺栓等安装悬吊螺栓。螺栓规格为M10以上，长度根据室内机安装高度现场定。

（2）将室内机安装到悬吊螺栓上，上下用螺母、垫圈固定。

（3）将室内机调整到现场要求的高度。室内机的最高安装位置，其上平面距天花板至少 30mm。

(4) 用水平仪或充满水的透明聚乙烯软管检查室内机是否水平，并通过调整悬吊螺栓上的螺母进行校正。水平度应保证在±1mm 之内。

(5) 校正好后，拧紧螺母，并用保温材料包裹吊架金属（有的机型可以不包裹）。

8.3.4 电气安装

8.3.4.1 电气系统配线

A 注意事项

(1) 当地采购的所有配线、部件和材料必须符合国标。

(2) 现场所有的配线作业，必须由持证电工完成。

(3) 空调设备应按照所在地有关电气法规接地。

(4) 必须安装漏电保护开关。

(5) 配线与接线座连接时，用压线夹固定且不能有裸露部分。

(6) 室内、外机连接配线系统和冷媒配管系统纳入同一系统。

(7) 电源线与控制线（信号线）平行时，将电线放入各自的电线管中，而且要留有合适的线间距离（电源线电流容量：10A 以下，线间距为 300mm；50A 以下，线间距为 500mm）。电源线端部电压（电源变压器侧）和尾部电压（机组侧）的电压降必须小于 2%，若其长度无法缩短，则电源线需加粗；相间电压差不超过额定值的 2%，且最高与最低相电流差值应小于额定值的 3%。

B 室外机配线

a 室外机电源配线

室外机电源配线，如图 8-18 所示。

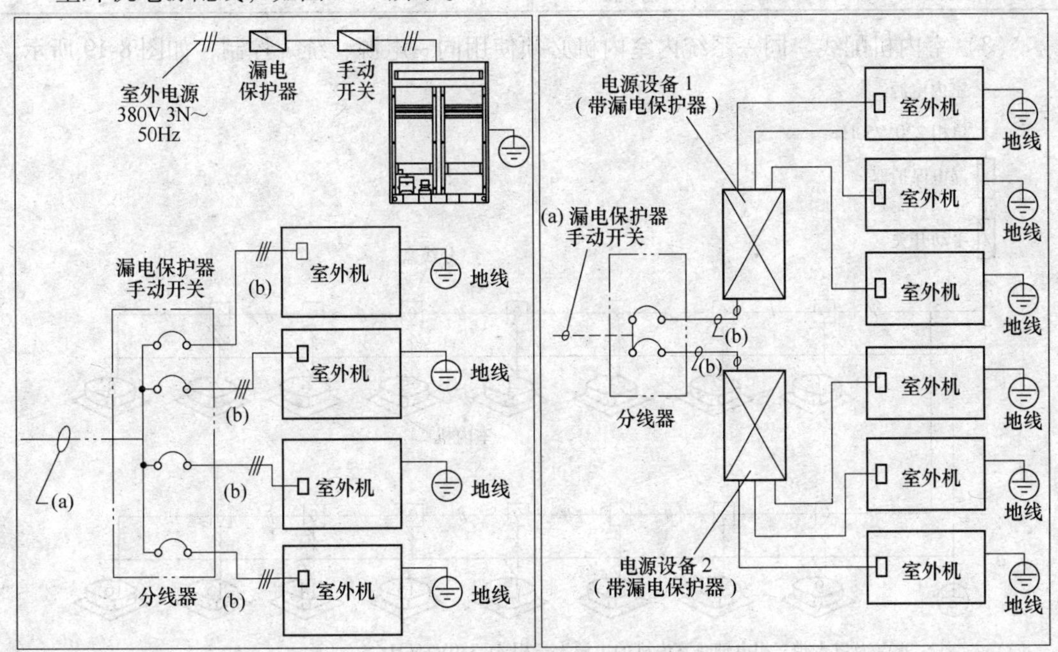

图 8-18 室外机电源配线

b 电线粗细的选定

电源配线是图 8-18 中指到分线器的主干线（a）和从分线器到室外机的配线（b），按如下方法选定电线粗细。

（1）主干线（a）的粗细。根据室外机匹数（HP）之和由表 8-16 得出主干线（a）的粗细。例如，（10HP×1 台+12HP×1 台+16HP×1 台）的情况下，总冷量=38HP。查表 8-16，若主干线（a）的线长在 20~50m 之间，电线粗细为 $50mm^2$。

（2）从分线器到室外机的配线（b）粗细。根据每个电控盒连接的室外机的合计冷量（HP）由表 8-16 得出。

表 8-16 多联机系统配线表

室外机容量 /HP・kW^{-1}	20m 以下 /mm^2	50m 以下 /mm^2	室外机容量 /HP・kW^{-1}	20m 以下 /mm^2	50m 以下 /mm^2
8（25.2kW）	10	16	38（106.4kW）	35	50
10（28.0kW）	10	16	40（112.0kW）	35	50
12（33.5kW）	10	16	42（118.0kW）	50	70
14（40.0kW）	16	25	44（123.5kW）	50	70
16（45.0kW）	16	25	46（130.0kW）	50	70
18（53.2kW）	16	25	48（135.0kW）	50	70
20（56.0kW）	16	25	50（140.5kW）	70	95
22（61.5kW）	16	25	52（145.5kW）	70	95
24（68.0kW）	25	35	54（152.0kW）	70	95
26（73.0kW）	25	35	56（157.0kW）	70	95
28（78.5kW）	25	35	58（163.0kW）	70	95
30（85.0kW）	35	50	60（168.5kW）	70	95
32（90.0kW）	35	50	62（175.0kW）	70	95
34（96.0kW）	35	50	64（180.0kW）	70	95
36（101.0kW）	35	50			

（3）室内机配线。同一系统内室内机必须使用同一电源，统一控制，如图 8-19 所示。

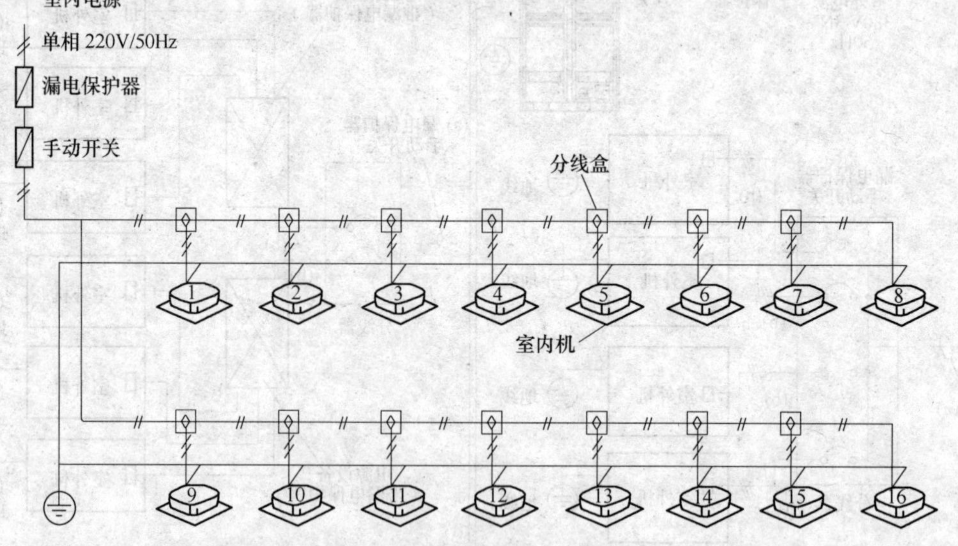

图 8-19 室内机配线

单台室内机电源配线规格见下表 8-17，容量过小将导致配线过热，机器烧损。

表 8-17 电源配线规格

<table>
<tr><th rowspan="3">项目
机型</th><th colspan="5">室内电源</th><th>连接配线</th><th rowspan="3">地线</th><th rowspan="3">漏电保护器</th></tr>
<tr><th rowspan="2">电源</th><th colspan="2">电源开关</th><th colspan="2">电源配线</th><th rowspan="2">室内外机信号线</th></tr>
<tr><th>容量</th><th>保险</th><th>20m 以下</th><th>50m 以下</th></tr>
<tr><td>RXV-22-150
系列，非电辅热</td><td rowspan="2">单相
220V/50Hz</td><td rowspan="2">15A</td><td rowspan="2">15A</td><td>双绞线
2.5mm^2</td><td>双绞线
4mm^2</td><td rowspan="3">（1500m 以下）
3 芯屏蔽线
0.75mm^2 或以上</td><td rowspan="3">单线
2.5mm^2</td><td rowspan="3">20A，30mA，
0.1s 以下</td></tr>
<tr><td>RXV-22-80/D
系列，带电辅热</td><td rowspan="2">双绞线
4mm^2</td><td rowspan="2">双绞线
6mm^2</td></tr>
<tr><td>RXV-90-150/SD
系列，带电辅热</td><td>三相
380V/50Hz</td><td>30A</td><td>20A</td></tr>
</table>

配线连接例子，如图 8-20 所示。

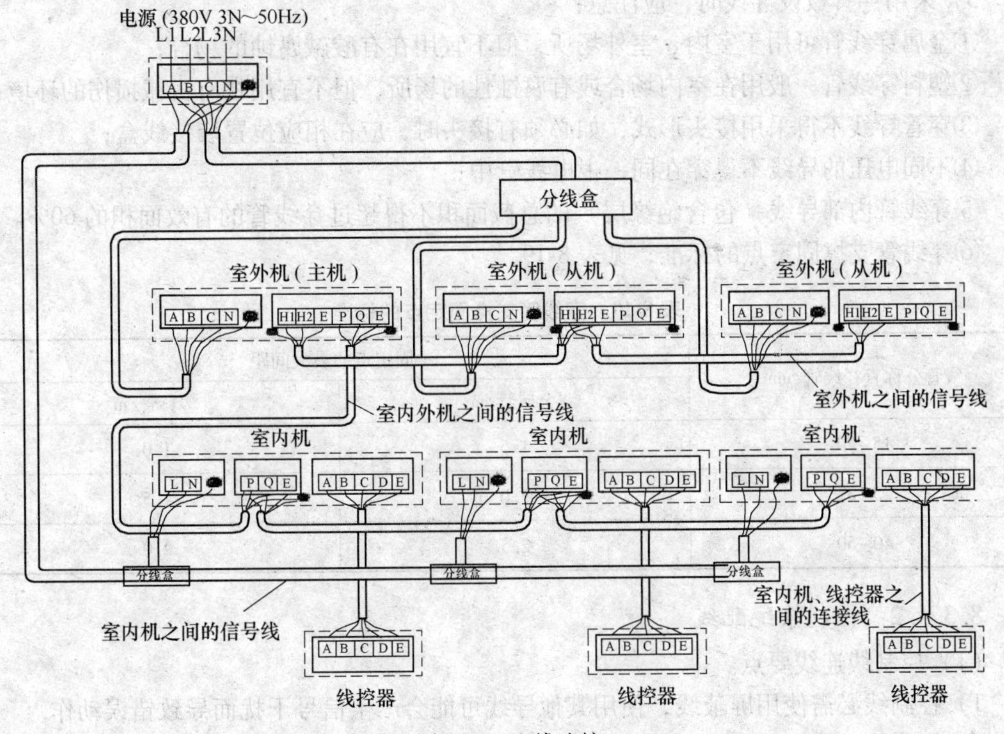

图 8-20 配线连接

（4）漏电保护开关选择。漏电保护开关由漏电脱扣器、零序电流互感器和自动开关组合而成，适用于交流 50Hz、单相 220V 或三相 380V 电路中，主要对有致命危险的人身触电和设备漏电起保护作用，并可用作过载和短路保护，以及在正常情况下作为线路不频繁转换之用。

1）漏电保护开关的选择。根据负载额定电流的总和的 1.5~2 倍来选择漏电保护器。

2）手动开关选择。根据空调的合计匹数，来选用相应的手动开关和保险丝容量，见

表 8-18。

表 8-18 手动开关和保险丝容量

合计容量/HP	手动开关/A	保险丝/A	合计容量/HP	手动开关/A	保险丝/A
8~14	100	75	37~47	300	250
15~18	100	100	48~52	300	300
19~28	150	150	53~56	400	350
29~36	200	200	57~64	450	400

（5）配电线路的敷设要点。

1）敷设线路时应按规定要求，对相线、零线和保护接地（零）线选用不同颜色的导线；

2）隐蔽工程（如室内机安装）的电源线和控制线禁止和冷媒配管捆扎在一起，必须分开穿电线管且单独布置；并且控制线与电源线应至少间隔 500mm。

3）采用穿管敷设导线时，应注意：

①金属穿线管可用于室内、室外场所，但不宜用在有酸碱腐蚀的场合；

②塑料穿线管一般用在室内场合或有腐蚀性的场所，但不宜用在有机械损伤的环境；

③穿管导线不得采用接头形式，如必须有接头时，应在相应位置装接线盒；

④不同电压的导线不得穿在同一根电线管中；

⑤穿线管内部导线（包含绝缘层）的总截面积不得超过穿线管的有效面积的 60%。

⑥穿线管支撑固定点的标准，见表 8-19。

表 8-19 穿线管支撑固定点的标准

线管公称直径线管/mm	固定点的最大间距	
	金属管/m	塑料管/m
15~20	1.5	1.0
25~32	2.0	1.5
40~50	2.5	2.0

8.3.4.2 控制系统配线

（1）控制线连线要点。

1）控制线必需使用屏蔽线，使用其他导线可能会产生信号干扰而导致错误动作。

2）屏蔽线的接地。必须使用三芯聚氯乙烯屏蔽电缆线（RVVP 系列），其中电缆线屏蔽层必须保证可靠、接地（即接在电控盒钣金上）。

3）禁止将控制线和制冷剂管道、电源线等捆绑在一起。当电源线与控制线平行敷设时，应保持在 300mm 以上的距离，以防信号源被干扰。

4）控制线不能形成闭合环路。

5）控制线具有极性，接线时一定要注意。

6）室内机的通讯最末端接上 120Ω 的匹配电阻。

（2）控制线的连接，如图 8-21 所示。

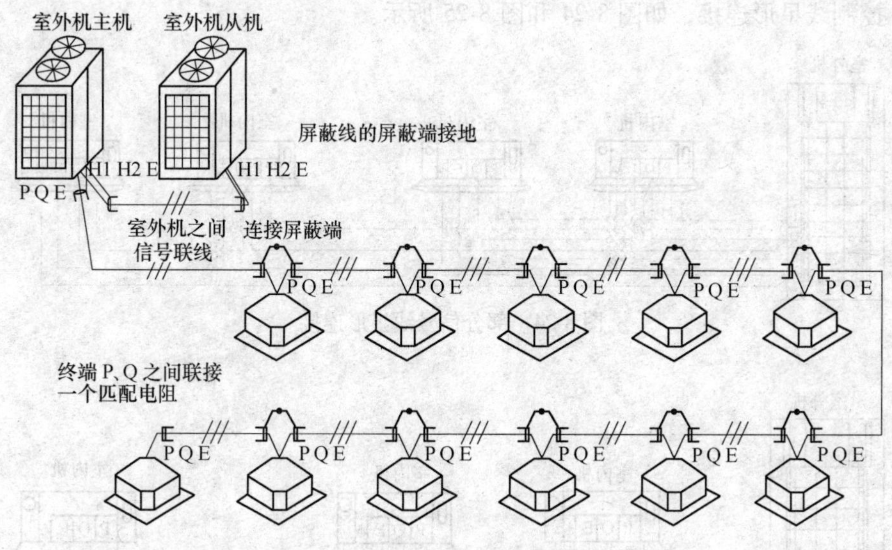

图 8-21　控制线的连接

（3）控制线正确的连接，如图 8-22 所示。

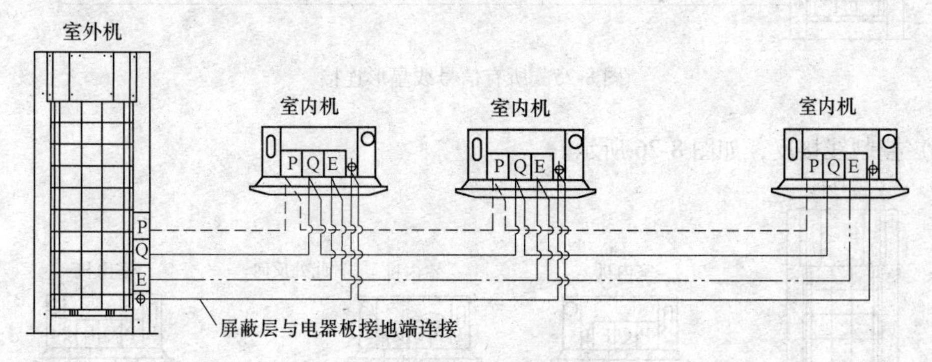

图 8-22　控制线正确的连接

（4）控制线错误的连接。

1）控制线环状连接，如图 8-23 所示。

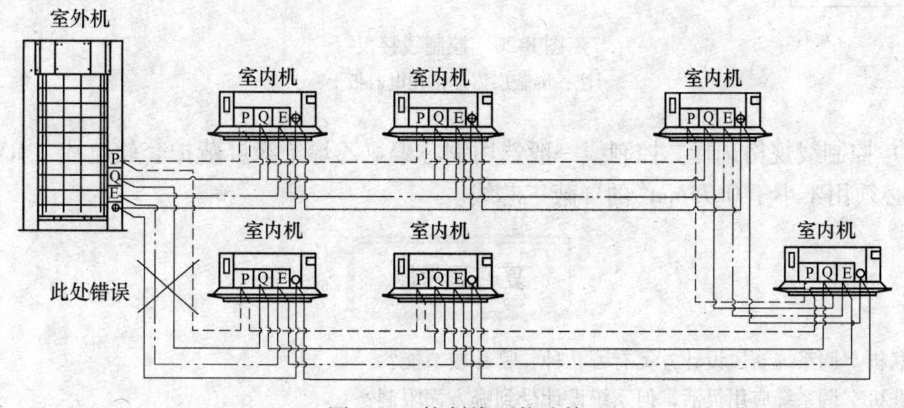

图 8-23　控制线环状连接

2）控制线星形连接，如图 8-24 和图 8-25 所示。

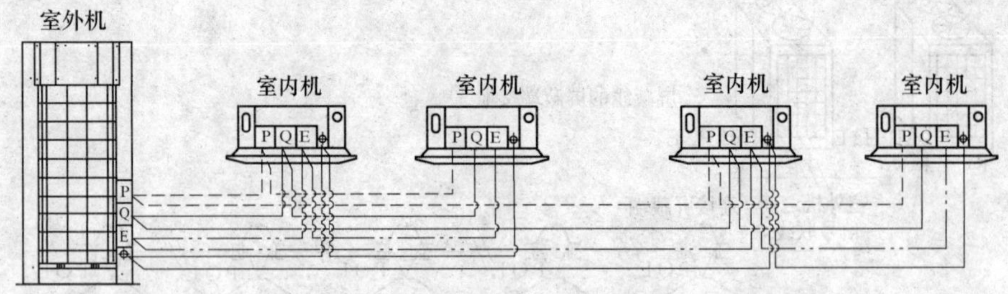

图 8-24 部分信号线星形连接

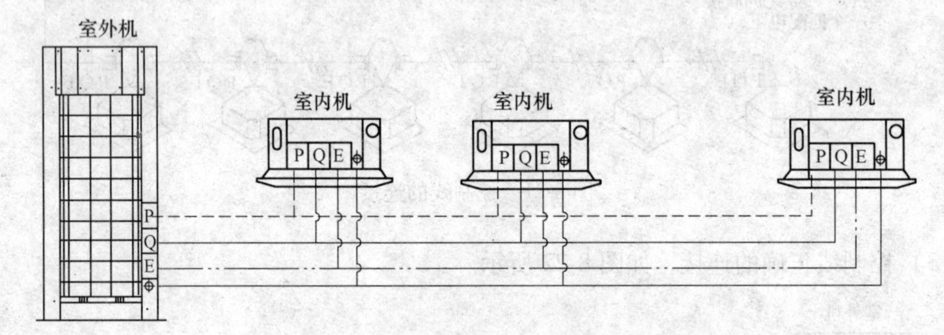

图 8-25 所有信号线星形连接

3）控制线接反，如图 8-26 所示。

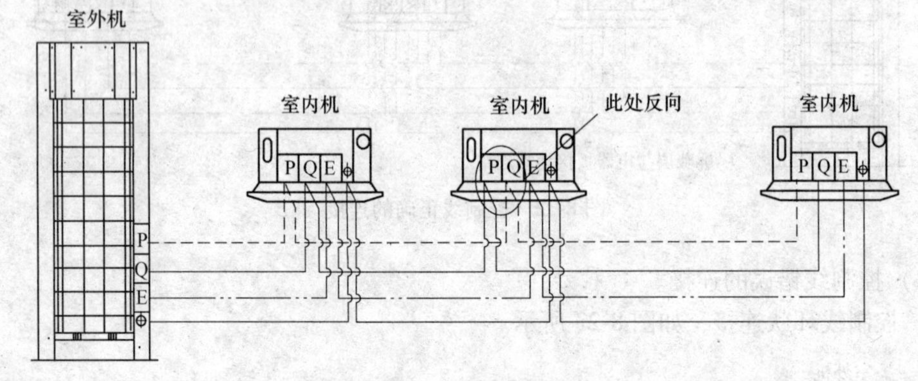

图 8-26 控制线接反

注：屏蔽层需连接在电器板上

（5）控制线规格选择。控制线一般选用铜芯聚氯乙烯绝缘屏蔽护套软电线（RVVP）。控制线必须用不小于 0. 75mm^2 的屏蔽三芯线。

复习思考题

8-1 多联机空调系统新风设计方案有哪几种，哪种较节能？

8-2 多联机空调系统应用灵活，但系统设计受到哪方面限制？

8-3 多联机空调系统安装中注意事项有哪些？

9 设计选型方案案例

9.1 某博物馆空调系统设计分析（水冷螺杆机组）

9.1.1 工程概况

某自然历史博物馆位于烟台市莱山区马山寨，工程总用地面积约为 6.6×10^{4}m^2，总建筑面积为 25887.5m^2，其中空调面积约为 21000m^2。建筑地上面积为 21818.5m^2，共设 3 层，局部 4 层；地下 1 层，面积为 406.9m^2；建筑高度 25.1m。

博物馆地上部分 1~3 层主要功能有主题序厅、美术馆、黄金厅、生物厅、观赏石馆、岩矿厅、地球厅等展厅以及学术交流中心、4D 影院；4 层为办公室和会议室；地下层设有藏品库、采矿石、设备用房、换热站等。

9.1.2 设计参数

博物馆主要房间设计参数见表 9-1。

表 9-1　博物馆室内空气计算参数

房间名称	夏季		冬季		新风量 /m^3·人$^{-1}$·h^{-1}	允许噪声 /dB（A）
	温度/℃	相对湿度 /%	温度/℃	相对湿度 /%		
中厅及通廊	26	≤60	18	40	20	≤42
展厅	26	60	18	40	25	≤40
学术报告	25	60	18	40	25	≤30
藏品库	24	60	18	50		≤42
4D 影院	26	60	18	40	30	≤30
办公室	26	60	20	40	30	≤38

9.1.3 空调系统冷热源

本工程设计空调冷负荷为 3045kW，冷指标为 145W/m^2；设计空调热负荷为 2520kW，热指标为 120W/m^2。冬季热源由室外市政热网供给，在换热站内设两台并列运行的水-水板式换热机器，一次供水温度为 110℃/70℃，经换热器换热后提供 60℃/50℃的空调用热水。夏季冷、热源采用 2 台水冷螺杆机组，单台制冷量为 1400kW，冷冻水供、回水温度 7℃/12℃，冷却水供、回水温度 35℃/30℃。

9.1.4 空调水系统

空调水系统采用两管制机械循环，采用一次泵变流量系统，设计3台并联运行的循环水泵，使用变频控制。换热站内水系统的膨胀定压采用变频调速稳压补水设备，变频补水泵一用一备。根据使用功能的不同，将水系统分为两部分：博物馆1~3层的展厅合用一个水系统；4层办公室为单独水系统，可实现办公室水路系统单独控制。供、回水水平主管道设在地下室1层梁下，水平管道共分出5组管道，供各层的新风机组、组合式空调机组和风机盘管等。整个系统为下供下回异程式系统。

考虑到展厅各区域的用途和使用时间不同，在每个分区的分支管网装设闸阀及手动调节阀，旨在帮助加强楼宇管理及达到更佳的节能效果。

9.1.5 空调风系统

（1）设备用房。展厅、学术报告厅等位于博物馆1~3层，展厅沿建筑四周布置，中间由通廊和中厅连通。

由于展厅面积较大，所以在设计时将每个展厅作为独立的空调系统分区考虑，也方便了各个展厅的独立控制。为减少空调机房占用地上房间，1层展厅及2层生物厅的设备用房均设于地下。由于其他2~3层的展厅及4层办公室至地下设备房距离过长，为节约空调送回风管道、减少管道阻力以及方便各个展厅空调系统的独立运行、控制，因此就近设置空调机房。

（2）地沟新风系统。建筑外立面为玻璃幕墙和装饰石材，屋面为斜飘板，为了不破坏建筑屋面及外立面的整体感，工程的大部分新风均取自于地下风沟，并配合周围景观设计新风风塔。地沟新风是利用外界空气与土壤的温差，使室外新风与地沟进行换热，从而达到节能的目的。冬季时，室外新风在土壤层充分吸收土壤热，温度升高；夏季时，新风温度下降。此种新风预处理方式既节约了能源，又实现了外立面的美观。

（3）博物馆大堂及展厅。博物馆大堂及展厅采用了全空气空调系统，一次回风，空调送风机主要采用组合式空气处理机组。风系统设计了新风热回收装置，达到了节能的目的，其流程图如图9-1所示。

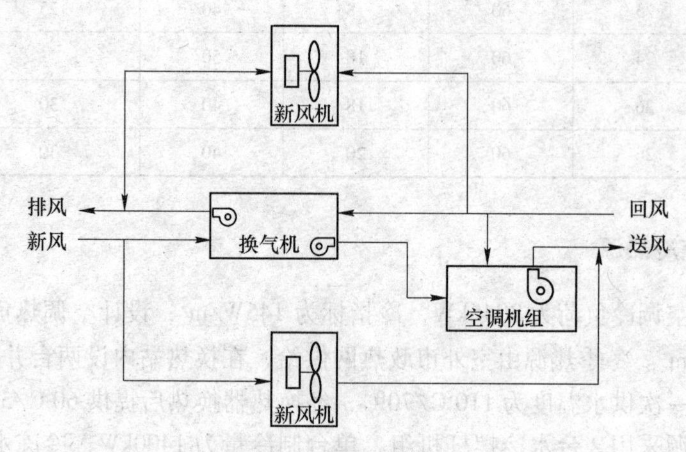

图9-1 能量热回收流程

冬、夏季空调运行时新风换气机组开启，新风机、排风机关闭，室外新风与室内排风换热后进入空气处理机组，充分利用了排风的能量。

过渡季节新风热回收机组可关闭，但与之并联的送、排风机运行，新风直接送入室内，增大了室内新风量。展览场布置期间，场地并不需要精确及舒适的环境。为节能上的考虑，在展览举行的前后期间，设计采用自然通风模式控制。

（4）博物馆大堂。博物馆大堂是博物馆的主要入口，采用玻璃斜幕墙造型。斜幕墙屋面高度为8~14m，空间较高，屋顶的玻璃幕墙造型不设吊顶，因此在设计地面送风形式时，大堂外幕墙边缘配合土建预留风沟，在风沟上嵌镶圆形地面散流器，散流器与地面平齐。散流器的规格为ϕ200，每个风口的送风量为108~180m^3/h。空调机组处理后的一次风送入风沟后，由地板散流器送出，末端最大的平均风速为0.25m/s，既解决了大堂上空无法敷设空调风管的难题，又节约了能量。由于大堂进深较大，幕墙外周围的地面风口无法满足内区的空调需求，因此结合大堂内测三个装饰柱设置了内包送风管道，配合柱面装修设计了3个侧送百叶风口。回风口采用长条形单层百叶，暗藏于大堂墙壁浮雕的下方，回风管道设于相邻的走廊吊顶上部。

（5）主题序厅。主题序厅与博物馆大堂相邻为球形玻璃玻璃幕墙造型，分为上下两层。序厅1层采用地面送风形式，与大堂风格相统一。沿圆形幕墙边缘设置一圆地板散流器，散流器规格为ϕ200。

序厅2层限于管道敷设问题也采用地面送风，2层送风管接入地面风沟，沿装饰柱内腔上升到1层吊顶内，并在2层地面沿外幕墙边缘镶嵌球形喷口，喷口规格为ϕ200，共设60个。喷口可以在±30°范围内调整，满足不同季节送风角度的要求。序厅2层均利用楼梯底部的侧墙做回风口，由封闭的回风间接入回风地沟，用地沟做回风管道，接入空调机房。夏季时，为了防止较高风速的冷气流直接吹向观众，喷口沿玻璃幕墙上的送风方式既阻挡了室外热量进入室内，又使观众处于风速较低的回流区，舒适度较高。

其他展厅及学术报告厅均设吊顶，因此在这些区域，采用上送上回或上送侧回的空调形式，由回风管道或回风管井送回空调机房。展厅吊顶高度为3.6~6m，设计采用顶部圆形旋流风口送风。

（6）4D影院。4D影院设计座位88个，相比其他区域造型比较特殊，内部空间高度较高，吊顶高度为8.5m，室内人员比较集中，并且影院较为封闭，其噪声控制要求较严。观众厅是影院空调系统设计的核心，因此对观众区的气流组织有较高的要求。工程采用全空气座椅送风柱送风系统，其送风示意图如图9-2所示。

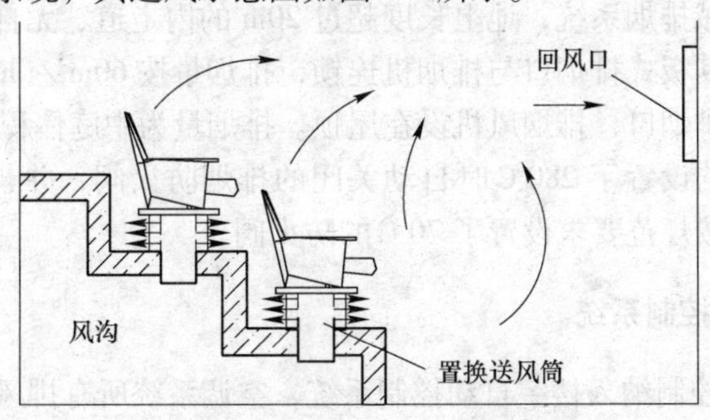

图9-2 座椅送风示意图

利用架空台阶作为送风风沟，将空气处理机组处理后的一次风送入风沟内，再由座椅送风柱送入室内。这种送风方式具有气流流度低、噪声低、温度场、湿度场均匀的特点，送风气流水平、放射状地贴附在地板上，夏季冷风不会直接吹向人体，舒适度较高。空调送风吸收了观众区人体散发的热、湿后进入前部舞台，由回风口进入机房，回风口配合舞台装修设计。新风由地沟引入，排风通过排风竖井排走。设计空调区域只限于观众区较小的范围内，有显著的节能效果。

由于放映机房内易产生高温气体，工程设计了卡式四吹风机盘管和机械排风系统。排风量按每台弧光灯 $700m^3/h$ 计算。

（7）中庭及其通廊。中庭 3 层贯通，屋面高度为 20m，为高大空间。与全室空调相比，分层空调可以减小冷量 30%左右，因此设计采用空调方式。在 3 层走廊吊顶内设置吊顶型空气处理机组，采用条缝型送风口侧送风，直接将冷风送入人员活动区，由通廊角部回风，避免了通风死角。

通廊的东、西、南、北 4 个方向均设置为可开启窗户，实现了 1 层、2 层的东西、南北通透，在过渡季节可充分利用自然通风，在建筑物中部实现了南北、东西、上下的全方位通风，如此布局为周边区域的展厅提供了近似于室外环境的空气氛围，充分节能的同时也为中庭和通廊区域提供了新鲜的室外空气。

1 层通廊采用吊顶式空调机组，双层可调百叶式风口上送风、上回风。回风口采用内配滤网的单层固定斜百叶风口配设消声静压箱。2、3 层通廊及休息区设卡式四吹风风机盘管。

（8）办公室。4 层办公室采用卡式四吹风风机盘管或侧吹带下回风箱的风机盘管系统，同时设独立的空调新风系统。新风空调处理机组吊装在空调机房内。风机盘管设有 3 挡调速开关，便于使用和管理。

9.1.6 防排烟系统

（1）正压送风系统。地上不具备自然排烟的防烟楼梯间及合用前室分别设正压送风系统，地下室防烟楼楼梯间的正压送风单独设置正压送风机。在楼梯间设自垂百叶送风口，火灾时由消防控制中心或就地打开正压送风机；合用前室设多叶送风口，火灾时由消防控制中心电信号开启或就地手动开启多叶送风口，风口连锁启动正压送风机。正压送风时，楼梯间余压为 40Pa，合用前室余压 25Pa。

（2）排烟系统。地下室超过 20m 的内走道及面积超过 $50m^2$ 的藏品库、变配电、采矿场等房间按要求设机械排烟系统，地上长度超过 20m 的内走道、无自然排烟条件的展厅均设置机械排烟系统，其板式排烟口与排烟机连锁，排烟量按 $60m^3/(h \cdot m^2)$ 计算。中庭排烟在 3 层吊顶设板式排烟口，排烟风机设在屋顶。排烟量为中庭体积的 4 次/h。

排烟风机的入口均设置了 280℃时自动关闭的排烟防火阀，并与排烟风机连锁关闭。空调系统的风道上均按规范要求设置了 70℃的防火阀。

9.1.7 空调系统自动控制系统

（1）空调系统的控制纳入楼宇自动控制系统，空调系统所有排风机均设就地控制和楼宇集中控制，可做到远程开关或就地开关。所有空调室内机和室外机在空调控制站内均有运行情况、故障情况显示。中央空调控制站内可以在下班和节假日对空调系统作统一管理。

(2) 空调及供热系统设独立的计费系统，对一次水冷热网做单独计费。换热站内换热器、水泵等设置自动控制系统，对设备的运行情况及故障情况做到有显示报警。

(3) 组合式空调机组的风机设变频控制，可根据室外温度实现机组送风量的控制；机组的袋式过滤器设压差报警装置，当两侧压差超过 120Pa 时控制装置显示信号，以便于对过滤器进行及时清理。

(4) 4 层办公室室内风机盘管设独立的控制系统，风机盘管设 3 挡调速开关，可就地控制室内温度和风机运行状态。

(5) 所有新风机组设防冻保护，在新风入口处设电动两通风量调节阀，当新风机组关闭时，调节阀连锁关闭。

9.1.8 总结

空调设计要考虑系统运行的经济性，设计中采用了一些节能措施：过渡季节展厅的新风直接引入室外新鲜空气；博物馆大堂采用地面送风；中庭采用分层空调；过渡季节通廊采用自然通风模式；展厅采用新风全热热回收装置；采用地沟新风预处理方式；完整的控制手段和控制系统等节能技术。设计实现了在满足温湿度要求及使用灵活的基础上，又达到了降低运行成本的目的。

9.2 水地源热泵案例分析

9.2.1 项目概况

河南省洛阳市某商场改造工程。项目将服装批发市场，改造为一个具有多功能用途的综合性商场。整座商场共有 5 层，包括地下 1 层，地上 4 层。其中地下 1 层不在空调设计范围内，地上 4 层要求夏季制冷、冬季采暖，并有新风需求。总建筑面积为 13200m^2，空调总面积约 8000m^2。整座商场包括卖场、餐厅、银行、洗浴、影厅、游戏厅等。

9.2.2 设计依据及范围

设计依据：

(1) 客户提供的建筑图；

(2) GB 50736—2012《民用建筑供暖通风与空气调节设计规范》；

(3) GB 50189—2015《公共建筑节能设计标准》；

(4) GB/T 14848—1993《地下水质量标准》；

(5) GB 50016—2014《建筑设计防火规范》；

(6)《中华人民共和国节约能源法》；

(7) GB 50366—2009《地源热泵系统工程技术规范》。

夏、冬季室外设计计算参数见表 9-2 和表 9-3。

表 9-2　夏季室外设计计算参数

季节	干球温度/℃	湿球温度/℃	相对湿度/%	室外平均风速 /m · s^{-1}	大气压力 /kPa
夏季	35.9	27.5	75	2.1	98.7

表 9-3　冬季室外设计计算参数

季节	采暖计算温度 /℃	空调计算温度 /℃	相对湿度 /%	室外平均风速 /m · s^{-1}	大气压力 /kPa
冬季	−5	−7	57	2.5	100.8

9.2.3　设计选型

（1）主机选型。整个商场设计总冷负荷为 1900kW，考虑到商场的同时使用率，所选主机的总冷负荷为 1240kW。

应业主要求，采用格瑞德水源热泵机组为广场提供冷热源。水源热泵机组单台制冷量为 1280kW，制热量为 1443kW，选用 1 台 LSWD380H 即可满足广场冷热负荷的要求。水源热泵参数见表 9-4。

表 9-4　机型技术参数

机　组　型　号		LSWD380H
名义制冷量/kW		1296
输入功率/kW		2×117
名义制热量/kW		1443
输入功率/kW		2×159.7
最大运输电流/A		2×309
压缩机形式		半封闭螺杆式
电源电压		3N-380V-50Hz
启动方式		Y-△或分绕组
能量控制		12.5%~100%
制冷剂		R22
冷媒充注量/kg		2×133
控制装置		热力膨胀阀
蒸发器	形式	壳管式
	水阻力/kPa	70~90
	水管管径	*DN*200
	冷冻水水流量/m^3 · h^{-1}	223
	地下水水流量/m^3 · h^{-1}	119.6
冷凝器	形式	壳管式
	水阻力/kPa	70~90
	水管管径	*DN*200
	冷冻水水流量/m^3 · h^{-1}	119.6
	地下水水流量/m^3 · h^{-1}	223

续表 9-4

机组结构形式		卧式
外形尺寸	L/mm	4900
	W/mm	1900
	H/mm	2080
机组重量/kg		5900
运行重量/kg		6500

（2）空调系统设计。商场每层的垂直高度有 5m，每层面积约 2300m^2。考虑到 1、2 层主要以卖场为主，故采用吊顶式风柜为商场输送冷、热源。风柜并排在商场后端屋顶上，连接风管向商场延伸，采用格栅式散流器风口向下吹。

（3）新风系统设计。商场的新风由每层设置的新风机输送到每个风柜的进风口。假设每层人数最多时为 350 人，每人设置新风量为 18m^3/h，每层设置 7000m^3/h 的新风机，满足商场的新风要求。

（4）电影厅的空调系统设计。在电影厅空调系统设计时，关键是采用合理的气流布置。该商场共有 10 个电影厅，座位数从 85 到 130 不等，呈长方形分布。电影厅采用座椅下方送风方式，利用管道的夹层设置送风管道及静压箱，从而实现座椅送风，有利于保证观众区域的舒适度。送风口设于每个座椅下，为 ϕ100 的钢管，预埋在结构板上并高出建筑地面 200mm。在钢管管壁上端 150mm 范围内开设送风孔，当气流到达观众身体处时，风速减弱，达到人体舒适性要求。空调系统的回风设在观众厅后墙上，与风管连接经过放映室与夹层中风柜相连，新风通过每层的新风机连接风管通到每层的夹层风柜中。对于观众厅内新风量的确定，考虑到观众厅人员密集，停留时间较短，为了达到节能的目的，新风量采用 18m^3。机组运行时间可以根据负荷的情况来调整新风以及一次回风的比例。

影厅的观众密集，疏散困难，火灾的危险性较高。考虑到火灾时烟气致命，在观众厅屋顶上设置排风、排烟系统，保证平时的排风量。在发生火灾时，系统可以排除火灾产生大量的烟气。气流分布如图 9-3 所示。

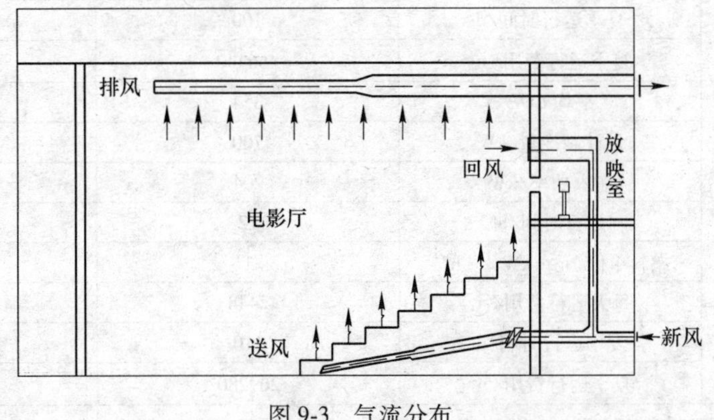

图 9-3 气流分布

9.2.4 对比分析

（1）系统对比见表9-5。

表9-5 系统对比

项 目	地源热泵系统	传统中央空调系统
热源形式	以浅层土壤地热为冷、热源，系统运行时不受外界环境影响，运行稳定，且能效比高	以空气为冷、热源，系统运行时受外界环境的影响较大，能效比低，稳定性差
机组安装	无室外机，不会破坏建筑物的美观程度，无外机噪声，运行宁静	需配置冷却塔锅炉等辅助的设备，还需设置专用机房，放置冷水机组
系统设计	系统无容量限制，设计简单，应用灵活	系统设计较热泵机系统复杂，周期较长
安装调试	机组体积较大，需专用吊装工具	机组体积较大，需专用吊装工具
冬季采暖	冬季采暖时，系统不受外界环境影响，热源充足，适合在低环境温度下运行	冬季制热困难，制热量小，须增加辅助电加热
维护保养	需专业人员定期保养，一般在5年保养一次即可	需专业人员定期保养，一般在5年保养一次即可
使用寿命	20年以上	20年以上
生活热水	在机组运行时，可提供热水，尤其在制冷时，所提供的生活热水完全免费	不能提供生活热水
运行费用	系统能效比高，所以相对运行费用低	运行费用相对较高

（2）运行费用分析对比见表9-6。

表9-6 运行费用分析对比

			传统风冷模块	水地源热泵
夏季	制冷	平均 *COP*	3.3	5.5
		设计制冷量/kW	1296	1296
		输入功率/kW	388.7	234
		运行时间/h	12	12
		燃料单价/元 · kW^{-1} · h^{-1}	1	1
		每天运行费用/元	4664.4	2808
		夏季运行时间/d	100	100
		夏季运行费用/元	466440	280800
冬季	制热	平均 *COP*	3.4	5.5
		设计制冷量/kW	700	700
		输入功率/kW	204	127.3
		运行时间/h	12	12
		燃料单价/元 · kW^{-1} · h^{-1}	1	1
		每天运行费用/元	2448	1527.6
		夏季运行时间/d	110	110
		夏季运行费用/元	269280	168036
全年运行费用/元			735720	448836

9.2.5 机组特点

（1）节省投资，经济适用。水地源热泵中央空调系统不需要专门的冷冻水间、冷却塔等相应的配套设施，省去了基建费用。系统具备极高的能效比，冷凝器常年使用恒定的地下水，蒸发器利用水载冷剂，大大提高了制冷量，制冷量可达普通空调的2~3倍，其用电费用最多可降低70%，效果显著，是一种高效节能的空调产品。

（2）智能控制，多重保护。先进的智能化控制技术，配备人性化触摸按键点阵液晶显示器，不仅功能齐全，而且防水效果良好。同时，机组具有压缩机排气温度过高、高低压、防冻、过电流、缺相、错相、过载及水流保护等多重功能，有效提高了机组运行的可靠性。

（3）维护容易。地源热泵系统的设备运转部件要比常规系统少，因而减少了维护程序，并且更加可靠。由于机组安装在室内，不暴露在风雨中，从而免遭破坏，延长了寿命。

地源热泵系统在运行中没有燃烧过程，因此不可能产生二氧化碳、一氧化碳之类的废气，也不存在丙烷气体，因而也不会有发生爆炸的危险。

（4）高效节能。由于地源温度全年相对稳定，冬季比环境空气温度高，夏季比环境空气温度低，是很好的热泵热源和空调冷源，这种温度特性使得地源热泵比传统空调系统运行效率高40%。因此，地源热泵系统能够节能和节省运行费用40%左右。地源热泵系统的效率比燃烧矿物、燃油、天然气和丙烷的设备都高，它只耗用较少的能量，因而其整个使用寿命期的运行费用较低。

（5）舒适可靠。地源热泵系统供热、供冷更为平稳，减少了停、开机的次数，避免了空气的过热和过冷的峰值。这种系统更容易适应供冷、供热负荷的分区。

如果安装适当，地源热泵系统将可能使用25~30年。地源热泵系统配有2台冷冻水泵和2台地源侧循环水泵，如有需要可以增设热水循环泵为建筑物提供热水。这些设备耗电量是传统系统耗电量的1/3~1/2（埋管系统如果安装及管道材料适当，将使用50年）。

（6）易于改建。建筑物中现有的供热、供冷的风管通常可直接连接到地源热泵系统上，埋管环路系统可安装在诸如房屋前、后花园地下。

（7）改善环境。地源热泵系统所需的制冷量要比普通的供热、供冷系统少。由于安装在室内，在室外就见不到风管、有噪声的空调机及庞大的丙烷罐。

（8）属于可再生能源技术。地表浅层好像一个巨大的太阳能集热器，收集了大量的太阳能，是人类每年利用能量的500倍。这种近乎无限、不受地域、资源限制的低焓热能是人类可利用的清洁可再生能源。并且地能不像太阳能受气候的影响，也不像深层地热受资源和地质结构的限制。另外，地源热泵冬季供暖时，同时对地能储蓄存冷量，以备夏用；夏季空调工作时，又给地能蓄存热量，以备冬用。因此说地源热泵是可再生能源利用技术。

（9）环保效应显著。既不破坏地下水资源，又无任何污染，可以建造在居民区内，没有燃烧，没有排烟，没有噪声，也没有废弃物，不需要堆放燃料废物的场地，且不用远距离输送热量，同时还可以减少污染物的排放。

9.2.6 地源热泵原理

地源热泵技术利用地下土壤、地表水或地下水温，通过消耗少量的电能，达到降温或制冷的目的。热泵原理如图 9-4 所示。图中 A 路通为热泵制冷原理，B 路通为制热原理。

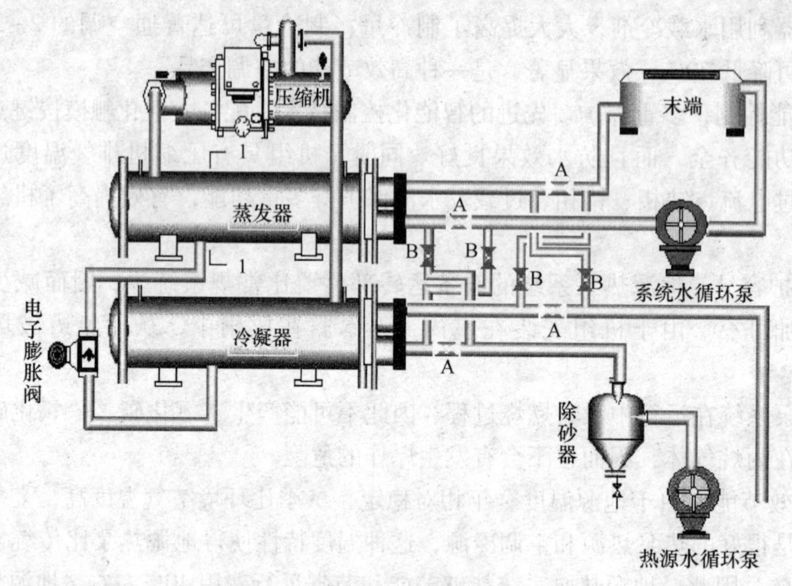

图 9-4 热泵原理

在国家倡导节能减排的大环境下，加上水地源热泵的突出性能特点，相信水地源热泵在河南地区推广会逐渐加大，乃至到整个长江流域都有广泛的应用。

9.3 某大型住宅小区地源热泵空调系统设计分析（地源热泵机组）

由于地源热泵空调系统与常规空调比较有显著的环保、节能等优点，国家对应地源热泵空调工程采取政策上的补贴措施，因此近几年我国夏热冬冷地区在大型住宅小区采用热回收型地源热泵空调系统，夏季制冷、冬季采暖、全年提供卫生热水的工程逐渐增多。下面将以实际案例做一个详细的分析。

9.3.1 工程概况

某小区位于武汉市江夏区汤逊湖畔。其中 44 栋花园洋房，建筑面积为 78927m^2；1 栋专家公寓及室内一恒温游泳池（50m×25m×1.5m），建筑面积为 13795m^2；3 栋 18 层住宅，建筑面积为 28380m^2，总建筑面积为 120700m^2。所有住宅为职工住宅，一次性入住。

根据业主要求，44 栋花园洋房、1 栋专家公寓及室内一恒温游泳池采用地埋管地源热泵中央空调系统，夏季制冷、冬季供暖，并同时提供其一年四季的生活用水及保持游泳池 24 小时恒温；3 栋 18 层住宅仅提供 24 小时卫生热水，不考虑空调。整个工程设置一个空调系统，制冷机房及热交换站设置于专家公寓地下室设备用房内。

9.3.2 空调负荷特点、计算及分析

9.3.2.1 空调冷热负荷计算

A 设计参数

室内设计参数，见表 9-7。

(1) 夏季空调干球计算温度：35.3℃；

(2) 夏季空调湿球计算温度：28.4℃；

(3) 冬季空调干球计算温度：-2.4℃；

(4) 冬季室外计算相对湿度：72%。

表 9-7 室内设计参数

名称	温度/℃		相对湿度/%	新风量	噪声
	夏季	冬季	夏季	$/m^3 \cdot 人^{-1} \cdot h^{-1}$	/dB (A)
别墅	26	18	<65		50
会所	25	20	<65	25	50
幼儿园	26	20	<65	30	50

注：根据业主要求别墅不设计新风。

B 空调冷热负荷计算相对数据

a 建筑维护结构传热系数（建筑节能计算报告）

(1) 外窗：$2.9W/(m^2 \cdot K)$；

(2) 外墙：$1.23W/(m^2 \cdot K)$；

(3) 屋面：$0.83W/(m^2 \cdot K)$；

(4) 分户墙及楼板：$2.93W/(m^2 \cdot K)$。

b 别墅夏季及冬季空调运行时间

夏季：6 月 1 日~9 月 15 日；冬季：12 月 1 日~3 月 1 日（采暖期：12 月 1 日~2 月 10 日）。

c 别墅每天空调运行时间

早晨：6:00~8:00；中午：11:00~14:00；晚上：18:00~23:00~6:00；节假日：7:00~(第二天) 6:00 (24 小时)。

其中，考虑到武汉市气温的实际情况，6 月 1 日~9 月 15 日夜间炎热，需全开空调，增加晚上 23:00~(第二天) 6:00 时段的运行时间。

d 住宅建筑空调负荷的特点

(1) 住宅空调与公共建筑空调负荷计算差别很大。相对公共建筑而言，住宅空调内部发热量少、人员密度和照明度低、换气量小、空调负荷受气候条件及维护结构影响大；

(2) 住宅空调负荷波动性大；

(3) 住宅空调的同时使用系数低；

(4) 单独一栋或数栋设置集中空调系统时，在计算主机容量时，要考虑全部房间的使

用和部分房间使用问题。

e 别墅每天空调运行时间内室内实际人数的调查数据

别墅在每天空调运行时间内，室内实际人数对住宅建筑空调负荷计算及主机选择影响很大。如果人数选择过大，则设计容量及投资大，反之空调效果差。从经济及实际运行效果等多方面考虑，为了使工程更加科学、合理、经济，对某大型小区发放了一万份住宅空调及热水使用情况调查表，有效调查表 900 份。其中一室一厅有 90 户，一人的为 34 户，两人的为 41 户，三人的为 15 户，平均 1.8 人/户；二室一厅的有 360 户，一人的为 6 户，二人的为 101 户，三人的为 187 户，四人为 46 户，五人为 20 户，平均 2.9 人/户；三室一厅有 378 户，二人为 31 户，三人为 153 户，四人为 120 户，五人为 74 户，平均 3.6 人/户；四室一厅有 72 户，三人的为 25 户，四人的为 16 户，五人的为 31 户，平均 4.1 人/户。

f 空调间歇负荷系数

花园洋房（住宅）空调使用为间歇运行，实行分户热计量，间歇负荷系数取值 1.2；专家公寓为连续运行，取值 1.0。

g 建筑冷热负荷同时使用系数

花园洋房（住宅）共有 44 栋，为南车长江车辆有限公司职工住宅。一般小区建筑冷、热负荷同时使用系数为 0.4~0.7，本工程取值 0.6。

h 空调冷、热负荷计算

根据现有条件选用冷、热负荷计算软件，计算结果见表 9-8。

表 9-8 全年夏季空调总冷负荷及冬季供暖总热负荷计算结果

建筑名称	建筑冷负荷/kW	建筑热负荷/kW	建筑冷负荷指标/$W \cdot m^{-2}$	建筑热负荷指标/$W \cdot m^{-2}$	全年累计冷负荷/$kW \cdot h$	全年累计热负荷/$kW \cdot h$	建筑面积/m^2
专家公寓	800	600	62	46	831306	455657	13795
花园洋房	4000	2053	51	26	3393005	1095255	78927
合计	4800	2653			4224311	1550912	92722

建筑逐时项冷负荷最大值：考虑到因室外管网损耗 3%，游泳池及厨房预留 300kW，其值为 $Q=4800\times1.03+300=5250$kW。

建筑热负荷最大值：考虑因室外管网损耗 3%，游泳池预留 500kW，其值为 $Q=2653\times1.03+500=3253$kW。

9.3.2.2 卫生热水负荷特点、计算及分析

根据 GB 50015—2003《建筑给排水设计规范》及 CECS222—2007《小区集中生活热水供应设计规程》计算卫生热水负荷时，自来水温度取值一般按 5℃计算。但由于一年四季自来水温度是随着室外气温变化而改变的，显然在夏季及过渡季节计算卫生热水负荷时，自来水温度取值 5℃是不合理且不经济的，尤其在带热回收的地埋管地源热泵空调系统中，这种取值势必造成地源热泵主机及地埋管数量过大，从而使一次性投资大，实际运行费用增加。对于计算卫生热水负荷时，自来水温度如何取值，从事地源热泵的设计师进行了多方面的研究，在中国南车及百步亭等大型小区带热回收（提供卫生热水）的地源热

泵空调工程设计中进行了大胆的探索，对于相关规范提出了修改意见，获得了宝贵经验，即自来水实际温度与当地一年四季室外气温全年月平均温度及室外自来水管敷设深度有关。武汉市室外气温全年月平均温度见表9-9。

表9-9 武汉市室外气温全年月平均温度 （℃）

月份	1月	2月	3月	4月	5月	6月	7月	8月	9月	10月	11月	12月
月平均温度	4.6	5.4	11.0	17.3	22	26.2	29.7	28.6	24.3	18.4	12.2	6.7

一般城市室外自来水管敷设深度在2m左右，考虑一定安全系数后，自来水实际温度取值如下：

（1）夏季（6、7、8、9月）：20℃；

（2）冬季（12、1、2月）：5℃；

（3）过渡季（3、4、5、10、11月）：10℃。

A 热水设计小时耗热量及设计小时热水量计算

设计小时耗热量计算公式：

$$Q_h = K_h \times \frac{m \times q_r \times C(t_r - t_i) \times \rho_r}{86400} \tag{9-1}$$

式中，m 为用水计算单位数（人数或床位数）；q_r 为热水用水定额，L/(人·d) 或 L/(床·天)；K_h 为小时变化系数；t_r 为热水温度，℃；t_i 为冷水温度，℃；ρ_r 为热水密度，ρ_r = 0.9832kg/L；C 为水的比热；C=4187J/(kg·℃)；Q_h 为设计小时耗热量，W。

设计小时热水量计算公式：

$$q_{rh} = \frac{Q_h}{1.163 \times (t_r - t_i) \times \rho_r} \tag{9-2}$$

式中，q_{rh}为设计小时热水量，L/h；Q_h 为设计小时耗热量，W；t_r 为热水温度，℃；t_i 为冷水温度，℃；ρ_r 为热水密度，ρ_r = 0.9832kg/L。

B 夏季热水设计小时耗热量及设计小时热水量计算

已知条件为热水计算温度60℃，冷水计算温度20℃。计算结果为设计小时耗热量：1504×1.15 = 1730kW；设计小时热水量：32.85m³/h(60℃)；50℃小时热水量：44.0m³/h。

C 过渡季节热水设计小时耗热量及设计小时热水量计算

已知条件为热水计算温度60℃，冷水计算温度10℃。计算结果为设计小时耗热量：2007.9×1.15 = 2309kW；设计小时热水量：35.17m³/h(60℃)；50℃小时热水量：44.0m³/h。

D 冬季节热水设计小时耗热量及设计小时热水量计算

已知条件为热水计算温度60℃，冷水计算温度5℃。计算结果为设计小时耗热量：2361.4×1.15=2716kW；设计小时热水量：37.5m³/h(60℃)；50℃小时热水量：46m³/h。

夏季、过渡季节、冬季热水设计小时耗热量及设计小时热水量见表9-10~表9-12。

表 9-10 夏季热水设计小时耗热量及设计小时热水量计算

建筑名称	人数或床位数	用水定额/L·(人·d)$^{-1}$ 或 L·(床·d)$^{-1}$	小时变化系数	计算耗热量 /kW	计算热水量 /$m^3 \cdot h^{-1}$
专家公寓	110	140	2.6	76.1	1.65
三栋次高层住宅	714	80	3.75	406.9	8.90
花园洋房	1792	80	3.75	1021.0	22.30
合计				1504.0	32.85

表 9-11 过渡季节热水设计小时耗热量及设计小时热水量计算

建筑名称	人数或床位数	用水定额/L·(人·d)$^{-1}$ 或 L·(床·d)$^{-1}$	小时变化系数	计算耗热量 /kW	计算热水量 /$m^3 \cdot h^{-1}$
专家公寓	110	140	2.92	107	1.9
三栋次高层住宅	714	80	3.98	541.6	9.47
花园洋房	1792	80	3.98	1359.3	23.8
合计				2007.9	35.17

表 9-12 冬季热水设计小时耗热量及设计小时热水量计算

建筑名称	人数或床位数	用水定额/L·(人·d)$^{-1}$ 或 L·(床·d)$^{-1}$	小时变化系数	计算耗热量 /kW	计算热水量 /$m^3 \cdot h^{-1}$
专家公寓	110	140	3.12	126	2.0
三栋次高层住宅	714	80	4.26	636.9	10.1
花园洋房	1792	80	4.26	1598.5	25.4
合计				2361.4	37.5

9.3.2.3 游泳池耗热量计算

游泳池耗热量包括池水表面蒸发热损失、池壁和池底传导热损失、管道和净化水设备热损失三项。另外还要加上补充水加热耗热量。

游泳池池水设计温度取27℃，环境温度29℃。

A 水面蒸发损失的热量

游泳池水表面蒸发损失的热量。按下式计算：

$$Q_x = \alpha \times y(0.0174v_f + 0.0229)(P_b - P_q)A(760/B) \tag{9-3}$$

式中，Q_x 为游泳池水表面蒸发损失的热量，kJ/h；α 为热量换算系数，α=4.1868kJ/kcal；y 为与游泳池水温相等的饱和蒸汽的蒸发汽化潜热，kcal/kg；y 取 581.9kcal/kg（1kcal=4.1868kJ）；v_f 为游泳池水面上的风速，m/s，一般按下列规定采用室内游泳池 v_f=0.2~0.5m/s，露天游泳池 v_f=2~3m/s，v_f 取 0.4m/s；P_b 为与游泳池水温相等的饱和空气的水蒸气分压力，mmHg（1mmHg=133.322Pa），当26℃时 P_b=26.7mmHg；P_q 为游泳池的环境空气的水蒸气压力，mmHg，当27℃时 P_q=13.3mmHg；A 为游泳池的水表面面积，m^2；B 为当地的大气压力，mmHg（武汉市为760mmHg）。

$$Q_x = 4.187\times581.9(0.0174\times0.4+0.0229)\times(26.7-13.3)\times1250\times(760/760)$$
$$= 974.9\times1250$$
$$= 1218625(\mathrm{kJ/h})$$

B 游泳池的水表面、池底、池壁、管道及设备等传导所损失的热量

游泳池的水表面、池底、池壁、管道及设备等传导所损失的热量：$Q_y = 20\%\times Q_x = 0.2\times1218625 = 243725(\mathrm{kJ/h})$。

C 游泳池补充水加热所需的热量

游泳池补充水加热所需的热量计算公式为：

$$q_r = \frac{a\times v_f\times\rho(T_d - T_f)}{T_h} \tag{9-4}$$

式中，a 为热量换算系数，a 取 4.187；v_f 为游泳池每日补充水量，$v_f = 1875\times0.05\times1000 = 93750\mathrm{L/d}$；$\rho$ 为水的密度，$\rho = 1\mathrm{kg/L}$；T_d 为游泳池设计温度,℃，T_d 取 27℃；T_f 为游泳池补充水水温,℃，T_f 取 5℃；T_h 为加热时间，h，T_h 取 24h。

$$q_r = \frac{a\times v_f\times\rho(T_d - T_f)}{T_h} = \frac{4.187\times93.75\times1000\times1\times(27-5)}{24} = 359820(\mathrm{kJ/h})$$

故总耗热量为 $1218625+243725+359820 = 1822170\mathrm{kJ/h} = 1822170\times0.278$
$= 506563(\mathrm{W}) = 507(\mathrm{kW})$

9.3.2.4 冬季一天所需热水耗热量及热水量

A 三栋次高层住宅

(1) 耗热量 $Q = \dfrac{m\times q_r\times C\times(t_r - t_i)\times\rho}{3600} = \dfrac{204\times80\times4187\times(60-5)\times0.9832}{3600}$
$= 1026420(\mathrm{W}) = 1026(\mathrm{kW})$

式中，m 为用水计算单位数（人数或者床位数），为 $68\times3\times3.5 = 204$（人）；q_r 为热水用水定额（L/(人·d) 或 L/(床·d)），为 80(L/(人·d))。

(2) 热水量为 $204\times80 = 16320$（L/d）$= 16.3(\mathrm{m^3/d})$。

B 花园洋房

(1) 耗热量 $Q = \dfrac{m\times q_r\times C\times(t_r - t_i)\times\rho}{3600} = \dfrac{1792\times80\times4187\times(60-5)\times0.9832}{3600}$
$= 9016396(\mathrm{W}) = 9016(\mathrm{kW})$

式中，m 为用水计算单位数（人数或者床位数），为 $512\times3.5 = 1792$（人）；q_r 为热水用水定额（L/(人·d)或 L/(床·d)），为 80(L/(人·d))。

(2) 热水量为 $1792\times80 = 143360$(L/d)$= 143.4(\mathrm{m^3/d})$。

C 专家公寓

(1) 耗热量 $Q = \dfrac{m\times q_r\times C\times(t_r - t_i)\times\rho}{3600} = \dfrac{110\times140\times4187\times(60-5)\times0.9832}{3600}$
$= 968558(\mathrm{W}) = 969(\mathrm{kW})$

式中，m 为用水计算单位数（人数或者床位数），为 110 床；q_r 为热水用水定额（L/(人·d）或 L/(床·d)），为 140（L/(人·d)）。

（2）热水量为 110×140=15400(L/d)=15.4(m^3/d)。冬季一天所需的热水耗热量及热水量：耗热量：1026+9016+969=11011kW×1.15=12663(kW)；热水量：16.3+143.4+15.4=175.1(m^3/d)。

夏季一天所需热水耗热量 12663×0.727=9206kW·h（即冬季的 70%左右），为估算值。可根据公式计算，根据地区和功能的不同经验系数也不同，最直接的方法是根据式（9-1）计算。

过渡季节一天所需热水耗热量为 12663×0.9=11396kW·h（即冬季的 90%左右），为估算值，可根据公式计算。根据地区和功能的不同经验系数也不同，最直接的方法是根据式（9-1）计算。

冬季游泳池一天所需热水耗热量为 507×24=12168kW·h。

9.3.2.5 地埋管换热器换热负荷及全年卫生热水负荷计算与分析

A 空调全年总冷凝负荷计算

地源热泵主机夏季 *COP* 取值 5，$Q_{冷凝}$=4224311×1.2=5069173kW·h；夏季空调小时峰值冷凝负荷计算：地源热泵主机夏季 *COP* 取值 5，$Q_{冷凝}$=5250×1.2=6300kW·h；冬季空调需从土壤总取热量计算：地源热泵主机冬季 *COP* 取值 4.5，$Q_{取热}$=1550912×（1−1/4.5）=1209711kW·h；冬季供热小时峰值供热负荷计算：

地源热泵主机冬季 *COP* 取值 4.5，$Q_{取热}$=3250×（1−1/4.5）=2535kW·h；

满足冬季空调需求后的夏季空调负荷总冷凝热量：Q=5069173−1209711=3859462kW·h。

$Q_{冷凝}/Q_{取热}$ 为 4.19，多余的夏季空调总冷凝余热量全部用于卫生热水（过渡季节、冬季）。最终的比值为 1，实现土壤全年热平衡。

B 全年卫生热水负荷统计

冬季卫生热水负荷（12 月、1 月、2 月）：1139670kW·h；夏季卫生热水负荷（6 月、7 月、8 月、9 月）：1104720kW·h；过渡季节卫生热水负荷（3 月、4 月、5 月、10 月、11 月）：1766380kW·h；全年总卫生热水负荷：4010770kW·h。冬季游泳池三个月所需热水耗热量 12168×90=1095120kW·h。

全年总卫生热水负荷 4010770kW·h，而满足冬季空调需求后的夏季空调总冷凝余热量 3859462kW·h，用于全年总卫生热水，其差值为 151308kW·h，再加上冬季游泳池三个月所需热水耗热量 12168×90=1095120kW·h，共 1246428kW·h。显然，夏季空调总冷凝余热全部用于卫生热水及冬季游泳池加热依然不能满足要求，需要采用辅助热源——热水锅炉才能满足卫生热水负荷的要求。夏季空调可不采用冷却塔辅助冷却，按夏季空调冷凝负荷进行地埋管散热。

9.3.2.6 地源热泵机组配置与选型、卫生热水辅助热源设计

根据建筑物总冷负荷、总热负荷，满足夏季、冬季及过渡季节卫生热水负荷要求进行地源热泵机组、锅炉选型及配置。

A 地源热泵机组配置与选型

选择3台格瑞德R22地源热泵机组LSWD380H，制冷工况为7℃/12℃，30℃/35℃，制热工况为45℃/50℃，5℃/10℃；选择两台热回收型地源热泵机组LSWD380HS，热回收量为1000kW·h，制冷工况为7℃/12℃，热水为55℃，两台热回收机组参与夏季制冷，在冬季制热时不参与制热。

B 辅助热源——热水锅炉配置与选型

按冬季生活热水运行计算选配热水锅炉。

a 卫生热水设计小时耗热量

夏季热水设计小时耗热量1730kW，过渡季节热水设计小时耗热量2309kW，冬季热水设计小时耗热量2715kW，冬季游泳池耗热量50kW。

b 夏季卫生热水的使用及地源热泵机组运行模式

夏季卫生热水负荷（6月、7月、8月、9月）为1104720kW·h，平均每天需求9166kW·h，而夏季热水设计小时耗热量为1730kW·h，从节能的角度上来分析，首先应充分利用夏季空调总冷凝余热满足夏季卫生热水需求，其卫生热水是免费提供的。选择两台LSWD380HS，回收量为1200kW·h，满足夏季热水设计小时耗热量1730kW的要求，每天提供9166kW·h，可以满足卫生热水每天使用6h的要求，因夏季空调运行时间为10h，两台全热回收型地源热泵机组每天使用6h满足热水要求后转换为普通地源热泵机组工况工作，可满足空调制冷要求。

c 冬季卫生热水的使用及锅炉的选型配置

从过渡季节热水设计小时耗热量2309kW、冬季热水设计小时耗热量2716kW、冬季游泳池耗热量507kW数据分析来看，两台热回收型水源热泵机组冬季可提供2400kW卫生热水的耗热量。因此，要满足冬季热水设计小时耗热量2715kW、冬季游泳池耗热量507kW则需配置822kW的热水锅炉，即配置1t的燃气锅炉即可，本工程室外热管网较长，热量损失。因此，热水锅炉可选择2t（1400kW）。

C 过渡季节卫生热水的使用

过渡季节热：水设计小时耗热量为2309kW，两台热回收热泵机组可提供2400kW卫生热水的耗热量，满足要求。

a 卫生热水系统设计

热水系统形式简述：在地下室交换间内设$60m^3$热水箱2个，储存全日供应热水2h的热水量供应高层住宅、花园洋房和专家公寓高峰用热水。设计小时耗热量为2716kW，设计小时热水量为$50m^3/h$。热水箱冷水补水由室外供水管接来。

热水供水系统采用两个系统：专家公寓、花园洋房和次高层低层部分为一个系统；次高层的高层部分为一个系统，分别采用两套变频供水设备供应热水。

热水供、回水管同程设置。热水干管和管井内热水立管设循环管，热水循环采用机械循环方式。每个系统在地下室设置两台热水循环泵（一用一备），由设在泵前回水管上的温度控制器控制热水循环泵的启、停。

进户热水支管不设循环管，建议采用电伴热系统，以保证热水出水温度达到使用要求（电伴热系统预算价格为 180 元/m）。次高层住宅和花园洋房热水采用分户计量，在管井内设分户热水表。

b 空调系统设计

（1）空调水系统设计。因工程单体建筑多，制冷机房位于专家公寓地下室内，冷、热源位置在总平面左侧，且室外管线较长，每栋单体建筑距制冷机房距离差别大。经综合考虑，设计过程中将 44 栋花园洋房空调水系统分为三个分区，专家公寓为一个分区，共四个分区，每个分区水系统为一个环路，同程敷设。每栋建筑花园洋房单体空调供、回水立管设置于水管井内，立管敷设采用异程系统，户内采用独立的水平异程环路。室外空调供、回水干管采用直埋敷设的方式，管材采用成品泡沫夹克直埋保温管。水管埋深距室外地面 1.5m 左右。

空调水系统采用二次泵变流量系统，一次泵采用定频水泵；二次泵采用变频水泵。

（2）空调系统设计。花园洋房采用风机盘管系统，根据业主要求，花园洋房不设置新风系统；专家公寓采用风机盘管+新风系统。

（3）空调分户热计量。在花园洋房每户进空调水管上设置带远程信号热量表进行分户热计量表（热计量表设置在每层管道井内），其信号传输至物业管理中心进行统一收费管理。为达到收费的合理性，在专家公寓及花园洋房空调水管上设置电表与其他非空调用电分开，花园洋房每户户内风机盘管用电直接接入户内照明用电，由每户直接付费。专家公寓空调末端用电接至专家公寓电表。

9.3.2.7 工程初投资分析

工程初投资见表 9-13。

表 9-13 工程初投资

类 型	投资/万元
地源热泵机组	310
水泵及附属设备	90
机房安装	110
锅炉及安装	35
室外地埋管系统	1350
空调室外管网	260
室内系统	1000
热水系统	450
热计量系统及数据采集系统	350
总计	3955
折合约 460 元/平方米	

9.3.2.8 全年空调、卫生热水运行费用分析

每年夏季 120 天、冬季 90 天、过渡季节 150 天，每天运行 24h，住宅同时使用系数为

0.6，电价根据业主情况具体确定，暂按0.65元/(kW·h) 统计。夏季、冬季水泵总功率400kW；过渡季节水泵总功率150kW。全年运维费用分析见表9-14。

表9-14 全年运维费用分析表

项目 \ 冷热源方式	地源热泵+锅炉		
季节	夏季	过渡季节	冬季
能源形式	电	电	电
单位	kW·h	kW·h	kW·h
价格/元	0.65	0.65	0.65
用量	2115000kW·h	661000kW·h	1120000kW·h
电费/万元·年$^{-1}$	138	43	3
锅炉运行费用/万元·年$^{-1}$	19		
年维护保养费/万元	5		
全年运行费用合计/万元·年$^{-1}$	328		
折合每年运行费/元·(年·m^2)$^{-1}$	38		

其中，夏季空调为15元/(年·m^2)（空调建筑面积93027m^2），卫生热水免费提供；过渡季节卫生热水3.6元/(年·m^2)（建筑面积120000m^2）；冬季空调+卫生热水为19.4元/(年·m^2)（建筑面积120000m^2）。

9.3.2.9 室外地埋管换热器设计及施工

根据建设方及代建方提供的相关地埋管换热测试报告得知地埋管换热测试效果。

a 地埋管换热测试结果

夏季地埋管放热量：地埋管进口温度37.5℃，出口温度35.5℃，钻孔深度40m时，井深放热量为61.2W/m；冬季地埋管取热量：地埋管进口温度7℃，出口温度8.2℃，钻孔深度40m时，井深放热量为36.9W/m。

b 地质勘测结果

地质勘测结果见表9-15。

表9-15 地质勘测结果

土壤性质	K_s /W·m^{-1}·K^{-1}	土壤扩散系数 /m^2·h^{-1}	土壤比热 /kJ·kg^{-1}·℃$^{-1}$	回填材料	导热系数 /W·m^{-1}·K^{-1}
轻饱和土壤	0.86	0.0019	1.05	膨润土混合黄沙	2.4
岩石	2.2	0.005232	1.75	膨润土混合水泥砂浆	2.91

c 竖直U形地埋管换热器设计要点及主要依据

根据地埋管换热测试系统测试及地质勘查结果，本工程竖直U形地埋管换热器设计要点如下：

（1）埋管地源热泵空调系统形式。按夏季冷凝负荷 6300kW 进行埋管，采用热回收型混合式地埋管地源热泵空调系统。井距为 5m×5m，井径 130mm，总井数 1750 口。夏季空调可以不采用冷却塔辅助冷却，按夏季空调冷凝负荷进行埋管散热。

（2）地埋管方式。采用竖直埋管的方式，竖直埋管群井均布置在室外绿化地带，其形式为单 U 形管，管径为 DN25（管内水流速 0.6m/s），管材及附件采用高密度聚乙烯 PE 管（承压 1.6MPa）。埋管深度取 60m。

（3）地埋管钻孔井径、回填材料。地埋管钻孔井径为 130mm，其回填材料在灰岩层采用原土混合一定比例的砂水泥回填；在黏土层采用含 10%膨润土，90%SiO_2砂子的混合物回填。

（4）地埋管管内循环介质。地埋管内循环介质为水。

（5）室外地埋管水平干管敷设方式。室外地埋管水平干管采用直埋方式敷设，其埋深在室外地面 2.2m 以下，均避开其他室外管线。

（6）室外地埋管换热器水系统。室外地埋管水系统为一次泵定流量系统，分 16 个环路（管径 D180）分别接至地下室冷冻机房一级集分水器、分水器。二级集分水器各为 16 个，每套二级集分水器内连接约 110 口井，分五个水平同程环路敷设，同时在每套二级集分水器处设置检查井。

（7）土壤平衡措施。全年利用热回收地源热泵机组提供卫生热水，作为辅助冷却源措施。在地埋管水系统供、回水总管上设有温度、流量传感器，对全年地埋管换热器夏季释放热总量、冬季取热总量进行计量。当夏季空调总冷凝热与冬季总取热量平衡后，再开热水锅炉提供卫生热水。

（8）土壤温度数据采集系统。工程设有一套土壤温度数据采集系统。在室外地埋管区域选择 12 个采集点，每个点垂直方向每隔 10m 设置一个土壤温度传感器（共 72 个）对地埋管区域的土壤温度数据进行全年的数据采集分析，以对空调系统实际运行方案及土壤热平衡措施、卫生热水的使用进行科学的指导。

（9）地埋管换热器主要设计数据。

1）分六区域埋管，总井数为 1750 口；

2）井距为 5m×5m，井径 130mm，井深 62m，有效埋深 60m；

3）总埋管长度：210000m（未含水平干管），PE100，DN25；

4）占地面积：18000m^2。

9.4 VRV 多联机系统案例分析

VRV 空调系统全称是 Varied Refrigerant Volume（简称 VRV），是一种冷剂式空调系统，它以制冷剂为输送介质，室外主机由室外侧换热器、压缩机和其他制冷附件组成，末端装置是由直接蒸发式换热器和风机组成的室内机。一台室外机通过管路能够向若干个室内机输送制冷剂液体。通过控制压缩机的制冷剂循环量和进入室内各换热器的制冷剂流量，可以适时地满足室内冷、热负荷要求。VRV 系统具有节能、舒适、运转平稳等诸多优点，而且各房间可独立调节，能满足不同房间不同空调负荷的需求。

VRV 就是可变流量的意思，它是依赖于机电方面的变频技术而产生的空调系统设计安装方式。由于 VRV 系统只是输送制冷剂到每个房间的分机，所以不需要设计独立的风道（新风系统另外安排风道），做到了设备的小型化和安静化。给建筑设计单位、安装公司以及业主都提供了便捷、舒适和经济的完美选择。

9.4.1 工程概况

工程位于内蒙古自治区呼和浩特市市郊，建筑面积共约 10000m^2，共有两栋建筑，一栋为学员教学综合楼；另一栋为干部学员生活用房，学员教学综合楼包括教学部分和客房部分。

根据业主要求，学员教学综合楼中教学部分不需要设计空调，只有客房部分需要设计空调；干部、学员生活用房中食堂、宴会厅设计空调，其他部分不需要设计空调。

须实现节能、舒适的空调环境；运行费用低；设计无须考虑冬季采暖，但需要考虑过渡季节空调设计。

由于无制冷机房，需设计风冷机组，根据业主要求，设计 VRV 多联机系统。

9.4.2 空调负荷特点、计算及分析

9.4.2.1 室外设计参数

室外设计参数如下：

（1）夏季空调干球计算温度：29.9℃；

（2）夏季空调湿球计算温度：20.8℃；

（3）大气压：88.94kPa；

（4）室外平均风速：1.5m/s。

9.4.2.2 室内设计参数

室内设计参数如下：

（1）设计温度：(24±2)℃；

（2）相对湿度：小于 65%；

（3）噪声：50dB（A）。

9.4.2.3 空调冷负荷计算相关的数据

（1）建筑围护结构传热系数如下：

1）外窗：2.9W/(m^2·K)；

2）外墙：1.23W/(m^2·K)；

3）屋面：0.83W/(m^2·K)。

（2）空调冷负荷指标见表 9-16。

表 9-16 空调冷负荷指标

建筑名称	冷负荷指标/W·m^{-2}	空调面积/m^2	冷负荷/kW
客房	80	5300	420
食堂	120	2660	319

续表 9-16

建筑名称	冷负荷指标/W·m^{-2}	空调面积/m^2	冷负荷/kW
宴会厅	120	980	117.6
办公	80	960	76.8

9.4.3 空调系统设计

(1) 综合楼：宾馆部分设计 VRV 系统，共五层，总冷负荷为 420kW，共设计了 3 个系统。一二层为 K-1 系统；三四层宾馆部分为 K-2 系统；五层宾馆部分及三四层的领导办公室为 K-3 系统。宾馆部分全部采用标准静压风管机，领导办公室采用四面出风嵌入式。

(2) 生活用房：设计 VRV 系统，共三次，总冷负荷为 520kW，全部采用四面出风嵌入式，共分为四个系统。

(3) 设备性能：多联机系统采用高 *COP* 值的 R410A 环保冷媒热泵机型并设置一套智能集中控制系统。

本项目控制系统可实现的功能如下：

(1) 与 LCD 遥控器那样，能对 64 组（区）室内机进行个别控制；

(2) 遥控器可以从两个不同地方进行控制；

(3) 可实现区域控制；

(4) 故障代码显示；

(5) 可以统一 ON/OFF（开/关）控制器，日程定时器和 BMS 系统组合使用；

(6) 可对各组内的室内机的空气流量和流向加以控制；

(7) 可实现网络智能控制，通过电脑控制室内机的运行；

(8) 室外机布置，根据结构要求布置在楼顶，做混凝土基础。

宴会厅部分及客房部分如图 9-5、图 9-6 所示。

9.4.4 VRV 多联机空调系统的原理及特点

VRV 空调系统是在电力空调系统中，通过控制压缩机的制冷剂循环和进入室内换热器的制冷剂流量，适时地满足室内冷、热负荷要求的高效率冷剂空调系统。其工作原理是由控制系统采集室内舒适性参数、室外环境参数和表征制冷系统运行状况的状态参数，根据系统运行优化准则和人体舒适性准则，通过变频等手段调节压缩机输气量，并控制空调系统的风扇、电子膨胀阀等一切可控部件，保证室内环境的舒适性，并使空调系统稳定工作在最佳工作状态。

VRV 空调系统具有明显的节能、舒适效果。该系统依据室内负荷，在不同转速下连续运行，减少了因压缩机频繁启、停造成的能量损失。采用压缩机低频启动，降低了启动电流，电气设备将大大节能，同时避免了对其他用电设备和电网的冲击，具有能调节容量的特性，改善了室内的舒适性。

VRV 空调系统具有设计安装方便、布置灵活多变、建筑空间小、使用方便、可靠性高、运行费用低、不需机房、无水系统等优点。

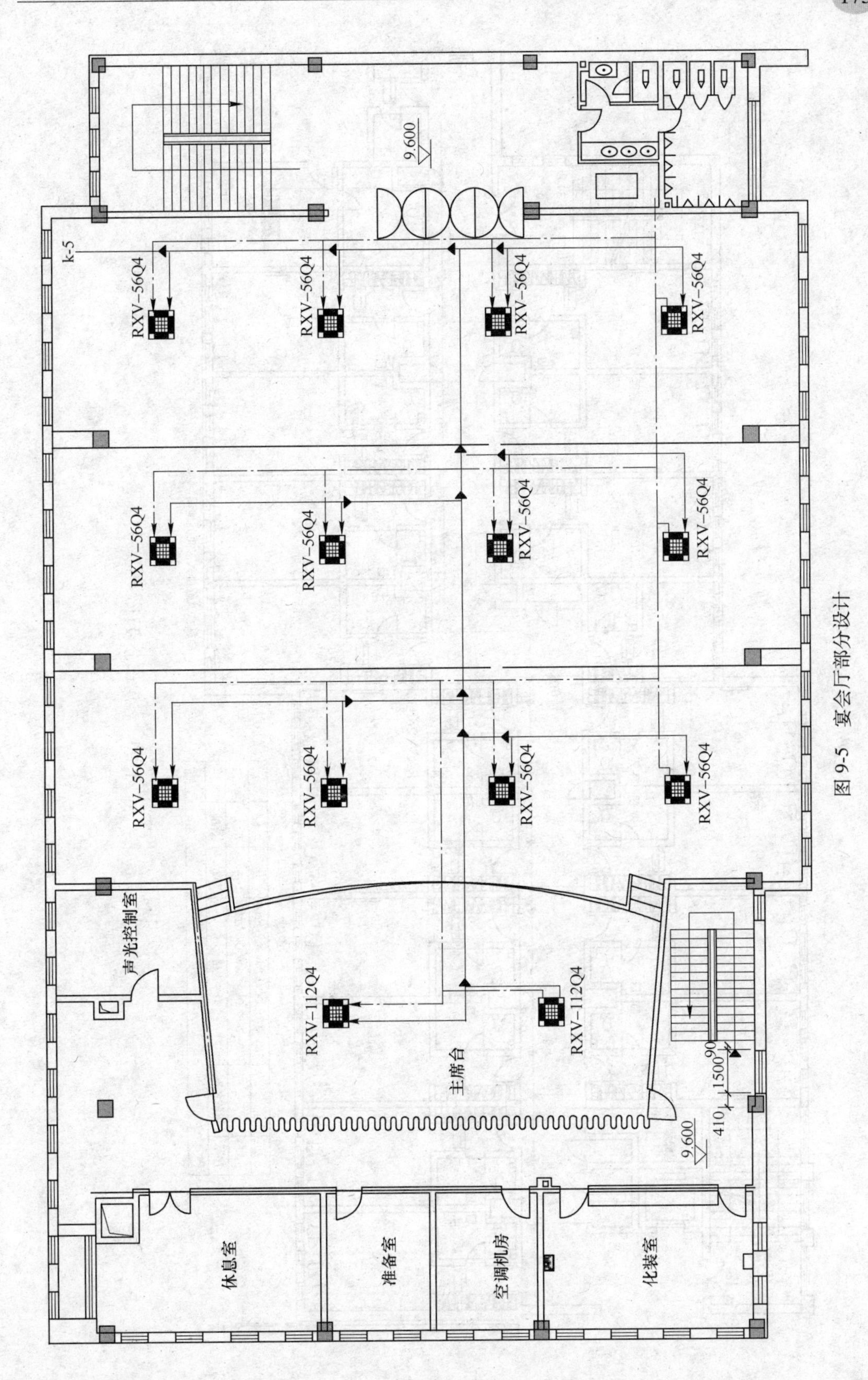
9.600
k-5
RXV−56Q4
RXV−112Q4
声光控制室
主席台
1500
90
410
休息室
准备室
空调机房
化装室

图 9-5　宴会厅部分设计

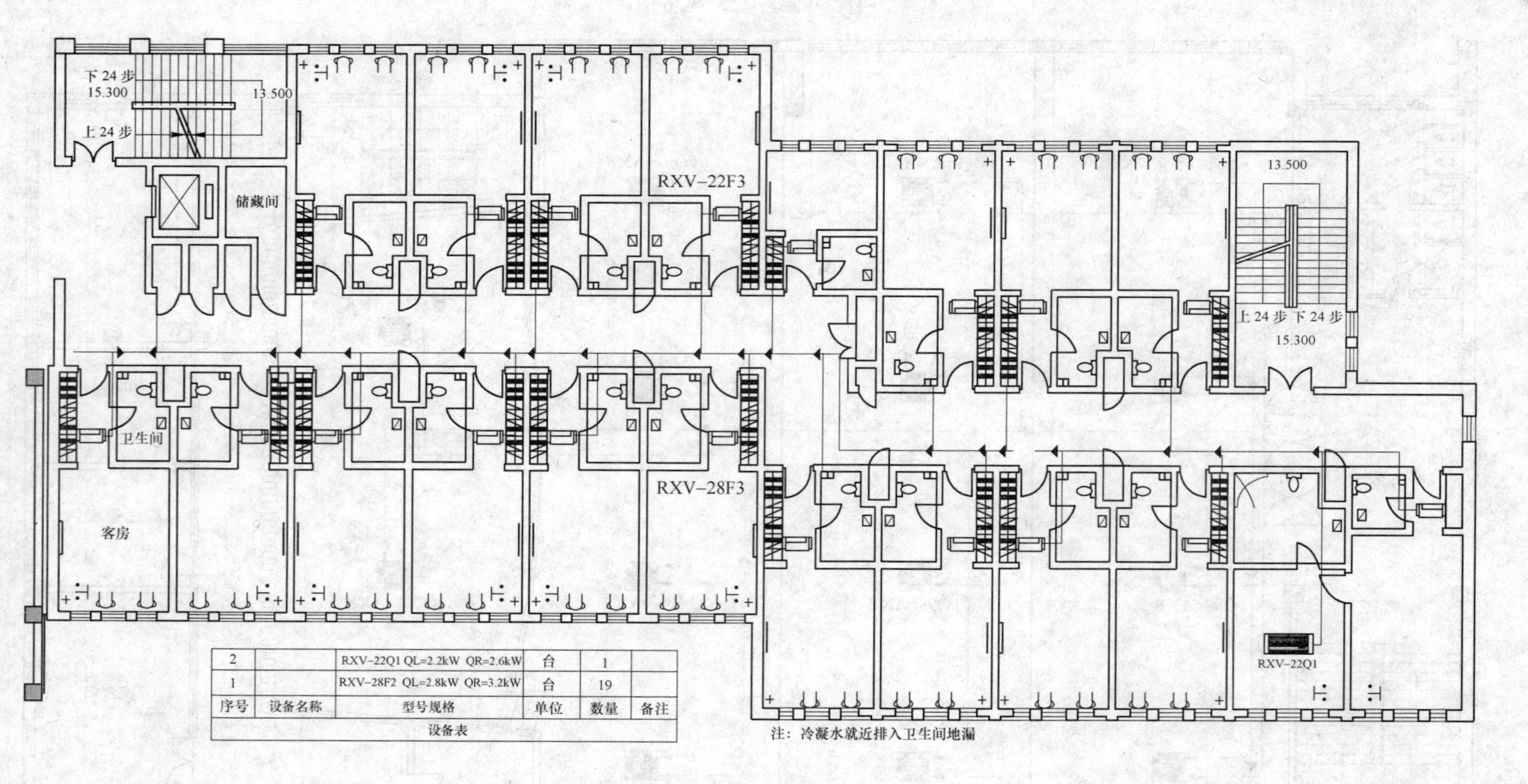

序号	设备名称	型号规格	单位	数量	备注
2		RXV−22Q1 QL=2.2kW QR=2.6kW	台	1	
1		RXV−28F2 QL=2.8kW QR=3.2kW	台	19	

设备表

注：冷凝水就近排入卫生间地漏

图 9-6　客房部分设计

复习思考题

9-1 山东潍坊市区新建一综合楼，建筑面积1.7万平方米，框架结构，全部为地上结构，选用中央空调系统，要求夏季制冷，冬季制热。夏季办公室室内达到（26±2）℃，冬季室内达到（20±2）℃，供热有城市热网。请估算出末端的冷负荷、热负荷，根据末端的负荷选择出主机型号及机房设备配置。

9-2 西安市区一高档住宅小区，建筑面积3.2万平方米，框架结构，全部为地上结构，选用中央空调系统，要求夏季制冷，冬季制热。夏季室内达到（26±2）℃，冬季室内达到（18±2）℃，没有城市热网供暖。请估算出末端的冷负荷、热负荷，根据末端的负荷选择出主机的型号及机房配置。

9-3 唐山市区的写字楼，建筑面积1.9万平方米，选用中央空调系统，框架结构，建筑按节能标准，全部为地上结构，要求夏季制冷，冬季制热。夏季室内达到（26±2）℃，冬季室内达到（18±2）℃，供热有城市热网（选用地源热泵）。请估算出末端的冷负荷，根据末端的负荷选择出主机的型号及机房配置。

10 中央空调工程设计流程

10.1 中央空调工程方案设计流程

暖通空调工程进行方案设计时，一般对项目要有一个充分的了解，包括项目的基本概况、使用情况等，一般遵循的方案设计流程如下：

（1）确定方案。一般需要进行方案比较，空调的方案有很多的，但是要结合建筑物及当地实际情况选择相对合理的方案，一般来说冷源常用的是电制冷（螺杆机、离心机）、水源热泵、地源热泵、风冷系列机组；热源常用的是：燃气（油）锅炉、市政热力、水源热泵，地源热泵、风冷热泵机组。空调末端一般就是风机盘管+新风机组，全空气系统。另外一种制冷形式是 VRV 多联机系统。

（2）结合建筑物的特点选择几类不同的方案，确定后着手做系统方案对比。

（3）先估算负荷，确定整个建筑物的总冷、热负荷（根据一般空调建筑面积指标来估算）进行主机选型确定，主机房系统造价及运行费用对比分析。通过方案对比选择出适宜此建筑物的主机空调形式。

常规中央空调系统设备的设计选型包括水冷冷水机组空调系统和风冷冷水机组空调系统的设计。

（1）水冷冷水机组空调系统。主要设备有：

1）水冷冷水机组（如螺杆式、离心式机组）；

2）冷却塔；

3）冷冻水泵；

4）冷却水泵；

5）补水泵；

6）电子水处理仪或全自动软化水处理装置；

7）水过滤器；

8）膨胀水箱；

9）末端装置（空气处理机组、风机盘管等）。

（2）风冷冷水机组空调系统。主要设备有：

1）风冷冷水机组；

2）冷冻水泵；

3）补水泵；

4）电子水处理仪或全自动软化水处理装置；

5）水过滤器；

6）膨胀水箱；

7）末端装置（空气处理机组、风机盘管等）。

民用建筑初步设计时确认内容如下。

民用建筑初步设计时确认的内容

工程名称：______________________________

工程所在地：______________________________

设计负责人：单位__________ 职务__________ 姓名__________

联络地点______________________ 电话__________

建筑概要：建筑原有、新建______________________

结构形式：（钢筋混凝土、钢结构、预应力混凝土______）保温（有、无）

建筑规模：地下______层；地上______层，总高______m，总建筑面积______m^2

设计条件：空调供冷（有、无）；空调供暖（有、无）其他形式______

新风量：（______m^3/（h·人）或______m^3/h 或者______次/h）

温湿度：（一般空调、恒温恒湿）

夏季温度______±______℃，　相对湿度______±______%

冬季温度______±______℃，　相对湿度______±______%

人员情况：（______人/m^2或者______人），劳动强度：（强、中、轻、微）

冷热源情况：

燃料和电力情况冷水、热水（______℃）蒸汽（______kg/cm^2）

已有的或共用的热源情况______________________

空调制冷机房及供热泵房的设置情况______________________

空调机房和风机房的设置情况______________________

使用要求______________________

概算范围______________________ 预算______万元。

10.2　中央空调主机选型注意事项

10.2.1　冷水机组

冷水机组是中央空调系统的心脏，正确选择冷水机组，不仅是工程设计成功的保证，同时对系统的运行也产生长期影响。因此，冷水机组的选择是一项重要的工作。

选择冷水机组的考虑因素：

（1）建筑物的用途；

（2）各类冷水机组的性能和特征；

（3）当地水源（包括水量水温和水质）、电源和热源（包括热源种类、性质及品位）；

（4）建筑物全年空调冷负荷（热负荷）的分布规律；

（5）初投资和运行费用；

（6）对氟利昂类制冷剂限用期限及使用替代制冷剂的可能性。

在充分考虑上述几方面因素之后，选择冷水机组时，还应注意以下几点：

（1）对大型集中空调系统的冷源，宜选用结构紧凑、占地面积小及压缩机、电动机、冷凝器、蒸发器和自控组件等都组装在同一框架上的冷水机组。对小型全空气调节系统，宜采用直接蒸发式压缩冷凝机组。

（2）对有合适热源特别是有余热或废热等场所或电力缺乏的场所，宜采用吸收式冷水机组。

（3）制冷机组一般以选用2~4台为宜，中小型规模宜选用2台，较大型可选用3台，特大型可选用4台。机组之间要考虑其互为备用和切换使用的可能性。同一机房内可采用不同类型、不同容量的机组搭配的组合式方案，以节约能耗。并联运行的机组中至少应选择1台自动化程度较高、调节性能较好、能保证部分负荷下能高效运行的机组。

（4）选择电力驱动的冷水机组时，当单机空调制冷量$\phi \geqslant 1758$kW时，宜选用离心式；ϕ在1054~1758kW时，宜选用离心式或螺杆式；ϕ在116~1054kW时，宜选用螺杆式；$\phi \leqslant 116$kW时，宜选用涡旋式。

（5）电力驱动的制冷机的制冷系数*COP*比吸收式制冷机的热力系数高，前者为后者的二倍以上。能耗由低到高的顺序为离心式、螺杆式、涡旋式、吸收式。但各类机组各有其特点，应用其所长。

（6）无专用机房位置或空调改造加装工程可考虑选用模块式冷水机组。

（7）氟利昂制冷剂破坏大气臭氧层，另一个危害是温室效应。按照《蒙特利尔议定书》的规定，我国将在2010年1月1日全面禁用氟利昂类物质，水冷冷水机组均采用环保冷媒R134a为主；风冷螺杆冷水机组采用R134a和R407C两种环保冷媒。

10.2.2 热泵机组

（1）热泵机组的冷负荷计算方法同于常规空调系统，热负荷计算方法于采暖系统大致相同，但需考虑新风耗热量。

（2）选型时要注意当地是否有足够的水源（包括水量、水温及水质）、电源和热源（包括热源性质、品位高低）。

（3）风冷热泵机组的供水温度一般为45℃，而风机盘管机组和组合式空调机组等样本中提供的供热量，通常都是以60℃进水为前提。所以，必须对这些设备的供热量进行修正。

（4）选择热泵机组时，一般应以冬季供暖负荷作为选择依据，同时校核夏季的冷负荷。

（5）对于商场、餐厅等内部负荷和新风负荷特别大的建筑物，由于供暖负荷一般仅为供冷负荷的60%~70%。所以，宜采用热泵机组与单冷机组联合供应的方式，例如“3+1”

模式，即3台风冷热泵机组加1台单冷机组。

（6）风冷热泵机组的额定供热量，通常都是标准工况（环境温度 $t_0=7℃$，出水温度 $t_s=45℃$）条件下的数值，当环境温度低于7℃时，供热量将大幅度降低。一般的降低幅度大致如下：$t_0=0℃$时，下降百分比为20%左右；$t_0=-5℃$时，下降百分比为32%左右；$t_0=-10℃$时，下降百分比为42%左右。按标准工况设计的风冷热泵机组，实际使用根据项目运行环境情况，需安装辅助加热设备，保证系统正常运行。

（7）超低温空气源热泵机组采用喷气增焓技术，使得单台压机达到两级压缩的效果，高效、节能。-20℃低温环境下制热稳定运行，最高出水温度可到60℃以上，运行成本比传统采暖方式节约70%以上，低碳、环保，成为替代锅炉燃煤采暖的首选机型。与常规风冷模块相比，该机组不仅运行范围宽，制冷、制热能效比均得到有效的提高，尤其是低温环境制热 *COP* 可提高20%以上。

（8）风冷热泵机组的单台容量较小，宜应用于中小型工程。

（9）冬季室外的空气温度，白天总是高于夜晚。因此，室外供暖计算温度 $t_w=-3℃$ 地区，对于仅白天使用的建筑物如办公楼、商场等，可以采用风冷热泵机组。对于全天（24h）要求供暖的建筑物，采用风冷热泵时则应选用超低温空气源热泵机组。

10.2.3 地源热泵的机房内热泵机组部分

地源热泵的机房内热泵机组部分可以参照下列步骤进行选型：

（1）水源热泵机组的容量不要过大。中央空调冷热源设备选型时，设备制冷（热）量约为设计冷（热）负荷的1.05~1.10。

（2）水源热泵机组选型时，应尽量接近设计冷（热）负荷。若机组偏大时，运行时间短，启动频繁；机组容量合适，运行时间长，有利于除湿。

（3）封闭水系统水温的选择。夏季要求水温低些，目的是提高能效，降低耗电功率；冬季水温不要太高，因为水温高时，虽然制冷量高，但耗电功率也高，能效系数变化不大。

（4）设计时要考虑采暖空调对象建筑物的同时使用系数。同时使用系数的取值与建筑物类型有关，与建筑物的数量有关，需通过理论计算和实测确定。住宅建筑空调负荷计算中同时使用系数的确定是：当住户小于100户时，该系数为0.7；当户数为100~150户时，系数为0.65~0.7；当户数为150~200户时，系数为0.6。

地热换热器的选型包括形式和结构的选取，对于给定的建筑场地条件应尽量使设计在满足运行需要的同时成本最低。地热换热器的选型主要涉及以下几个方面：

（1）地热换热器的布置形式包括埋管方式和联结方式。埋管方式可分为水平式和垂直式。选择主要取决于场地大小、当地土壤类型以及挖掘成本，如果场地足够大且无坚硬岩石，则水平式较经济；如果场地面积有限时则采用垂直式布置，很多场合下这是唯一的选择。如果场地土中有坚硬的岩石，用钻岩石的钻头可以成功钻孔。联结方式有串联和并联两种，在串联系统中只有一个流体流道，而并联系统中流体在管路中可有两个以上的流道。采用串联或并联取决于成本的大小，串联系统较并联系统采用的管子管径要大，而大直径的管子成本高。另外，由于管径较大，系统所需的防冻液也较多，管子重量也相应增大，导致安装的劳动力成本也较大。

（2）塑料管的选择包括材料、管径、长度、循环流体的压头损失。聚乙烯是地热换热器中最常用的管子材料。这种管材的柔韧性好、且可以通过加热熔合形成比管子自身强度更好的连接接头。管径的选择需遵循以下两条原则：其一，管径足够大，使得循环泵的能耗较小；其二，管径足够小，以使管内的流体处于紊流区，使流体和管内壁之间的换热效果好。同时在设计时还要考虑到安装成本的大小问题。

（3）循环泵的选择。选择的循环泵应该能够满足驱动流体持续地流过热泵和地热换热器，而且消耗功率较低。一般在设计中循环泵应能够达到每吨循环液所需的功率为 100W 的耗能水平。

10.2.4 直燃机机组

直燃机设计选型时要确保同时满足冷、热负荷的需要，但不设过大余量，以防造成主机投资浪费。一个系统最好配置两台以上主机且分别配置独立的冷却水循环泵、冷却塔及冷热水循环泵，这样可以使系统可靠性更高，低负荷时水泵电耗更低。由于直燃机运转时无振动、无磨损，运转可靠，如选用单台主机也具有明显的经济优势而不降低其可靠性。

标准型直燃机供热量是制冷量的 80%，即如果热负荷大（如制冷时供卫生热水，或供暖时供卫生热水或供暖负荷大于制冷负荷），则可选择高压发生器加大型以提高供热能力，或选择大冷量机组来实现（这样初投资较大）。每加大一号高压发生器，供热能力增加 20%，即 Q 增加 0.8×0.2 。如系统需夏季制冷、冬季供暖并供应卫生热水（满足夏季制冷量要求选定机型后校核冬季供热量）则：

（1）满足夏冬两季使用要求；

（2）如冬季热负荷大，采取加大高压发生器满足；

（3）如冬季热负荷大，采取加大机组型号来满足使用要求（指机组加大型号后的制冷量）。若须加大机组型号满足使用要求，则夏季靠调节燃烧器以保证经济运行；在过渡季节系统则靠调节燃烧器火头以保证经济运行。另外，制冷量和供热量的比例也可利用一些阀门来调节实现。

复习思考题

10-1 中央空调系统设计流程及方案，如何把握才能在设计中减少返工现象？

10-2 中央空调系统设计中如何确保系统设计之初达到节能要求？

10-3 总结各空调系统的优点和缺点及适用范围。

11 通风空调工程计量与计价

通风空调工程一般包括通风工程、空调工程。一般通风系统分为两类：送风系统和排风系统。送风系统的基本功能是将清洁空气送入室内；排风系统的基本功能是排除室内的污染气体。一般按通风系统作用功能划分为除尘、净化、事故通风、消防通风（防排烟通风）、人防通风等。

空调工程是通风工程的高级形式，即在自然环境下，采用人工的方法，创造和保持一定的温度、湿度、气流速度及一定的室内空气洁净度，满足生产工艺和人体的舒适要求。一般空调工程包括空气处理设备、空气输配部分（风管系统）、冷热源、空调水系统。

另一种普遍应用的制冷剂空调系统，变制冷剂流量（VRV）空调系统，此空调系统由室外主机、制冷剂管线、室内机以及控制装置组成。VRV 多联机空调系统一台室外机可以带多台室内机。

11.1 工程量计算及注意事项

11.1.1 通风空调工程量计算规则

11.1.1.1 主要内容

通风空调工程共设 4 个分部、52 个分项工程。包括通风空调设备及部件制作、安装，通风管道制作、安装，通风管道部件制作、安装，通风工程检测、调试。适用于工业与民用通风（空调）设备及部件、通风管道及部件的制作、安装工程。

11.1.1.2 与其他章节联系

在本部分冷冻机组站内的设备安装、通风机安装及人防两用风机安装，应按机械设备安装工程相关项目编码列项。冷冻机组站内的管道安装，应按工业管道工程相关项目编码列项。冷冻站外墙皮以外通往通风空调设备的供热、供冷、供水等管道，应按给排水、采暖、燃气工程相关项目编码列项。设备和支架的除锈、刷漆、保温及保护层安装，应按刷油、防腐蚀、绝热工程相关项目编码列项。

11.1.1.3 通风空调项目计量规则

（1）通风空调设备及部件制作、安装。工程包括空气加热器、除尘设备、空调器、风机盘管、表冷器、密闭门、挡水板、滤水器、溢水盘、金属壳体、过滤器、净化工作台、风淋室、洁净室、除湿机、人防过滤吸收器等共 16 个分项工程。

其中空气加热器、除尘设备、风机盘管、表冷器、净化工作台、风淋室、洁净室、除湿机、人防过滤吸收器等 9 个分项工程按设计图示数量，以“台”为计量单位，空调器按设计图示数量，以“台”或“组”为计量单位；密闭门、挡水板、滤水器溢水盘、金属壳体等 4 个分项工程按设计图示数量，以“个”为计量单位。

过滤器的计量有两种方式：以台计量，按设计图示数量计算；以面积计量，按设计图示尺寸以过滤面积计算。本部设备进行计量时，通风空调设备安装的地脚螺栓是按设备自带考虑的。

（2）通风管道制作安装。工程包括碳钢通风管道、净化通风管道、不锈钢板通风管道、铝板通风管道、塑料通风管道、玻璃钢通风管道、复合型风管、柔性软风管、弯头导流叶片、风管检查孔、温度测定孔、风量测定孔等共 12 个分项工程。

由于通风管道材质的不同，各种通风管道的计量也稍有区别。碳钢通风管道、净化通风管道、不锈钢板通风管道、铝板通风管道、塑料通风管道等 5 个分项工程在进行计量时，按设计图示内径尺寸以展开面积计算，计量单位为“m^2”；玻璃钢通风管道、复合型风管也是以“m^2”为计量单位，但其工程量是按设计图示外径尺寸以展开面积计算。

1）镀锌钢板风管（风管宽+风管高）×2×风管的长度；

2）组合保温型玻镁风管、玻纤风管、聚氨酯风管、酚醛风管、彩钢板风管以外径计算：（风管宽+风管高+4×壁厚）×2×风管的长；

3）整体普通型玻镁风管、整体保温型玻镁风管：以外径计算的风管面积+10%的法兰（整体普通型）或 15%的法兰（整体保温型）。

柔性软风管的计量有两种方式：以“m”计量，按设计图标中心线长度计算；以“节”计量，按设计图示数量计算。

弯头导流叶片也有两种计量方式：以面积计量，按设计图示以展开面积“m^2”计算；以“组”计量，按设计图示数量计算。

风管检查孔的计量在以“kg”计量时，按风管检查孔质量计算；以“个”计量时，按设计图标数量计算。温度、风量测定孔按设计图示数量计算，计量单位为“个”。

本部分进行工程计量时应注意以下问题：

1）在统计工程量时分系统计算，风系统：空调风、一般送排风（通风）、防排烟、正压送风、人防通风等。

2）风管展开面积，不扣除检查孔、测定孔、送风口、吸风口等所占面积；风管长度一律以设计图示中心线长度为准（主管与支管以其中心线交点划分），包括弯头、三通、变径管、天圆地方等管件的长度，但不包括部件所占的长度。风管展开面积不包括风管、管口重叠部分面积。风管渐缩管：圆形风管按平均直径，矩形风管按平均周长。

3）穿墙套管按展开面积计算，计入通风管道工程量中。

4）通风管道的法兰垫料或封口材料，按图纸要求应在项目特征中描述。

5）净化通风管的空气洁净度按 10 万级（即国标 8 级）标准编制，净化通风管使用的型钢材料如要求镀锌时，工作内容应注明支架镀锌。

6）弯头导流叶片数量，按设计图纸或规范要求计算。

7）风管检查孔、温度测定孔、风量测定孔数量，按设计图纸或规范要求计算。

8）通风管道计量时不包括部件所占的长度。通风管道部件是指风管阀门、风口、风帽、罩类、静压箱及消声器等部件，其长度应按设计图纸或其采用的标准图集标示的长度计算。

9）帆布接口与柔性软风管的区别：

①功能不同。前者是用于设备与风管或部件的连接；后者是用于不易于设置刚性风管位置的挠性风管，属通风管道系统。

②固定方式不同。前者采用法兰连接形式，一般不设专门的支托吊架；后者采用镀锌皮卡子连接，采用吊托支架固定。

③长度不同。前者按标准图集长度常为150~250mm；后者长度一般在0.5~2.5m左右。

④材质不同。前者定额中采用帆布；后者是由金属、涂塑化纤织物、聚酯、聚乙烯、聚氯乙烯薄膜、铝箔等材料制成的。

⑤定额内容不同。前者为现场制作安装；后者为成品软管安装。

⑥在套用定额时应注意柔性软风管如每根长度小于3m时，可直接采用定额，如每根大于3m时，可按3m一根折算，不足3m按3m计。

（3）通风管道部件制作安装。本部分主要包括碳钢阀门、柔性软风管阀门、铝蝶阀、不锈钢蝶阀、塑料阀门、玻璃钢蝶阀、碳钢风口、散流器、百叶窗、不锈钢风口、散流器、塑料风口、散流器、玻璃钢风口、铝及铝合金风口、散流器、碳钢风帽、不锈钢风帽、塑料风帽、铝板伞形风帽、玻璃钢风帽、碳钢罩类、塑料罩类、柔性接口、消声器、静压箱、人防超压自动排气阀、人防手动密闭阀、人防其他部件等分项工程。

柔性接口按设计图示尺寸以展开面积计算，计量单位为“m^2”。静压箱有两种计量方式：以“个”计量，按设计图示数量计算；以“m^2”计量，按设计图示尺寸以展开面积计算。

人防其他部件按设计图示数量计算，以“个”或“套”为计量单位。

除以上这3个分项工程外其他部分的工程量计算规则均是按设计图示数量计算，以“个”为计量单位。

本部分进行工程计量时应注意以下问题：

1）碳钢阀门包括：空气加热器上通阀、空气加热器旁通阀、圆形瓣式启动阀、风管蝶阀、风管止回阀、密闭式斜插板阀、矩形风管三通调节阀、对开多叶调节阀、风管防火阀、各型风罩调节阀等；

2）塑料阀门包括：塑料蝶阀、塑料插板阀、各型风罩塑料调节阀；

3）碳钢风口、散流器、百叶窗包括：百叶风口、矩形风口、矩形空气分布器、风管插板风口、旋转吹风口、圆形散流器、方形散流器、流线形散流器、送吸风口、活动箅式风口、网式风口、钢百叶窗等；

4）碳钢罩类包括：皮带防护罩、电动机防雨罩、侧吸罩、中小型零件焊接台排气罩、整体分组式槽边侧吸罩、吹吸式槽边通风罩、条缝槽边抽风罩、泥心烘炉排气罩、升降式回转排气罩、止下吸式圆形回转罩、升降式排气罩、手锻炉排气罩；

5）塑料罩类包括：塑料槽边侧吸罩、塑料槽边风罩、塑料条缝槽边抽风罩；

6）柔性接口包括：金属、非金属软接口及伸缩节；

7）消声器包括：片式消声器、矿棉管式消声器、聚酯泡沫管式消声器、卡普隆纤维管式消声器、弧形声流式消声器、阻抗复合式消声器、微穿孔板消声器、消声弯头；

8）通风部件如图纸要求制作安装或用成品部件只安装不制作，这类特征在项目特征中应明确描述；

9）静压箱的面积计算：按设计图示尺寸以展开面积计算，不扣除开口的面积；

10）定额中，多叶排烟口及板式排烟口是安在墙上，或在通风井道壁上进行安装编制的。如是安装在通风管道上的防火排烟风口，则按相应防火阀定额执行。

11）折板式消声器是新产品，如遇有折板式消声器安装可执行同规格阻抗式复合消声器定额项目。

（4）通风工程检测、调试。该部分包括通风工程检测、调试，风管漏光试验、漏风试验两个分项工程。

通风工程检测、调试的计量按通风系统计算，计量单位为“系统”；风管漏光试验、漏风试验的计量按设计图纸或规范要求以展开面积计算，计量单位为“m^2”。

【案例一】 通风室调工程。

某办公楼的通风空调系统，图 11-1 为该工程的空调管路平面图，图 11-2 为该工程的新风支管和风机盘管连接管的安装示意图。

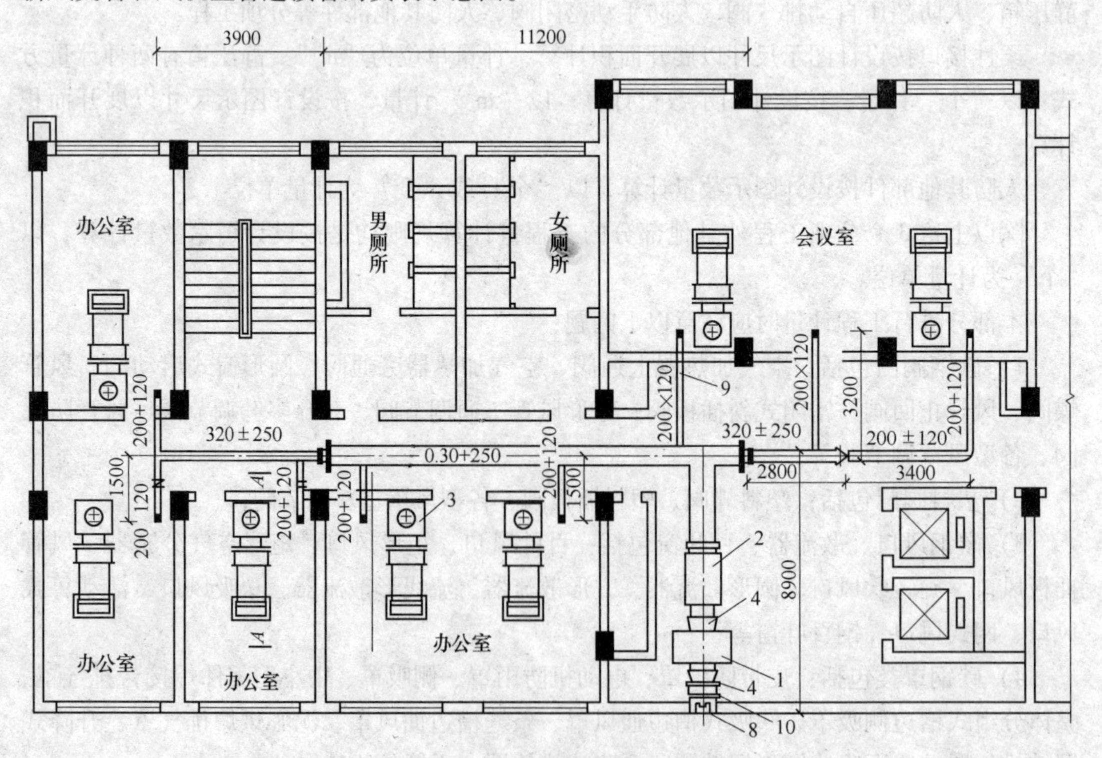

图 11-1 某办公楼部分房间空调管路平面（单位：mm）

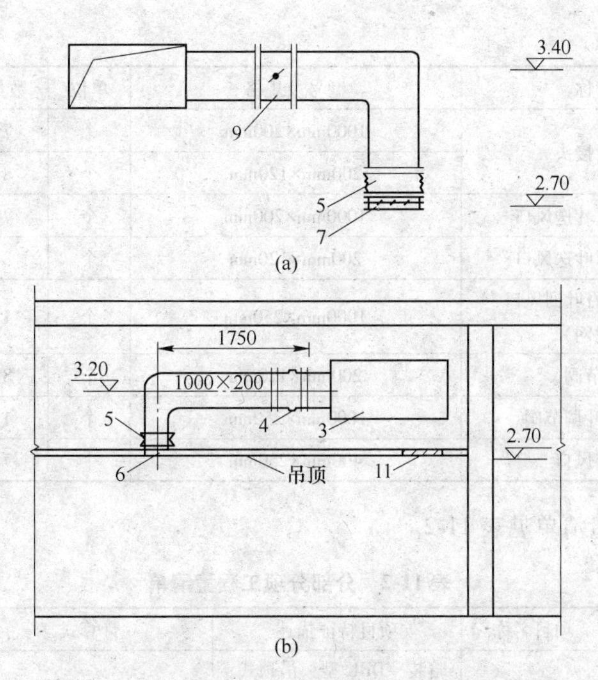

图 11-2 新风支管和风机盘管连接管的安装示意
(a) 新风支管安装图 (b) 风机盘管连接管安装图

工程的施工说明:

(1) 本工程风管采用镀锌铁皮,咬口连接。其中:矩形风管 200mm×120mm,镀锌铁皮 δ 为 0.5mm;矩形风管 320mm×250mm,镀锌铁皮 δ 为 0.75mm;矩形风管 630mm×120mm、1000mm×200mm、1000mm×250mm,镀锌铁皮 δ 为 1.0mm。

(2) 图 11-1 中密闭对开多叶调节阀、风量调节阀、铝合金百叶送风口、铝合金百叶回风口、阻抗复合消声器均按成品考虑。

(3) 风机盘管采用卧式安装(吊顶式),主风管(1000mm×250mm)上均设温度测定孔和风量测定孔各一个。

(4) 本工程暂不计主材费、管道刷油、保温、高层建筑增加费等内容。

(5) 未尽事宜均参照有关标准或规范执行。

(6) 图中标高以“m”计,其余以“mm”计。

本工程的设备部件见表 11-1。

表 11-1 设备部件一览表

编号	名　称	型号及规格	单位	数量	备注
1	新风机组	DKB 型:5000m³/h;质量:0.4t	台	1	$L=1000$mm
2	消声器	阻抗复合式 T-701-6 型 1700mm×800mm (H)	台	1	$L=1760$mm
3	风机盘管	FP-300	台	7	暗装、吊顶式
4	帆布软管接头	1000mm×200mm	个	7	$L=300$mm
		1000mm×250mm	个	2	$L=300$mm

续表 11-1

编号	名　称	型号及规格	单位	数量	备注
5	帆布软管接头	1000mm×200mm	个	7	$L=200$mm
		200mm×120mm	个	8	$L=200$mm
6	铝合金双层百叶送风口	1000mm×200mm	个	7	周长 2400mm
7	铝合金双层百叶送风口	200mm×120mm	个	8	周长 640mm
8	塑料防雨单层百叶回风口（带过滤网）	1000mm×250mm	个	1	周长 2500mm
9	风量调节阀	200mm×120mm	个	8	$L=200$mm
10	密闭对开多叶调节阀	1000mm×250mm	个	1	$L=200$mm
11	铝合金回风口	400mm×250mm	个	7	周长 1300mm

分部分项工程量清单见表 11-2。

表 11-2　分部分项工程量清单

序号	项目编码	项目名称	项目特征描述	计算式	计量单位	工程数量
1	030701003001	空调器	暗装　DBK 型　吊顶式：5000m^3/h；质量：0.4t/台	表 11-1，1 号	台	1
2	030701004001	风机盘管	暗装　吊顶式 FP-300	表 11-1，3 号	台	7
3	030703020001	消声器	安装　阻抗复合式 T-701-6 型 1760×800（H）	表 11-1，2 号	个	1
4	030702001001	碳钢通风管道	镀锌钢板　矩形风管 200×120，$\delta=0.5$mm 咬口连接	{3.4+[3.2−0.2+(3.4−0.2−2.7)]×3+[1.5−0.2+(3.4−0.2−2.7)]×5}×[(0.2+0.12)×2]	m^2	14.66
5	030702001002	碳钢通风管道	镀锌钢板　矩形风管 320×250，$\delta=0.75$mm 咬口连接	(2.8+3.9)×[(0.32+0.25)×2]	m^2	7.64
6	030702001003	碳钢通风管道	镀锌钢板　矩形风管 630×250，$\delta=1.0$mm 咬口连接	11.2×[(0.63+0.25)×2]	m^2	19.71
7	030702001004	碳钢通风管道	镀锌钢板　矩形风管 1000×250，$\delta=1.0$mm 咬口连接	(8.9−0.2−0.3−1.0−0.3−1.76)×[(1.0+0.25)×2]	m^2	13.35
8	030702001005	碳钢通风管道	风机盘管连接管 镀锌钢板　矩形风管 1000×200，$\delta=1.0$mm 咬口连接	[1.75−0.3+(3.2−0.2−2.7)]×7×[(1.0+0.2)×2]	m^2	29.40
9	030703001001	碳钢阀门	密闭对开多叶调节阀 1000×250	表 11-1，10 号	个	1

续表 11-2

序号	项目编码	项目名称	项目特征描述	计算式	计量单位	工程数量
10	030703001002	碳钢阀门	风量调节阀 200×120	表 11-1，9 号	个	8
11	030703011001	铝合金风口	矩形双层百叶送风口 200×120	表 11-1，7 号	个	8
12	030703011002	铝合金风口	矩形双层百叶送风口 1000×200	表 11-1，6 号	个	7
13	030703011003	铝合金风口	矩形双层百叶回风口 400×250	表 11-1，11 号	个	7
14	030703009001	塑料风口	矩形防雨单层回风口 400×250	表 11-1，8 号	个	1
15	030703019001	柔性接口	帆布接口 1000×250 1000×200 L=300mm 1000×200 200×120 L=200mm	[(1.0+0.25)×2× 0.3]×2+[(1.0+0.2)× 2×0.3]×7+[(1.0+0.2)× 2×0.2]×7+[(0.2+0.12)× 2×0.2]×8	m²	10.17
16	030702011001	温度测定孔			个	1
17	030702011002	风量测定孔			个	1
18	030704001001	通风工程 检测、调试			系统	1

11.1.2 给排水、采暖、燃气工程量计算规则

冷冻站外墙皮以外通往通风空调设备的供热、供冷、供水等管道，应按给排水、采暖、燃气工程相关项目编码列项。

中央空调水系统一般涉及给排水、采暖、燃气管道，支架及其他，管道附件，采暖、给排水设备，采暖、空调水工程系统调试。

管道热处理、无损探伤，应按工业管道工程相关项目编码列项。管道、设备及支架除锈、刷油、保温除注明者外，应按 GB 50856—2013《通用安装工程工程量计算规范》刷油、防腐蚀、绝热工程相关项目编码列项。凿槽（沟）、打洞项目，应按 GB 50856—2013《通用安装工程工程量计算规范》电气设备安装工程相关项目编码列项。

11.1.2.1 给排水、采暖、燃气管道

工程包括镀锌钢管、钢管、不锈钢管、铜管、铸铁管、塑料管、复合管、直埋式预制保温管、承插陶瓷缸瓦管、承插水泥管、室外管道碰头等共 11 个分项工程。其中除室外

管道碰头工程数量按设计图示以“处”计算外，其余10个分项工程的工程数量按设计图示管道中心线以长度计算，计量单位为“m”。

空调水系统管道一般按管道材质，执行此项，需注意以下问题：

（1）管道安装部位，指管道安装在室内、室外的部分。

（2）输送介质包括给水、排水、中水、雨水、热媒体、燃气、空调水等。

（3）方形补偿器制作安装，应含在管道安装综合单价中。

（4）铸铁管安装适用于承插铸铁管、球墨铸铁管、柔性抗振铸铁管等；塑料管安装适用于UPVC、PVC、PP-C、PP-R、PE、PB管等塑料管材；复合管安装适用于钢塑复合管、铝塑复合管、钢骨架复合管等复合型管道安装。直埋保温管包括直埋保温管件安装及接口保温。排水管道安装包括立管检查口、透气帽。

（5）室外管道碰头：

1）适用于新建或扩建工程热源、水源、气源管道与原（旧）有管道碰头；

2）室外管道碰头包括挖工作坑、土方回填或暖气沟局部拆除及修复；

3）带介质管道碰头包括开关闸、临时放水管线铺设等费用；

4）热源管道碰头每处包括供、回水两个接口；

5）碰头形式指带介质碰头、不带介质碰头。

（6）管道工程量计算不扣除阀门、管件（包括减压器、疏水器、水表、伸缩器等组成安装）及附属构筑物所占长度，方形补偿器以其所占长度列入管道安装工程量。

（7）压力试验按设计要求描述试验方法，如水压试验、气压试验、泄漏性试验、闭水试验、通球试验、真空试验等。

（8）吹、洗按设计要求描述吹扫、冲洗方法，如水冲洗、消毒冲洗、空气吹扫等。

（9）一般统计工程量时DN不小于65以上的弯头以图示为准，以“个”为计量单位统计，管道安装时以主材实际量作价。

11.1.2.2 支架及其他

该部分工程包括管道支架、设备支架、套管共3个分项工程。

3部分计量时，管道支架与设备支架两个分项工程清单项目有两种计量方式：以“kg”计量，按设计图示质量计算；以“套”计量，按设计图示数量计算。套管的计量按设计图示数量计算，以“个”为计量单位。

本部分进行工程计量时，还应注意以下问题：

（1）单件支架质量100kg以上的管道支吊架执行设备支吊架制作安装。

（2）成品支架安装执行相应管道支吊架或设备支架项目，不再计取制作费，支架本身价值含在综合单价中。

（3）套管制作安装，适用于基础、墙、楼板等部位的防水套管、填料套管及防火套管等，应分别列项。

11.1.2.3 管道附件

本部分主要包括螺纹阀门、螺纹法兰阀门、焊接法兰阀门、带短管甲乙阀门、塑料阀门、减压器、疏水器、除污器（过滤器）、补偿器、软接头（软管）、法兰、倒流防止器、水表、热量表、塑料排水管消声器、浮标液面计、浮漂水位标尺等共17个分项工程。

在进行本部分清单项目计量时，计算规则均是按设计图示数量计算。其中，补偿器、软接头（软管）、塑料排水管消声器、各式阀门的计量单位均为“个”；减压器、疏水器、除污器（过滤器）、浮标液面计的计量单位均为“组”；水表的计量单位为“个”或“组”；法兰的计量单位为“副”或“片”；倒流防止器、浮漂水位标尺以“套”为计量单位；热量表的计量单位为“块”。

本部分进行工程计量时，需注意以下问题：

（1）法兰阀门安装包括法兰连接，不得另计。阀门安装如仅为一侧法兰连接时，应在项目特征中描述。

（2）塑料阀门连接形式需注明热熔连接、粘接、热风焊接等方式。

（3）减压器规格按高压侧管道规格描述。

（4）减压器、疏水器、倒流防止器等项目包括组成与安装工作内容，项目特征应根据设计要求描述附件配置情况，或根据××图集或××施工图做法描述。

11.1.2.4 采暖、给排水设备

本部分主要包括变频给水设备、稳压给水设备、无负压给水设备、气压罐、太阳能集热装置、地源（水源、气源）热泵机组、除砂器、水处理器、超声波灭藻设备、水质净化器、紫外线杀菌设备，热水器、开水炉，消毒器、消毒锅，直饮水设备，水箱等区 15 个分项工程。

该部分清单项目的计量均按设计图示数量计算。变频给水设备、稳压给水设备、无负压给水设备、太阳能集热装置和直饮水设备等 5 个分项工程以“套”为计量单位；气压罐、除砂器、水处理器、超声波灭藻设备、水质净化器、紫外线杀菌设备、热水器、开水炉、消毒器、消毒锅以及水箱等 9 个分项工程的计量单位为“台”；地源（水源、气源）热泵机组的计量单位为“组”。

变频给水设备、稳压给水设备、无负压给水设备安装的计量过程中应注意压力容器包括气压罐、稳压罐、无负压罐；水泵包括主泵及备用泵需注明数量；附件包括给水装置中配备的阀门、仪表、软接头需注明数量；含设备、附件之间管路连接、泵组底座安装，不包括基础砌筑应按 GB 50854—2013《房屋建筑与装饰工程工程量计算规范》相关项目编码列项；控制柜安装及电气接线、调试应按 GB 50854—2013《通用安装工程工程量计算规范》电报设备安装工程相关项目编码列项。

地源热泵机组计量时，接管以及接管上的阀门、软接头、减振装置和基础另行计算，应按相关项目编码列项。

11.1.2.5 采暖、空调水工程系统调试

该部分包括采暖工程系统调试与空调水工程系统调试两个分项工程。

采暖工程系统由采暖管道、阀门及供暖器具组成。空调水工程系统由空调水管道、阀门及冷水机组组成。

在进行计量时，分别按采暖或空调水工程系统计算，计量单位均为“系统”。

当采暖工程系统、空调水工程系统中管道工程量发生变化时，系统调试费用应做相应调整。

11.1.3　工业管道工程量计算规则

在工业生产过程中，按产品生产工艺流程的要求，用管道把生产设备连接成完整的生产工艺系统。工业管道可细分为工艺管道和动力管道两种。

工艺管道一般是指直接为产品生产输送主要物料（介质）的管道，又称为物料管道；动力管道是指为生产设备输送动力煤质的管道。

在工程中，也常按工业管道设计压力 P 划分为低压、中压和高压管道。低压管道：$0<P\leqslant1.6$MPa；中压管道：$1.6<P\leqslant10$MPa；高压管道：$10<P\leqslant42$MPa；或蒸汽管道：$P\geqslant9$MPa，工作温度高于或等于500℃。

在中央空调工程中制冷机房、换热站、锅炉房等内管道均应根据系统承压按此分部进行计量。

相关工程量计算规则：

（1）各种管道安装工程量，均按设计管道中心线长度，以“m”计算，不扣除阀门及各种管件所占长度。室外埋设管道不扣除附属构筑物（井）所占长度，方形补偿器及其所占长度列入管道安装工程量。

1）压力试验按设计要求描述试验方法，如水压试验、气压试验、泄漏性试验、真空试验等；

2）吹扫与清洗按设计要求描述吹扫与清洗的方法和介质，如水冲洗、空气吹扫、蒸汽吹扫、化学清洗、油清洗等。

（2）管件包括弯头、三通、四通、异径管、管接头、管帽、方形补偿器弯头、管道上仪表一次部件、仪表温度计扩大管制作安装等。按设计图示数量以“个”计算。

1）管件压力试验、吹扫、清洗、脱脂均包括在管道安装中；

2）在主管上挖眼接管的三通和摔制异径管，均以主管径按管件安装工程量计算，不另计制作费和主材费；挖眼接管的三通支线管径小于主管径的1/2时，不计算管件安装工程量；在主管上挖眼接管的焊接接头、凸台等配件，按配件管径计算管件工程量；

3）三通、四通、异径管均按大管径计算；

4）管件用法兰连接时执行法兰安装项目，管件本身不再计算安装。

（3）阀门按材质、规格、型号、连接方式等，设计图示数量以“个”计算；减压阀直径按高压侧计算；电动阀门包括电动机安装；操纵装置安装按规范或设计技术要求计算。

（4）法兰按材质、规格、型号、连接方式等，设计图标数量以“副（片）”计算。法兰焊接时，要在项目特征中描述法兰的连接形式（平焊法兰、对焊法兰、翻边活动法兰及焊环活动法兰等），不同连接形式应分别列项。配法兰的盲板不计安装工程量。焊接盲板（封头）按管件连接计算工程量。

（5）管架制作安装，按设计图示质量以“kg”为计量单位。单件支架质量有100kg以下和100kg以上时，应分别列项。支架衬垫需注明采用何种衬垫，如防腐木垫、不锈钢衬垫、铝衬垫等。采用弹簧减振器时需注明是否做相应试验。

（6）无损探伤。管材表面超声波探伤应根据项目特征（规格），按管材无损探伤长度以“m”为计量单位，或按管材表面探伤检测面积以“m^2”为计量单位；焊缝X光射线、

γ射线和磁粉探伤应根据项目特征（底片规格、管壁厚度），以“张（口）”计算。探伤项目包括固定探伤仪支架的制作、安装。

（7）其他项目制作安装。冷排管制作安装按设计图示以长度“m”计算。分集汽（水）缸按设计图示数量以“台”计算；空气分气筒、空气调节喷雾管、钢制排水漏斗、水位计、手摇泵、套管按规格、型号、材质等以“组（台、个）”计算。套管制作安装，适用于穿基础、墙、楼板等部位的防水套管、一般钢套管及防火套管等，应分别列项。

11.1.4 刷油、防腐蚀、绝热工程

一般焊接钢管、无缝钢管、螺旋焊管，设备及管道支吊架均需除锈、刷油，冷冻水及空调风管道均需保温。

管道按管道刷油以“m^2”为计量单位，按设计图示表面积尺寸以面积计算（常用），或以“m”计量，按设计图示尺寸以长度计算。支吊架一般按金属结构刷油常以“kg”为计量单位，按金属结构的理论质量计算，或以“m^2”为计量单位，按设计图示表面积尺寸以面积计算。

空调水管道绝热按绝热工程中管道绝热以“m^3”为计量单位，按设计图示表面积加绝热层厚度及调整系数计算。通风管道绝热按绝热材料品种，厚度以“m^3”为计量单位，按设计图示表面积加绝热层厚度及调整系数计算（常用），或以“m^2”为计量单位，按设计图示表面积及调整系数计算。

防潮层、保护层按材料、厚度及层数等以“m^2”为计量单位，按设计图示表面积加绝热层厚度及调整系数计算（常用），或以“kg”为计量单位，按图示金属结构的理论质量计算。

空调工程中常用工程量计算公式：

（1）设备筒体、管道表面积（m^2）：

$$S=\pi\times D\times L \tag{11-1}$$

式中，D为直径，m；L为设备筒体或管道延长米，m。

（2）矩形通风管道绝热、防潮和保护层计算公式：

$$V=[2(A+B)\times 1.033\delta+4(1.033\delta)^2]\times L$$

$$S=[2(A+B)+8(1.05\delta+0.0041)]\times L$$

式中，V为体积，m^3；S为面积，m^2；A为风管长边尺寸，m；B为风管短边尺寸，m。

（3）设备筒体或管道绝热、防潮和保护层计算公式：

$$V=\pi\times(D+1.033\delta)\times 1.033\delta\times L$$

$$S=\pi\times(D+2.1\delta+0.0082)\times L$$

式中，D为直径，m；1.033及2.1为调整系数；δ为绝热层厚度，m；L为设备筒体或管道长度，m；0.0082为捆扎线直径或带厚+防潮层厚度，m。

其他需用计算公式可参照GB 50854—2013《通用安装工程工程量计算规范》中有关刷油、防腐蚀、绝热工程的内容。

【案例二】 某制冷机房设备管道平面图、系统图，如图11-3、图11-4所示。根据《通用安装工程量计算规范》的规定，分部分项工程的统一项目编码，见表11-3。

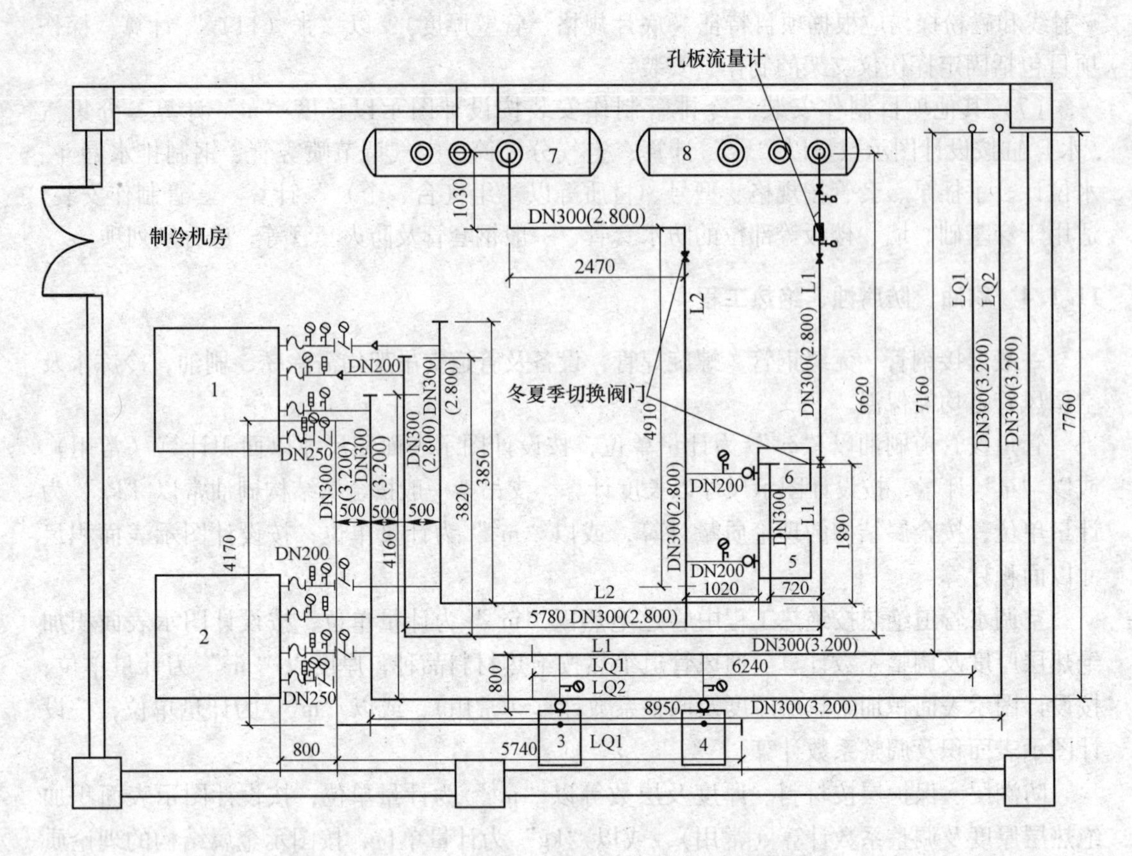

图 11-3　制冷机房设备管道平面（单位为 mm，括号内的标高单位为 m）

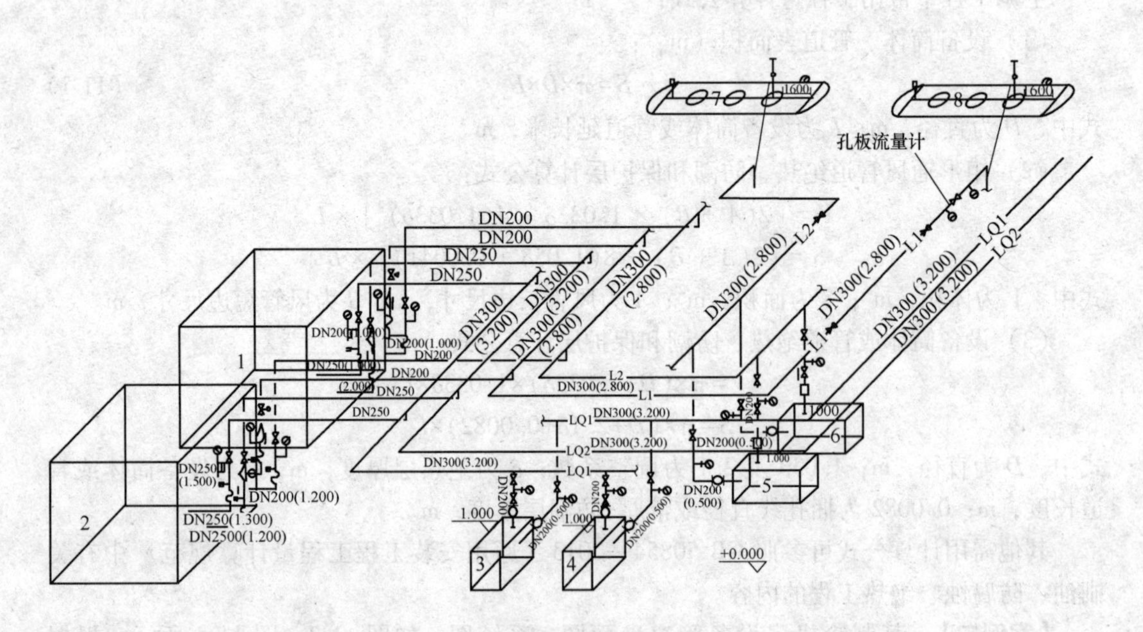

图 11-4　制冷机房设备管道系统（单位为 mm，括号内的标高单位为 m）

表 11-3 《通用安装工程量计算规范》项目编码

项目编码	项目名称	项目编码	项目名称
030801001	低压碳钢管	030804001	低压碳钢管件
030807003	低压法兰阀门	030810002	低压碳钢焊接法兰
031201001	管道刷油	031208002	管道绝热

有以下几点说明：

（1）制冷机房室内地坪标高为±0.00，图中标注尺寸除标高单位为米外，其余均为毫米。

（2）系统工作压力为 1.0MPa，管道材质为无缝钢管，规格为 D219×9，D273×12，D325×14，弯头采用成品压制弯头，三通为现场挖眼连接。管道系统全部采用电弧焊接。所有法兰为碳钢平焊法兰。

（3）所有管道、管道支架除锈后，均刷红丹防锈底漆两道，管道采用橡塑管壳（厚度为 30mm）保温。

（4）管道支架为普通支架，管道安装完毕进行水压试验和冲洗，需符合规范要求；管道焊口无探伤要求。

（5）图例与材料明细表、制冷机房主要设备表分别见表 11-4 和表 11-5。

表 11-4 图例与材料明细

图例	材料名称	图例	材料名称	图例	材料名称
	法兰闸阀		法兰电动阀		法兰金属软管
	法兰过滤器		压力表		法兰盲板
	法兰止回阀		温度计		法兰橡胶软接头

表 11-5 制冷机房主要设备

序号	设备编号	设备名称	性能及规格	数量	单位	备注
1.2	CH-B1-01-02	螺杆式冷水机组 WCFX-B-36	额定制冷量 1132kW； 冷冻水，195mL/h，7/12℃ 水侧承压 1.0MPa，A 配电 279kW， 冷冻水，230mL/h，32/37℃	2	台	变频
3.4	CTP-B1-01-02	冷却循环泵	AABD150-400	2	台	
5.6	CHP-B1-01-02	冷冻循环泵	AABD150-315A	2	台	
7	FSQ-B1-01	分水器	DN400L=2950mm，工作压力 1.0MPa	1	台	
8	JSQ-B1-01	集水器	DN400L=2950mm，工作压力 1.0MPa	1	台	

问题：

（1）根据图示内容和《通用安装工程量计算规范》的规定，列式计算该系统的无缝钢管安装及刷油、保温的工程量。将计算过程填入分部分项工程量计算表中。

（2）根据《通用安装工程量计算规范》和《计价规范》的规定，编列该管道系统的无缝钢管、弯头、三通、管道刷油及保温的分部分项工程量清单。

（3）根据表11-6给出的无缝钢管 D219×9 安装工程的相关费用，分别编制该无缝钢管分项工程安装、管道刷油、保温的工程量清单综合单价分析表。

表 11-6　管道安装工程相关费用

序号	项目名称	计量单位	安装费单价/元			主材	
			人工费	材料费	机械费	单价/元	主材消耗量
1	碳钢管（电弧焊）DN200 内	10m	92.11	15.65	158.71	176.49	9.41m
2	低中压管道液压试验 DN200 内	100m	299.98	76.12	32.30		
3	管道水冲洗 DN200 内	100m	180.20	68.19	37.75	3.75	43.74m^3
4	手工除管道轻锈	10m^2	17.49	3.64	0.00		
5	管道刷红丹防锈漆　第一遍	10m^2	13.62	13.94	0.00		
6	管道刷红丹防锈漆　第二遍	10m^2	13.62	12.35	0.00		
7	管道橡塑保温管（板）ϕ325 内	m^3	372.59	261.98	0.00	1500.00	1.04m^3

注：人工单价为50元/工日，管理费按人工费的50%计算，利润按人工费的30%计算。

分析要点：本案例要求按《通用安装工程量计算规范》和《计价规范》的规定，掌握编制管道单位工程的分部分项工程量清单与计价表的基本方法。具体是编制分部分项工程量清单与计价表时，应能列出管道工程的分项子目，掌握工程量计算方法。

计算钢管长度时，不扣除阀门、管件所占长度。计算管道安装工程费用时，应注意管道的刷油、保温应单独列示清单工程量。

答案如下：

（1）问题1。列表计算工程量，无缝钢管工程量计算过程，见表11-7。

管道绝热工程量计算公式为 $V=\pi\times(D+1.033\delta)\times1.033\delta\times L$。式中，$\pi$ 为圆周率，D 为直径，1.033 为调整系数，δ 为绝热层厚度，L 为管道延长米。

表 11-7　分部分项工程量计算

序号	项目编码	项目名称	项目特征	计量单位	工程数量	计算式
1	030801001001	低压碳钢管	DN300 无缝钢管,电弧焊	m	81.69	3.85+5.87−0.5−0.72+1.89+3.82+5.87+6.62+4.16+8.95+7.76+4.17+5.74+6.24+7.16+(2.8−1.6)+(2.8−1.6)+1.03+2.47+4.91=81.69(m)
2	030801001002	低压碳钢管	DN250 无缝钢管，电弧焊	m	11.60	(0.8+1.3)×2+(3.2−1.5+3.2−1.2)×2=11.60(m)
3	030801001003	低压碳钢管	DN200 无缝钢管，电弧焊	m	35.64	(1.8+2.3)×2+(2.8−1.5+2.8−1.2)×2+0.8×2+1.02×2+(3.2−1.0+3.2−0.5)×2+(2.8−1.0+2.8−0.5)×2=35.64(m)
4	031201001001	管道刷油	除锈，刷红丹防锈底漆两道	m^2	117.82	3.14×(0.325×81.69+0.273×11.60+0.219×35.64)=117.82(m^2)

续表 11-7

序号	项目编码	项目名称	项目特征	计量单位	工程数量	计算式
5	031208002001	管道绝热	橡塑管壳（厚度为 30mm）保温	m^3	4.04	3.14×[(0.325+1.033×0.03)×81.69+(0.273+1.033×0.03)×11.60+(0.219+1.033×0.03)×35.64]×1.033×0.03=4.04(m^3)

（2）问题 2。无缝钢管、弯头、三通、管道刷油及保温的分部分项工程量清单的编制，见表 11-8。

表 11-8　分部分项工程量清单与计价

序号	项目编码	项目名称	项目特征描述	计量单位	工程量	金额/元		
						综合单价	合价	暂估价
1	030801001001	低压碳钢管	DN300 无缝钢管，电弧焊	m	81.69			
2	030801001002	低压碳钢管	DN250 无缝钢管，电弧焊	m	11.60			
3	030801001003	低压碳钢管	DN200 无缝钢管，电弧焊	m	35.64			
4	030804001001	低压碳钢管件	DN300，碳钢冲压弯头，电弧焊	个	12.00			
5	030804001002	低压碳钢管件	DN250，碳钢冲压弯头，电弧焊	个	12.00			
6	030804001003	低压碳钢管件	DN200，碳钢冲压弯头，电弧焊	个	16.00			
7	030804001004	低压碳钢管件	DN300×250，挖眼三通，电弧焊	个	4.00			
8	030804001005	低压碳钢管件	DN300×200，挖眼三通，电弧焊	个	12.00			
9	031201001001	管道刷油	除锈，刷红丹防锈底漆两道	m^2	117.82			
10	031208002001	管道绝热	橡塑管壳（厚度为 30mm）保温	m^3	4.04			

（3）问题 3。

1）编制无缝钢管 DN200 分项工程的工程量清单综合单价分析表，见表 11-9。计算综合单价时，应考虑每米管道无缝钢管主材的消耗量 0.941m，综合单价中包括管道水冲洗和液压试验的费用。

表 11-9　DN200 钢管安装综合单价分析

项目编码	030801001003	项目名称	DN200 低压碳钢管	计量单位	m

清单综合单价组成明细

定额编号	定额名称	定额单位	数量	单价/元				合价/元			
				人工费	材料费	机械费	管理费和利润	人工费	材料费	机械费	管理费和利润
	碳钢管（电弧焊）DN200 内	10m	0.1	92.11	15.65	158.71	73.69	9.21	1.57	15.87	7.37
	低中压管道液压试验 DN200 内	100m	0.01	299.98	76.12	32.30	239.98	3.00	0.76	0.32	2.4

续表 11-9

定额编号	定额名称	定额单位	数量	单价/元				合价/元			
				人工费	材料费	机械费	管理费和利润	人工费	材料费	机械费	管理费和利润
	管道水冲洗 DN200 内	100m	0.01	180.20	68.19	37.75	144.16	1.80	0.68	0.38	1.44
人工单价		小　计						14.01	3.01	16.57	11.21
50 元/工日		未计价材料费/元						167.72			
清单项目综合单价/元·m^{-1}								212.52			

材料费明细	主要材料名称、规格、型号	单位	数量	单价/元	合价/元	暂估单价/元	暂估合价/元
	无缝钢管 DN200（主材）	m	0.941	176.49	166.08		
	水（主材）	m^3	0.437	3.75	1.64		
	其他材料费/元						
	材料费小计/元				167.72		

2）编制无缝钢管 DN200 刷油的工程量清单综合单价分析表，见表 11-10。计算刷油的综合单价时，应包括除锈、刷油的价格。

表 11-10　DN200 钢管刷油综合单价分析

项目编码	031201001001	项目名称	管道刷油	计量单位	m^2

清单综合单价组成明细

定额编号	定额名称	定额单位	数量	单价/元				合价/元			
				人工费	材料费	机械费	管理费和利润	人工费	材料费	机械费	管理费和利润
	手工除管道轻锈	10m^2	0.1	17.49	3.64	0.00	13.99	1.75	0.36	0.00	1.40
	管道刷红丹防锈漆　第一遍	10m^2	0.1	13.62	13.94	0.00	10.90	1.36	1.39	0.00	1.09
	管道刷红丹防锈漆　第二遍	10m^2	0.1	13.62	12.35	0.00	10.90	1.36	1.24	0.00	1.09
人工单价		小　计						4.47	2.99	0.00	3.58
50 元/工日		未计价材料费/元									
清单项目综合单价/元·m^{-2}								11.04			

材料费明细	主要材料名称、规格、型号	单位	数量	单价/元	合价/元	暂估单价/元	暂估合价/元
	其他材料费/元						
	材料费小计/元						

3）编制无缝钢管 DN200 保温的工程量清单综合单价分析表，见表 11-11。计算保温的综合单价时，橡塑保温管（板）主材数量应考虑 4%的损耗。

表 11-11 DN200 钢管保温综合单价分析

<table>
<tr><td colspan="2">项目编码</td><td colspan="3">031208002001</td><td colspan="2">项目名称</td><td colspan="3">管道绝热</td><td>计量单位</td><td>m^3</td></tr>
<tr><td colspan="12">清单综合单价组成明细</td></tr>
<tr><td rowspan="2">定额编号</td><td rowspan="2">定额名称</td><td rowspan="2">定额单位</td><td rowspan="2">数量</td><td colspan="4">单价/元</td><td colspan="4">合价/元</td></tr>
<tr><td>人工费</td><td>材料费</td><td>机械费</td><td>管理费和利润</td><td>人工费</td><td>材料费</td><td>机械费</td><td>管理费和利润</td></tr>
<tr><td></td><td>管道橡塑保温管 ϕ325 内</td><td>m^3</td><td>1</td><td>372. 59</td><td>261. 98</td><td>0. 00</td><td>298. 07</td><td>372. 59</td><td>261. 98</td><td>0. 00</td><td>298. 07</td></tr>
<tr><td colspan="2">人工单价</td><td colspan="6">小 计</td><td>372. 59</td><td>261. 98</td><td>0. 00</td><td>298. 07</td></tr>
<tr><td colspan="2">50 元/工日</td><td colspan="6">未计价材料费/元</td><td colspan="4">1560. 00</td></tr>
<tr><td colspan="8">清单项目综合单价/元 · m^{-3}</td><td colspan="4">2492. 64</td></tr>
<tr><td rowspan="4">材料费明细</td><td colspan="5">主要材料名称、规格、型号</td><td>单位</td><td>数量</td><td>单价/元</td><td>合价/元</td><td>暂估单价/元</td><td>暂估合价/元</td></tr>
<tr><td colspan="5">橡塑保温管</td><td>m^3</td><td>1. 04</td><td>1500. 00</td><td>1560. 00</td><td></td><td></td></tr>
<tr><td colspan="7">其他材料费/元</td><td></td><td></td><td></td><td></td></tr>
<tr><td colspan="7">材料费小计/元</td><td></td><td></td><td></td><td></td></tr>
</table>

11.2 工 程 计 价

根据 GB 50856《通用安装工程工程量计算规范》工程计算出的工程量，均按 GB 50500《建设工程工程量清单计价规范》采用工程量清单计价法进行组价。

11.2.1 工程量清单计价

从目前我国现状来看，工程定额主要用于在项目建设前期各阶段对于建设投资的预测和估计；在工程建设交易阶段，工程定额通常只能作为建设产品价格形成的辅助依据。工程量清单计价依据主要适用于合同价格形成以及后续的合同价格管理阶段。

工程量清单计价的基本原理可以描述为按照工程量清单计价规范规定，在各相应专业工程计量规范规定的工程量清单项目设置和工程量计算规则基础上，针对具体工程的施工图纸和施工组织设计计算出各个清单项目的工程量，根据规定的方法计算出综合单价，并汇总各清单合价得出工程总价。各部分费用的组成情况：

（1）分部分项工程费 = Σ分部分项工程量×相应分部分项综合单价；

（2）措施项目费 = Σ各措施项目费；

（3）其他项目费 = 暂列金额+暂估价+计日工+总承包服务费；

（4）单位工程报价 = 分部分项工程费+措施项目费+其他项目费；

（5）单项工程报价 = Σ单位工程报价；

（6）建设项目总报价 = Σ单项工程报价。

综合单价是指完成一个规定清单项目所需的人工费、材料和工程设备费、施工机具使用费和企业管理费、利润、规费、税金以及一定范围内的风险费用。风险费用是隐含于已标价工程量清单综合单价中，用于化解发承包双方在工程合同中约定内容和范围内的市场价格波动风险的费用。

工程量清单计价活动涵盖施工招标、合同管理以及竣工交付全过程，主要包括：编制招标工程量清单、招标控制价、投标报价、确定合同价、进行工程计量与价款支付、合同价款的调整、工程结算和工程计价纠纷处理等活动。

11.2.2 工程定额体系

按定额反映的生产要素消耗内容分类可以把工程建设定额划分为劳动消耗定额、机械消耗定额和材料消耗定额三种。

（1）劳动定额是指完成一定数量的合格产品（工程实体或劳务）规定劳动消耗的数量标准。劳动定额的主要表现形式是时间定额，但同时也表现为产量定额。时间定额与产量定额互为倒数。

（2）材料消耗定额简称材料定额，是指完成一定数量的合格产品所需消耗的原材料、成品、半成品、构配件、燃料以及水、电等动力资源的数量标准。

（3）机械消耗定额是指为完成一定数量的合格产品（工程实体或劳务）所规定的施工机械消耗的数量标准，又称为机械台班定额。机械消耗定额的主要表现形式是机械时间定额，同时也以产量定额表现。

11.2.3 工程量清单计价与计量规范

工程量清单是载明建设工程分部分项工程项目、措施项目和其他项目的名称和相应数量等内容的明细清单。又分为招标工程量清单和已标价工程量清单。采用工程量清单方式招标，招标工程量清单必须作为招标文件的组成部分，其准确性和完整性由招标人负责。

11.2.3.1 工程量清单计价与计量规范概述

工程量清单计价与计量规范由建设工程工程量清单计价规范、房屋建筑与装饰工程计量规范、仿古建筑工程计量规范、通用安装工程计量规范、市政工程计量规范、园林绿化工程计量规范、构筑物工程计量规范、矿山工程计量规范、城市轨道交通工程计量规范、爆破工程计量规范组成。

计价规范适用于建设工程发承包及其实施阶段的计价活动。使用国有资金投资的建设工程发承包，必须采用工程量清单计价；非国有资金投资的建设工程，宜采用工程量清单计价；不采用工程量清单计价的建设工程，应执行计价规范中除工程量清单等专门性规定外的其他规定。

11.2.3.2 分部分项工程项目清单

分部分项工程是“分部工程”和“分项工程”的总称。“分部工程”是单位工程的组成部分，系按结构部位、路段长度及施工特点或施工任务将单位工程划分为若干分部的工程。“分项工程”是分部工程的组成部分，系按不同施工方法、材料、工序及路段长度等分部工程划分为若干个分项或项目的工程。例如现浇混凝土基础分为带形基础、独立基础、满堂基础、桩承台基础、设备基础等分项工程。

（1）项目编码。分部分项工程量清单项目编码以五级编码设置，第一级表示工程分类顺序码（分二位）：建筑工程为01、装饰装修工程为02、安装工程为03、市政工程为04、园林绿化工程为05、矿山工程为06；第二级表示专业工程顺序码（分二位）；第三级表示分部工程顺序码（分二位）；第四级表示分项工程项目名称顺序码（分三位）；第五级表示工程量清单项目名称顺序码（分三位）。

（2）项目名称。分部分项工程量清单的项目名称应按计价规范附录的项目名称结合拟建工程的实际确定。

（3）项目特征。项目特征是构成分部分项工程项目、措施项目自身价值的本质特征。项目特征是对项目的准确描述，是确定一个清单项目综合单价不可缺少的重要依据，是区分清单项目的依据，是履行合同义务的基础。分部分项工程量清单的项目特征应按清单计价规范附录中规定的项目特征，结合技术规范、标准图集 、施工图纸，按照工程结构、使用材质及规格或安装位置等，予以详细而准确的表述和说明。

（4）计量单位。计量单位应采用基本单位。

（5）工程数量的计算。工程数量主要通过工程量计算规则计算得到。工程量计算规则是指对清单项目工程量的计算规定。除另有说明外，所有清单项目的工程量应以实体工程量为准，并以完成后的净值计算。投标人投标报价时，应在单价中考虑施工中的各种损耗和需要增加的工程量。

11.2.3.3 措施项目清单

（1）措施项目清单的类别。措施项目费用的发生与使用时间、施工方法或者两个以上的工序相关，并大都与实际完成的实体工程量的大小关系不大。以《房屋建筑与装饰工程量计算规范》为例，包括安全文明施工费、夜间施工、非夜间施工照明、二次搬运、冬雨季施工、地上地下设施、建筑物的临时保护设施、已完工程及设备保护等。但是有些非实体项目则是可以计算工程量的项目，如脚手架工程、混凝土模板及支架（撑）、垂直运输、超高施工增加、大型机械设备进出场及安拆、施工排水、降水等，与完成的工程实体具有直接关系，并且是可以精确计量的项目，用分部分项工程量清单的方式采用综合单价，更有利于措施费的确定和调整。

（2）措施项目清单的编制依据：

1）施工现场情况、地勘水文资料、工程特点；

2）常规施工方案；

3）与建设工程有关的标准、规范、技术资料；

4）拟定的招标文件；

5）建设工程设计文件及相关资料。

11.2.3.4 其他项目清单

（1）暂列金额。暂列金额是指招标人暂定并包括在合同中的一笔款项。工程建设自身的特性决定了工程的设计需要根据工程进展不断地进行优化和调整，业主需求可能会随工程建设进展出现变化，工程建设过程可能会存在一些不能预见、不能确定的因素，消化这些因素必然会影响合同价格的调整，暂列金额正是因这类不可避免的价格调整而设立，以便达到合理确定和有效控制工程造价的目标。

（2）暂估价。暂估价是指招标人在工程量清单中提供的用于支付必然发生但暂时不能确定价格的材料、工程设备的单价以及专业工程的金额，包括材料暂估单价、工程设备暂估单价和专业工程暂估价。暂估价有以下注意事项：

1）招标人提供的材料、工程设备暂估价应只是暂估单价，投标人应将材料暂估单价、工程设备暂估单价计入工程量清单综合单价报价中；

2）专业工程的暂估价一般应是综合暂估价，应当包括除规费和税金以外的管理费、利润等取费。

（3）计日工。计日工对完成零星工作所消耗的人工工时、材料数量、施工机械台班进行计量，并按照计日工表中填报的适用项目的单价进行计价支付。计日工适用的所谓零星工作一般是指合同约定之外的或者因变更而产生的、工程量清单中没有相应项目的额外工作，尤其是那些时间不允许事先商定价格的额外工作。

（4）总承包服务费。总承包服务费是指总承包人为配合协调发包人进行的专业工程发包，对发包人自行采购的材料、工程设备等进行保管以及施工现场管理、竣工资料汇总整理等服务所需的费用。招标人应预计该项费用并按投标人的投标报价向投标人支付该项费用。

11.2.4 工程计价定额

11.2.4.1 预算定额及其基价编制

A 预算定额的概念

预算定额是在正常的施工条件下，完成一定计量单位合格分项工程和结构构件所需消耗的人工、材料、机械台班数量其相应费用标准。

B 预算定额的编制原则和步骤

a 预算定额的编制原则在编制工作中应遵循以下原则

（1）按社会平均水平确定预算定额的原则；

（2）简明适用的原则。简明适用：一是指在编制预算定额时，对于那些主要的，常用的、价值量大的项目，分项工程划分宜细，次要的、不常用的、价值量相对较小的项目则可以粗一些；二是指预算定额要项目齐全；三是还要求合理确定预算定额的计算单位。

b 预算定额的编制程序

（1）确定编制细则。主要包括统一编制表格及编制方法；统一计算口径、计量单位和小数点位数的要求；有关统一性规定，名称统一、用字统一、专业用语统一、符号代码统一，简化字要规范，文字要简练明确。

（2）确定定额的项目划分和工程量计算规则。

（3）定额人工、材料、机械台班耗用量的计算、复核和测算。

C 预算定额消耗量的编制方法

a 预算定额中人工工日消耗量的计算

预算定额中人工工日消耗量是指在正常施工条件下，生产单位合格产品所必需消耗的人工工日数量，是由分项工程所综合的各个工序劳动定额包括的基本用工、其他用工两部分组成的。其中：

(1) 基本用工=Σ(综合取定的工程量×劳动定额);

(2) 其他用工=超运距用工+辅助用工+人工幅度差;

(3) 超运距用工=(预算定额取定运距-劳动定额已包括的运距)×单位运距用工量;

(4) 辅助用工=Σ(材料加工数量×相应的加工劳动定额);

(5) 人工幅度差=(基本用工+辅助用工+超运距用工)×人工幅度差系数。

辅助用工主要包括机械土方工程配合用工、材料加工(筛砂、洗石、淋化石膏),电焊点火用工等。

人工幅度差主要包括各工种间的工序搭接及交叉作业相互配合或影响所发生的停歇用工;施工机械在单位工程之间转移及临时水电线路移动所造成的停工;质量检查和隐蔽工程验收工作的影响;班组操作地点转移用工;工序交接时对前一工序不可避免的修整用工;施工中不可避免的其他零星用工等。

b 预算定额中材料消耗量的计算

材料损耗量,指在正常条件下不可避免的材料损耗,如现场内材料运输及施工操作过程中的损耗等。其关系式为:材料损耗率=损耗量/净用量×100%;材料损耗量=材料净用量×损耗率;材料消耗量=材料净用量+损耗量或材料消耗量=材料净用量×(1+损耗率)。

c 预算定额中机械台班消耗量的计算

预算定额中机械台班消耗量关系式为

预算定额机械耗用台班=施工定额机械耗用台班×(1+机械幅度差系数)

机械台班幅度差是指在施工定额中所规定的范围内没有包括,而在实际施工中又不可避免产生的影响机械或使机械停歇的时间。其内容包括:

(1) 施工机械转移工作面及配套机械相互影响损失的时间;

(2) 在正常施工条件下,机械在施工中不可避免的工序间歇;

(3) 工程开工或收尾时工作量不饱满所损失的时间;

(4) 检查工程质量影响机械操作的时间;

(5) 临时停机、停电影响机械操作的时间;

(6) 机械维修引起的停歇时间。

D 预算定额消耗量的编制方法

预算定额基价的表现形式一般包括单位估价表、地区单位估价表及设备安装价目表等。

E 投标报价的编制方法和内容

a 分部分项工程量清单与计价表的编制

(1) 确定分部分项工程综合单价时的注意事项。发承包双方对工程施工阶段的风险宜采用如下分摊原则:

1) 对于主要由市场价格波动导致的价格风险,如工程造价中的建筑材料、燃料等价格风险,发承包双方应当在招标文件中或在合同中对此类风险的范围和幅度予以明确约定,进行合理分摊。根据工程特点和工期要求,一般采取的方式是承包人承担5%以内的材料、工程设备价格风险,10%以内的施工机具使用费风险。

2) 对于法律、法规、规章或有关政策出台导致工程税金、规费、人工费发生变化,并由省级、行业建设行政主管部门或其授权的工程造价管理机构根据上述变化发布的政策性调整，承包人不应承担此类风险，应按照有关调整规定执行。

3）对于承包人根据自身技术水平、管理、经营状况能够自主控制的风险，如承包人的管理费、利润的风险，承包人应结合市场情况，根据企业自身的实际合理确定、自主报价，该部分风险由承包人全部承担。

（2）分部分项工程单价的确定的步骤和方法。

1）确定计算基础。计算基础主要包括消耗量的指标和生产要素的单价。

2）分析每一清单项目的工程内容。

3）计算工程内容的工程数量与清单单位含量。清单单位含量是指每一计量单位的清单项目所分摊的工程内容的工程数量。

其关系式为

$$清单单位含量=\frac{某工程内容的定额工程量}{清单工程量}$$

4）分部分项工程人工、材料、机械费用的计算。

5）营改增后，安装工程税金 11%计入综合单价，即为全费用综合单价。

b 措施项目清单与计价表的编制

招标人提出的措施项目清单是根据一般情况确定的，没有考虑不同投标人的“个性”，投标人投标时应根据自身编制的投标施工组织设计或施工方案确定措施项目，对招标人提供的措施项目进行调整。投标人根据投标施工组织设计或施工方案调整和确定的措施项目应通过评标委员会的评审。

复习思考题

11-1 通风空调工程中通风管道分哪几类，各有何特点？

11-2 工程量清单计价中综合单价包括哪几部分？

参 考 文 献

[1] 赵荣义，范存养，薛殿华，等．空气调节［M］．4 版．北京：中国建筑工业出版社，2008.
[2] 陆耀庆．实用供热空调设计手册［M］.4 版．北京：中国建筑工业出版社，2007.
[3] 赵荣义．简明空调设计手册［M］. 北京：中国建筑工业出版社，1998.
[4] GB 50736—2012 民用建筑供暖通风与空气调节设计规范［S］. 北京：中国建筑工业出版社，2012.
[5] GB 50366—2009 地源热泵系统工程技术规范［S］. 北京：中国建筑工业出版社，2009.
[6] 吴继红，李佐周．中央空调工程设计与施工［M］.2 版．北京：高等教育出版社，2001.
[7] 全国造价工程师执业资格考试培训教材编审委员会．建设工程技术与计量（安装工程）［M］. 北京：中国计划出版社，2013.
[8] 尉迟斌．实用制冷与空调工程手册［M］. 北京：机械工业出版社，2003.
[9] 赵荣义．简明空调设计手册［M］. 北京：中国建筑工业出版社，2003.
[10] 失勇，等．中央空调［M］. 北京：人民邮电出版社，2003.
[11] 曾德胜．制冷空调系统的安全运行、维护管理及节能环保［M］. 北京：中国电力出版社，2003.
[12] 马最良，姚杨．民用建筑空调设计［M］. 北京：化学工业出版社，2003.
[13] 何青，等．中央空调常用数据速查手册［M］. 北京：机械工业出版社，2005.
[14] 刘卫华，等．制冷空调新技术及进展［M］. 北京：机械工业出版社，2005.
[15] 电子工业部第十设计研究院．空气调节设计手册［M］.2 版．北京：中国建筑工业出版社，1995.
[16] 吴启森．空气调节用制冷技术［M］.2 版．北京：中国建筑工业出版社，2004.
[17] 电子工业部第十设计研究院．空气调节设计手册［M］. 北京：中国建筑工业出版，1993.
[18] 何青，何耀东．中央空调实用技术［M］. 北京：冶金工业出版社，2005.
[19] 张学助，张朝晖．通风空调工长手册［M］. 北京：中国建筑工业出版社，1998.
[20] 杨小灿．制冷空调产品设备手册［M］. 北京：国防工业出版社，2003.